福建省高职高专农林牧渔大类十二五规划教材

园林工程施工管理

主 编 ◎ 吴智彪

副主编 ◎ 叶登舞　李奕佳

编写者 ◎（排名不分先后）

蔡家珍　　陈 虹
廖 萍　　唐必成
刘万江　　杨伟明

U0216581

厦门大学出版社
XIAMEN UNIVERSITY PRESS
国家一级出版社
全国百佳图书出版单位

福建省高职高专农林牧渔大类十二五规划教材编写委员会

前　言

随着我国经济快速发展,综合国力有了极大的提高,人民的物质生活水平和精神文化水平有了显著改善和提高,园林成为人们生活中必不可少的部分。特别是在全球环境恶化严重的历史时期,园林建设日益为人们所重视,园林工程管理是园林建设中的重要工作,直接关系到园林建设的质量与效益。园林管理是一个复杂的系统工程,园林事业的发展对园林管理人员的管理方法和管理水平提出了更多、更高的要求:一方面,随着园林建设规模的加大,园林专业分工越来越细致,施工工艺、工序越来越复杂,对园林工程管理提出的要求也越来越高;另一方面,在资源有限的条件下,如何保障园林效益最有效地得到发挥,实现园林可持续发展也是园林管理的重要内容。对园林管理人员的要求有了更大的提高,既要有专业的理论知识,也必须要有扎实的实践动手能力。特别是对于高职教育来说有着更为重要的意义。为该书的编写,我们组织了一批常年工作在园林专业教学、实践第一线的相关人员,特别是有企业实践专家参与编写,以期能为高等职业教育"添砖增瓦"。在其内容设置及表述方面我们注重了以下几个方面,并努力使之成为本书的特点:

一、强调专业知识的全面性、系统性。本书分为工程管理概述、园林工程招投标管理、园林工程施工合同管理、园林工程施工组织设计、园林工程施工进度管理、园林工程施工质量管理、园林工程施工成本管理、园林工程施工安全管理、园林工程施工资料管理、园林工程施工生产要素管理、园林工程施工现场管理、园林工程竣工验收与养护期管理及园林建设工程监理施工共计13章内容。包括园林工程管理的方方面面,各章内容既前后呼应,相互联系,又自成体系,相对独立。

二、理论阐述深入浅出,内容图文并茂。一方面,编写严谨;另一方面,为了学生学习起来避免生硬与枯燥,在编写过程中,我们力求文字尽量简洁明确,重点突出,图文并茂,通俗易懂。

三、强调实践性。该书在编写过程中着重从实践环节入手,通过详细的图表、大量案例分析和具体的操作流程,便于学生进一步理解与掌握相关知识。

本书可作为高职高专园林、园艺等相关专业的教材,也可以作为园林工程管理人员的培训参考书。

本书第一、十一、十二章由吴智彪(漳州职业技术学院)编写,第二章由唐必成老师(福建林业职业技术学院)编写,第三章由蔡家珍老师(漳州职业技术学院)编写,第四、第五章由叶登舞老师(宁德职业技术学院)编写,第六、第七章由廖萍老师(宁德职业技术学院)编写,第八、第九、第十章由李奕佳老师(漳州职业技术学院)编写,

第十三章由陈虹老师(漳州城市职业技术学院)编写。全书由吴智彪统稿。本书的编写和出版得到了许多专家和学者的大力支持,得到了厦林苑景观设计有限公司刘万江总经理、福建荣冠集团杨伟明副总经理的大力支持与帮助,并提出了大量的宝贵意见和建议,在此表示衷心的感谢。

由于时间仓促及编者水平有限,书中疏漏和谬误之处在所难免,恳请使用者提出宝贵意见,以便修订时改正。

编　者

2012 年 7 月

目　录

第一章

园林工程施工管理概述

1. 掌握园林工程的概念和工程特点。
2. 掌握园林工程施工的概念和工程施工的特点。
3. 了解工程施工的程序。
4. 了解工程施工管理的内容和作用。

1. 能用工程管理的观点分析、处理工程施工过程中的实际问题。
2. 能分析实际工程管理的过程。

1.1 园林工程的特点与分类

园林工程建设是集建筑科学、生物科学、艺术科学和经济管理科学于一体的一项工程建设事业。园林工程建设已发展成为多学科交叉的一门学科,其建设者必须具有多学科知识。而目前全国从事园林行业的工作人员,要么是土建专业的,缺乏生物知识和艺术知识,要么是园林专业的,缺乏建筑和生物知识。园林工程经济管理方面的人才更是缺乏,直接影响园林工程的质量和经济效益的提高。

园林工程施工就是以园林工程技术为基础,以园林艺术理论为指导,综合研究园林工程造景技艺,并使其应用于实践。

园林工程施工管理就是根据园林工程的现场情况,结合园林工程的设计要求,以先进的、科学的施工方法与组织手段将人力和物力、时间和空间、技术和经济、计划和组织等诸多因素合理优化配置,从而保证施工任务依质量要求按时完成。园林工程施工管理的核心内容就是在最大限度地发挥园林工程综合功能的前提下,妥善处理工程设施与园林景观之间的协调统一关系,通过严格的成本控制和科学的施工管理,实现优质低价的园林工程。

1.1.1　园林工程的特点

园林工程的产品是建设供人们游览、欣赏的游憩环境,形成优美的环境空间,构成精神文明建设的精品。它包含一定的工程技术和艺术创造,是山水、植物、建筑、道路、广场等造园要素在特定境域的艺术体现。因此,园林工程和其他工程相比有其突出的特点,并体现在园林工程施工管理全过程之中。

1. 园林工程的生物性

植物是园林工程中的最基本要素,特别是现代园林中植物所占比重越来越大,植物造景已成为造园的主要手段。由于园林植物品种繁多,习性差异较大,立地类型多样,园林植物栽培受自然条件的影响较大。为了保证园林植物的成活和生长,达到预期设计效果,栽植施工时就必须遵守一定的操作规程,养护中必须符合其生态要求,并要采取有力的管护措施。这些就使园林工程具有明显的生物性特征。

2. 园林工程的艺术性

园林工程是一门艺术工程,具有明显的艺术性。园林艺术是一门综合景观工程艺术,涉及造型艺术、建筑艺术和绘画、雕刻、文学艺术等诸多艺术领域。要使竣工的工程项目符合设计要求,达到预期功能,就要对园林植物讲究配置手法,各种园林设施必须美观舒适,整体上讲究空间协调,即既追求良好的整体景观效果,又讲究空间合理分隔,还要层次组织得错落有序,这就要求采用特殊的艺术处理,所有这些要求都体现在园林工程的艺术性之中。缺乏艺术性的园林工程产品,不可能成为合格的园林工程产品。

3. 园林工程的广泛性

园林工程的规模日趋大型化,要求协同作业。加之新技术、新材料、新工艺的广泛应用,对施工管理提出了更高的要求。园林工程是综合性强、内容广泛、涉及部门较多的建设工程,大的、复杂的综合性园林工程项目涉及地貌的融合、地形的处理、建筑、水景、给水排水、园路假山、园林植物栽种、艺术小品点缀、环境保护等诸多方面的内容。施工中又因不同的工序需要将工作面不断转移,导致劳动资源也跟着转移,这种复杂的施工环节需要有全盘观念,有条不紊。园林景观的多样性导致施工材料也多种多样,例如园路工程中可采取不同的面层材料,形成不同的路面变化。园林工程施工多为露天作业,经常受到自然条件(如刮风、冷冻、下雨、干旱等)的影响,而树木花卉栽植、草坪铺种等又是季节性很强的施工项目,应合理安排,否则成活率就会降低,而产品的艺术性又受多方面因子的影响,必须仔细考虑。诸如此类错综复杂的众多问题,就需要对整个工程进行全面的组织管理,这就要求组织者必须具有广泛的多学科知识,掌握先进技术。

4. 园林工程的安全性

"安全第一,景观第二"是园林景观工程的基本原则。园林工程中的设施多为人们直接利用,现代园林场所又多是人们活动密集的地段、点,这就要求园林设施应具足够的安全性。例如建筑物、驳岸、园桥、假山、石洞、索道等工程必须严把质量关,保证结构合理,坚固耐用。同时,在绿化施工中也存在安全问题,例如大树移植要注意地下电线,挖沟、挖坑时要注意地下电缆,这些都表明园林工程施工不仅要注意施工安全,还要确保工程产品的安全耐用。

5. 园林工程的后续性

园林工程的后续性主要表现在两个方面:一是园林工程各施工要素有着极强的工序性;

二是园林作品不是一朝一夕就可以完全体现景观设计最终理念的,必须经过较长时间才能显示其设计效果,因此项目施工结束并不等于作品已经完成。

6. 园林工程的体验性

提出园林工程的体验特点是时代要求,是欣赏主体——人的心理美感的要求,是现代园林工程以人为本最直接的体现。人的体验是一种特有的心理活动,实质上是将人融于园林作品之中,通过自身的体验得到全面的心理感受。园林工程正是给人们提供这种心理感受的场所,这种审美追求对园林工作者提出了更高的要求,即要求园林工程中的各个要素都做到完美无缺。

7. 园林工程的生态性与可持续性

园林工程与景观生态环境密切相关。如果项目能按照生态环境学理论和要求进行设计和施工,保证建成后各种设计要素对环境不造成破坏,能反映一定的生态景观,体现出可持续发展的理念,就是比较好的项目。

1.1.2　园林工程的分类

园林工程的分类多是按照工程技术要素进行的,方法也有很多,其中按园林工程概、预算定额的方法划分是比较合理的,也比较符合工程项目管理的要求。这一方法是将园林工程划分为四类工程:单项工程、单位工程、分部工程和分项工程。

1. 单项工程

单项工程是指具有独立设计文件的、建成后可以独立发挥生产能力或效益的一组配套齐全的工程项目。单项工程从施工的角度来说,就是一个独立的交工系统,在园林建设项目总体施工部署和管理目标的指导下,形成自身的项目管理方案和目标,按其投资和质量的要求,如期建成交付生产和使用。一个建设项目有时包括多个单项工程,但也可能仅有一个单项工程,该单项工程也就是建设项目的全部内容。单项工程的施工条件往往具有相对的独立性,一般单独组织施工和竣工验收。

2. 单位工程

单位工程是单项工程的组成部分。一般情况下,单位工程是指一个单体的建筑物、构筑物或种植群落。一个单位工程往往不能单独形成生产能力或发挥工程效益,只有在几个有机联系、互为配套的单位工程全部建成竣工后才能交付生产和使用。例如,植物群落单位工程必须与地下排水系统、地面灌溉系统、照明系统等各单位工程配套,形成一个单项工程交工系统,才能投入生产使用。

3. 分部工程

分部工程是工程按单位工程部位划分的组成部分,亦即单位工程的进一步分解。一般工业与民用建筑工程划分为以下分部工程:地基与基础、主体结构、建筑装饰装修、建筑屋面、建筑给水排水及采暖、建筑电气、智能建筑、通风与空调、电梯。

4. 分项工程

分项工程一般是按工种划分的,也是形成项目产品的基本部件或构件的施工过程,如模板、钢筋、混凝土和砖砌体。分项工程是施工活动的基础,也是工程用工用料和机械台班消耗计量的基本单元,是工程质量形成的直接过程。分项工程既有其作业活动的独立性,又有相互联系、相互制约的整体性。

1.2 园林工程建设施工概述

1.2.1 园林工程建设施工的概念

园林工程同所有的基本建设工程一样,包括计划、设计和实施三大阶段。现代园林工程施工又称为园林工程施工组织,就是对已经完成计划、设计两个阶段的工程项目的具体实施,即园林工程施工企业在获取某园林工程施工建设权利以后,按照工程计划、设计和建设单位要求,根据工程实施过程的要求,结合施工企业自身条件和以往建设的经验,采取规范的实施程序、先进科学的工程实施技术和现代科学管理手段,进行组织设计、实施准备工作、现场实施、竣工验收、交付使用和园林植物的修剪、造型及养护管理等一系列工作的总称。它已由过去的单一实施阶段的现场施工发展为现阶段综合意义上的实施阶段的所有活动的概括与总结。

1.2.2 园林工程建设施工的作用

随着社会的发展、科技的进步、经济的强大,人们对园林艺术品的要求也日益提高,而园林艺术品的产生是靠园林工程建设完成的。园林工程建设主要通过新建、扩建、改建和重建一些工程项目,特别是新建和扩建工程项目,以及与其有关的工作来实现。园林工程建设施工是完成园林工程建设的重要活动,其作用可以概括如下:

(1)是园林工程建设计划、设计得以实施的根本保证。任何理想的园林工程项目计划,再先进科学的园林工程设计,其目的都必须通过现代园林工程施工企业的科学实施才能得以实现,否则就成为一纸空文。

(2)是园林工程施工建设水平得以不断提高的实践基础。一切理论来自实践,来自最广泛的生产活动实践,园林工程建设的理论只能来自于工程建设实施的实践过程之中。而园林工程施工的实践过程,就是发现施工中存在问题、解决存在问题,总结、提高园林工程建设施工水平的过程。它是不断提高园林工程建设施工理论、技术的基础。

(3)是提高园林艺术水平和创造园林艺术精品的主要途径。园林艺术的产生、发展和提高的过程,实际上就是园林工程实施不断发展、提高的过程。只有把历代园林艺匠精湛的施工技术和巧妙的手工工艺与现代科学技术和管理手段相结合,运用于现代园林工程建设施工过程之中,才能创造出符合时代要求的现代园林艺术精品;也只有通过这一实践,才能促使园林艺术不断提高。

(4)是锻炼、培养现代园林工程建设施工队伍的基础。无论是我国园林工程施工队伍自身发展的要求,还是要为适应经济全球化,使我国的园林工程建设施工企业走出国门、走向世界,都要求努力培养一支现代园林工程建设施工队伍。这与我国现阶段园林工程建设施工队伍的现状相差甚远。而要改变这一现象,无论是对这方面理论人才的培养,还是施工队伍的培养,都离不开园林工程建设施工实践过程的锻炼这一基础活动。只有通过这一基础性锻炼,才能培养出想得到、做得出的园林工程建设施工人才和施工队伍,创造出更多的艺术精品；也只有力争走出国门，通过国外园林工程建设施工实践，才能锻炼出符合各国园林要求的园林工程建设施工队伍。

1.2.3　园林工程建设施工的任务

一般基本建设的任务按以下步骤完成。

(1)编制建设项目建议书。

(2)技术与经济的可行性研究。

(3)落实年度基本建设计划。

(4)根据设计任务书进行设计。

(5)勘察设计并编制概(预)算。

(6)进行施工招标，中标施工企业进行施工。

(7)生产试运行。

(8)竣工验收，交付使用。

其中的(6)、(7)、(8)三项均属于实施阶段。根据园林工程建设以植物为主要建园要素的特点，园林工程建设施工的任务除以上(6)、(7)、(8)三大任务外，还要增加对园林工程中的植物进行修剪、造型、培养、养护的内容，即园林植物的栽培养护，而这一工作的完成往往需要一个较长的时期，这也是园林工程施工管理的突出特点之一。

1.2.4　园林工程建设施工的特点

园林工程建设是一种独具特点的工程建设，它不仅要满足一般工程建设的使用功能要求，同时也要满足园林造景的要求，还要与园林环境密切结合，是一种将自然和各类景观融为一体的工程建设。园林工程建设这些特殊的要求决定了园林工程施工的特点。

1.　园林工程施工现场复杂多样

园林工程施工现场复杂多样致使园林工程施工的准备工作比一般工程更为复杂。

我国的园林工程大多建设在城镇，或者在自然景色较好的山水之中，因城镇地理位置的特殊性和大多山、水地形的复杂多变，使得园林工程施工场地多处于特殊复杂的立地条件之上，这给园林工程施工提出了更高的要求。因而在施工过程中，要重视工程施工场地的科学布置，尽量减少工程施工用地，减少施工对周围居民生活生产的影响。各项准备工作要完全充分，才能确保各项施工手段的运用。

2.　施工工艺要求标准高

园林工程集植物造景、建设造景艺术于一体的特点，决定了园林工程施工工艺的高标准要求。园林工程除满足一般使用功能外，更主要的是要满足造景的需要。要建成具有游览、观赏和游憩功能，改进人们生活环境，又能改善生态环境，建成精神文明的精品园林的工程，就必须用高水平的施工工艺。因而，园林工程施工工艺总是比一般工程施工的工艺复杂，要求标准也高。

3.　园林工程的施工技术复杂

园林工程尤其是仿古园林建筑工程，因其复杂性而对施工管理人员和技术人员的施工技术要求很高。而作为艺术精品的园林工程的施工人员，不仅要有一般工程施工的技术水平，同时还要具有较高的艺术修养并使之落实到具体的施工过程之中。以植物造景为主的园林工程施工人员更应掌握大量的树木、花卉、草坪的知识和施工技术。没有较高的施工技术很难达到园林工程的设计要求。

4. 园林工程施工的专业性强

园林工程的内容繁多,但是各种工程的专业性极强,因而施工人员的专业性要求也要强。不仅仅园林工程建筑设施和构件中亭、榭、廊等建筑的内容复杂各异,专业性要求极强;现代园林工程中的各类点缀小品的建筑施工也具有各自不同的专业要求;就是常见的假山、置石、水景、园路、栽植播种等园林工程施工的专业性亦很强。这些都要求施工管理和技术人员必须具备一定的专业知识和独特的专门施工技艺。

5. 园林工程的大规模化和综合性

现代园林工程日益大规模化的发展趋势和集园林绿化、社会、生态、环境、休闲、娱乐、游览于一体的综合性建设目标的要求,使得园林工程大规模化和综合性特点更加突出。因而在其建设施工中涉及众多的工程类别和工种技术,同一工程项目施工生产过程中,往往要由不同的施工单位和不同工种的技术人员相互配合、协作施工才能完成,而各施工单位和各工种的技术差异一般又较大,相互配合协作有一定的难度,这就要求园林工程的施工人员不仅要掌握自己的专门的施工技术,同时还必须有相当高的配合协作精神和方法,才能真正搞好施工工作。复杂的园林工程中,各工种在施工中对各工序的要求相当严格,这又要求同一工种内各工序施工人员要统一协调,相互监督制约,才能保证施工正常进行。

1.2.5 园林工程建设施工的程序

1. 园林工程建设的程序

园林工程建设是城镇基本建设的主要组成部分,因而也可将其列入城镇基本建设之中,要求按照基本建设程序进行。基本建设程序是指某个建设项目在整个建设过程中所包括的各个阶段步骤应遵循的先后顺序。一般建设工程先勘察,再规划,进而设计,再进入施工阶段,最后经竣工验收后交付建设单位使用。园林工程建设程序的要点是:对拟建项目进行可行性研究;编制设计任务书;确保建设地点和规模;进行技术设计工作;报批基本建设计划;确定工程施工企业;进行施工前的准备工作;组织工程施工及工程完成后的竣工验收等。园林工程项目建设程序如图 1-1 所示。

园林工程建设项目的生产过程大致可以划分为 4 个阶段,即项目计划立项报批阶段、组织计划及设计阶段、工程建设实施阶段和工程竣工验收阶段。

(1)项目计划立项报批阶段

本阶段又称工程项目建设前的准备阶段,也有称立项计划阶段。它是指对拟建项目通过勘察、调查、论证、决策后初步确定了建设地点和规模,通过论证、研究咨询等工作写出项目可行性报告,编制出项目建设计划任务书,报主管部门论证审核,送建设所在地的计划、建设部门批准后并纳入正式的年度建设计划。工程项目建设计划任务书是工程项目建设的前提和重要的指导性文件。工程项目计划任务书要明确的主要内容包括:工程建设单位、工程建设的性质、工程建设的类别、工程建设单位负责人、工程的建设地点、工程建设的依据、工程建设的规模、工程建设的内容、工程建设完成的期限、工程的投资概算、效益评估、与各方的协作关系以及文物保护、环境保护、生态建设、道路交通等方面问题的解决计划等。

(2)组织计划及设计阶段

工程设计文件是组织工程建设施工的基础,也是具体工作的指导性文件。具体讲,就是根据已经批准纳入计划的计划任务书内容,由园林工程建设组织、设计部门进行必要的组织和设计工作。园林工程建设的组织和设计多实行两段设计制度。一是进行工程建设项目的具体勘察,进行初步设计并据此编制设计概算;二是在此基础上,再进行施工图设计。在进行施工图设计中,不得改变计划任务书及初步设计中已确定的工程建设性质、建设规模和概算等。

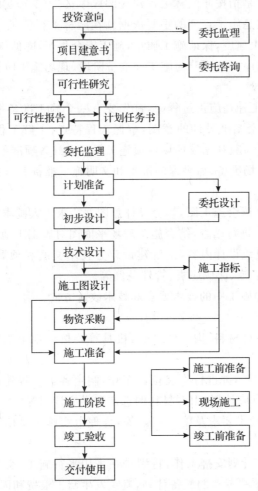

图 1-1　园林工程项目建设程序

（3）工程建设实施阶段

一切设计完成并确定了施工企业后,施工单位应根据建设单位提供的相关资料和图纸,以及调查掌握的施工现场条件、各种施工资源(人力、物资、材料、交通等)状况,结合本企业的特点,做好施工图预算和施工组织设计的编制等工作,并认真做好各项施工前的准备工作,严格按照施工图、工程合同,以及工程质量、进度、安全等要求做好施工生产的安排,科学组织施工,认真搞好施工现场的组织管理,确保工程质量、进度、安全,提高工程建设的综合效益。

（4）工程竣工验收阶段

园林工程建设完成后,立即进入工程竣工验收阶段。要在现场实施阶段的后期就进行竣工验收的准备工作,并对完工的工程项目组织有关人员进行内部自检,发现问题及时纠正补充,力求达到设计、合同的要求。工程竣工后,应尽快召集有关单位和计划、城建、园林、质检等部门,根据设计要求和工程施工技术验收规范进行正式的竣工验收,对竣工验收中提出的一些问题及时纠正、补充后即可办理竣工交工与交付使用等手续。

2. 园林工程施工的程序

园林工程施工程序是指按照园林工程建设的程序,进入工程实施阶段后,在施工过程中应遵循的先后顺序。它是施工管理的重要依据。在园林工程施工过程中,能做到按施工程序进行施工,对提高施工速度,保证施工质量,施工安全生产,降低施工成本具有重要作用。

园林工程的施工程序一般可分为施工前准备阶段、现场施工阶段两大部分。

(1)施工前准备阶段

园林工程各工序、工种在施工过程中,首先要有一个施工准备期。施工准备期内,施工人员的主要任务是:领会图纸设计的意图,掌握工程特点,了解工程质量要求,熟悉施工现场,合理安排施工力量,为顺利完成现场各项施工任务做好各项准备工作。一般可分为技术准备、生产准备、施工现场准备、后勤保障准备和文明施工准备五个方面的工作。

①技术准备

a. 施工人员要认真读会施工图,体会设计意图并要求工人基本了解。

b. 对施工现场状况进行踏查,结合施工现场平面图对施工工地的现状完全掌握。

c. 学习掌握施工组织设计内容,了解建设双方技术交底和预算会审的核心内容,领会工地的施工规范、安全措施、岗位职责、管理条例等。

d. 熟练掌握本工种施工中的技术要点和技术改进方向。

②生产准备

a. 施工中所需的各种材料、构配件、施工机具等要按计划组织到位,并要做好验收、入库登记等工作。

b. 组织施工机械进场,并进行安装调试工作,制定各类工程建设过程中所需的各类物资供应计划,例如苗木供应计划、山石材料的选定和供应计划等。

c. 根据工程规模、技术要求及施工期限等,合理组织施工队伍,选定劳动定额,落实岗位责任,建立劳动组织。

d. 做好劳动力调配计划安排工作,特别是在采用平行施工、交叉施工或季节性较强的集中性施工期时,更应重视劳务的配备计划,避免发生窝工浪费和因缺少必要的工人而耽误工期的现象。

③施工现场的准备

施工现场是施工的集中空间,合适、科学地布置有序的施工现场是保证施工顺利进行的重要条件,应给以足够的重视。其基本工作一般包括以下内容:

a. 界定施工范围,进行必要的管线改道,保护名木古树等。

b. 进行施工现场工程测量,设置工程的平面控制点和高程控制点。

c. 做好施工现场的"四通一平"(水通、路通、电通、信息通和场地平整)工作,施工用临时道路选线应以不妨碍工程施工为标准,结合设计园路、地质状况及运输荷载等因素综合确定;施工现场的给水排水、电力等应能满足工程施工的需要;做好季节性施工的准备;场地平整时要与原设计图的土方平衡相结合,以减少工程浪费,并要做好拆除清理地上、地下障碍物和建设用材料堆放点的设置安排等工作。

d.搭设临时设施。主要包括工程施工用的仓库、办公室、宿舍、食堂及必要的附属设施,如临时抽水泵站、混凝土搅拌站、特殊材料堆放地等。工程临时用地管线要铺设好。在修建临时设施时应遵循节约够用、方便施工的原则。

④做好各种后勤保障工作。后勤工作是保证一线施工顺利进行的重要环节,也是施工前准备工作的重要内容之一。施工现场应配套简易、必要的后勤设施,如医疗点、安全值班室、文化娱乐室等。做好劳动保护工作,强化安全意识,搞好现场防火工作等。

⑤做好文明施工的准备工作。

(2)现场施工阶段

各项准备工作就绪后,就可按计划正式开展施工,即进入现场施工阶段。由于园林工程的类型繁多,涉及的工程种类多且要求高,因而对现场各工种、各工序施工提出了各自不同的要求,在现场施工中应注意以下几点:

①严格按照施工组织设计和施工图进行施工安排,若有变化,需经建设双方及有关部门共同研究讨论后,以正式的施工文件形式决定后,方可变化。

②严格执行各有关工种的施工规程,确保各工种的技术措施的落实。不得随意改变,更不能混淆工种施工。

③严格执行各工序间施工中的检查、验收、交接手续的签字盖章的要求,并将其作为现场施工的原始资料妥善保管,以明确责任。

④严格执行现场施工中的各类变更(工序变更、规格变更、材料变更等)的请示、批准、验收、签字的规定,不得私自变更和未经甲方检查、验收、签字而进入下一工序,并将有关文字材料妥善保管,作为竣工结算、决算的原始依据。

⑤严格执行施工的阶段性检查、验收的规定,尽早发现施工中的问题,及时纠正,以免造成大的损失。

⑥严格执行施工管理人员对质量、进度、安全的要求,确保各项措施在施工过程中得以贯彻落实,以预防事故的发生。

⑦严格服从工程项目部的统一指挥、调配,确保工程计划的全面完成。

1.3　园林工程施工管理概述

1.3.1　园林工程建设施工管理的概念

园林工程建设施工管理是园林施工企业对施工项目进行的综合性管理活动。也就是园林施工企业或其授权的项目经理部,采取有效方法对施工全过程包括投标签约、施工准备、施工、验收、竣工结算和用后服务等阶段所进行的决策、计划、组织、指挥、控制、协调、教育和激励等综合事务性管理工作。其主要内容有:建立施工项目管理组织、制定管理计划、按合同规定实施各项目标控制、对施工项目的生产要素进行优化配置。

在整个园林建设项目周期内,施工的工作量最大,投入的人力、物力、财力最多,园林工程建设施工管理的难度也最大。园林工程建设施工管理的最终目标是:按建设项目合同的规定,依照已审批的技术图纸设计要求和企业制定的施工方案建造园林,使劳动资源得到合理优化配置,获取预期的环境效益、社会效益与经济效益。

1.3.2 园林工程建设施工五大管理的主要内容及其相互关系

园林施工管理是一项综合性的管理活动,其主要内容包括以下五大管理。

1. 工程管理

开工后,工程现场行使自主的工程管理。工程速度是工程管理的重要指标,因而应在满足经济施工和质量要求的前提下,求得切实可行的最佳工期。为保证如期完成工程项目,应编制出符合上述要求的施工计划。

2. 质量管理

确定施工现场作业标准量,测定和分析这些数据,把相应的数据填入图表中并加以运用,即进行质量管理。有关管理人员及技术人员要正确掌握质量标准,根据质量管理图进行质量检查及生产管理,确保质量稳定。

3. 安全管理

在施工现场成立相关的安全管理组织,制定安全管理计划,以便有效地实施安全管理,严格按照各工程的操作规范进行操作,并应经常对工人进行安全教育。

4. 成本管理

城市园林绿地建设工程是公共事业,必须提高成本意识。成本管理不是追逐利润的手段,利润应是成本管理的结果。

5. 劳务管理

劳务管理应包括招聘合同手续、劳动伤害保险、支付工资能力、劳务人员的生活管理等。

1.3.3 工程管理的作用

园林工程的管理已由过去的单一实施阶段的现场管理发展为现阶段的综合意义上的对实施阶段所有管理活动的概括与总结。

随着社会的发展、科技的进步、经济实力的强大,人们对园林艺术品的需求也日益增多,而园林艺术品的生产是靠园林工程建设完成的。园林工程施工组织与管理是完成园林工程建设的重要活动,其作用可以概括如下:

1. 园林工程施工组织与管理是园林工程建设计划、设计得以实施的根本保证。任何理想的园林工程项目计划,再先进科学的园林工程设计,其目标成果都必须通过现代园林工程施工组织的科学实施,才能最终得以实现,否则就是一纸空文。

2. 园林工程施工组织与管理是园林工程施工建设水平得以不断提高的实践基础。理论来源于实践,园林工程建设的理论只能来自工程建设实施的实践过程,而园林工程施工的管理过程,就是发现施工中存在的问题,解决存在的问题,总结、提高园林工程建设施工水平的过程。它是不断提高园林工程建设施工理论、技术的基础。

3. 园林工程施工组织与管理是提高园林艺术水平和创造园林艺术精品的主要途径。园林艺术的产生、发展和提高的过程,实际上就是园林工程管理不断发展、提高的过程。只有把历代园林艺匠精湛的施工技术和巧妙的手工工艺与现代科学技术结合起来,并对现代园林工程建设施工过程进行有效的管理,才能创造出符合时代要求的现代园林艺术精品。

4. 园林工程施工组织与管理是锻炼、培养现代园林工程建设施工队伍的基础。无论是我国园林工程施工队伍自身发展的要求,还是为适应经济全球化,努力培养一支新型的能够走出国门、走向世界的现代园林工程建设施工队伍,都离不开园林工程施工的组织和管理。

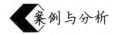

草船借箭

《三国演义》中,周瑜欲杀孔明,炮制了 10 日内造 10 万支箭的项目强加于孔明。孔明明知时间紧,任务重,资源匮乏,工程项目无法完成。他不但没有向周瑜请求延长时间,反而还自己减少 7 天,并立下军令状,承诺 3 日完成。

孔明考虑到周瑜不会给予充足的物料(制箭材料),而曹操属于有地位、有实力的客户,必有 10 万支箭的库存,因此决定将该项目外包给曹操(曹操不知道),酬劳是在华容道由关羽放曹操回北。孔明为此进行了如下工程管理:

工程名称:造箭。

工程管理经理:孔明。

工程管理成员:每船 30 个兵,10 条船,共计 300 人。

工程时限:3 日内完成。

工程风险:时间太短,物料不足,外包经理不情愿。

工程竣工时可接受物品:10 万支箭。

工程控制:封锁沟通,鉴于周瑜是消极因素,不能让其知道;掌握信息,孔明是唯一掌握第三天江面将起雾信息的人;进行协调,运用心理学令曹操认为此计为周瑜所设,不敢因反悔而出水军追讨。

工程完成:第三天晚上,孔明成功从曹操处借到 10 多万支箭,及时上交周瑜,兑现合同。

复习思考题:

1. 简述园林工程的特点与分类。

2. 工程施工的一般程序有哪些?

3. 简述工程管理的概念和作用。

第二章

园林工程招投标管理

知识目标

1. 园林工程招标与投标的概念。
2. 招标与投标制度的基本程序。
3. 掌握园林工程招投标文件的主要内容和关键信息。

能力目标

1. 能编制园林工程施工招标文件。
2. 能编制园林工程施工投标文件。
3. 能运用投标策略和投标技巧。

2.1 园林工程招投标概述

2.1.1 园林工程招投标概述

园林工程招投标是一种商品交易行为,包括招标和投标两方面的内容。工程招投标是国际上广泛采用的达成建设工程交易的主要方式。它的特点是由唯一的买主(或卖主)设定标底,招请若干个卖主(或买主)通过秘密报价进行竞争,从中选择优胜者与之达成交易协议,随后按协议实现标底。

实行招标的目的是为计划兴建的工程项目选择适当的承包单位,将全部工程或其中某一部分工作委托给这个(些)单位负责完成。承包商则通过投标竞争,决定自己的施工生产任务和服务销售对象,使产品得到社会的承认,从而完成施工生产计划并实现盈利计划。为此,承包商必须具备一定的条件,才有可能在投标竞争中获胜,为招标单位所选中。这些条件主要是:一定的技术、经济实力和施工管理经验,足能胜任承包的任务;效率高;价格合理;信誉良好等。

招投标的原则是鼓励竞争,防止垄断。为了规范招标投标活动,保护国家利益、社会公共利益和招投标活动当事人的合法权益，提高经济效益，保证项目质量，《中华人民共和国招标投标法》已由第九届全国人大第十一次会议通过，自 2000 年 1 月 1 日起施行。

2.1.2　园林工程施工招投标的项目

园林工程施工招投标项目主要有工程的勘察、设计、施工、监理以及工程建设的重要设备、材料等的采购，包括：

1. 大型基础设施、公共事业等关系社会利益、公众安全的园林工程建设项目；
2. 全部或部分使用国有资金或国家融资的园林工程建设项目；
3. 使用国际组织或外国政府贷款、援助资金的园林工程建设项目；
4. 集体、私营企业投资或援助资金的园林工程建设项目。

2.1.3　园林工程施工招标应具备的条件

1. 建设单位招标应具备的条件

(1)建设单位必须是法人或依法成立的其他组织；

(2)建设单位所招标的园林工程建设项目具有相应的资金或资金已落实，并具有相应的技术管理人员；

(3)建设单位具有组织编制园林工程施工招标文件的能力；

(4)建设单位有组织开标、评标、议标及定标的能力。

对不具备(2)～(4)项条件的园林工程建设单位，必须委托有相应资质的咨询、监理单位代理招标。

2. 招标园林工程建设项目应具备的条件

(1)项目概算已获批准；

(2)建设项目正式列入国家、部门或地方的年度固定资产投资计划；

(3)项目建设用地的征用工作已经完成；

(4)有能够满足施工需要的施工图纸和技术资料；

(5)项目建设资金和主要材料、设备的来源已经落实；

(6)经建设项目所在地规划部门批准，施工现场已经完成"四通一清"或一并列入施工项目的招标范围。

园林工程施工招标可采用项目工程招标、分项工程招标、特殊专业工程招标等方式进行，但不得对分项工程的分部、分项工程进行招标。

2.2　园林工程招标

2.2.1　园林工程的招标方式

园林工程招标方式同一般建设工程招标一样，其招标方式可分为公开招标和邀请招标两种方式。

1. 公开招标

公开招标又称无限竞争性招标,是园林工程招标的主要方式。它是指招标人以招标公告的方式邀请不特定的法人或者其他组织参加投标,然后以一定的形式公开竞争,达到招标目的的全过程。招标人应在招投标管理部门指定的公众媒介(报刊、广播、电视、场所等)发布招标公告,愿意参加投标的承包商都可参加资格审查,资格审查合格的承包商都可参加投标。

(1)公开招标方式的优点

公开招标方式为承包商提供了公平竞争的机会,同时使建设单位有较大的选择余地,有利于降低工程造价,缩短工期,保证工程质量。

(2)公开招标方式的缺点

采用公开招标方式时,投标人多且良莠不齐,不但招标工作量大,所需时间较长,而且容易被不负责的单位抢标。因此,采用公开招标方式时对投标人进行严格的资格预审就特别重要。

(3)公开招标的适用范围

法定的公开招标方式的适用范围为:全部使用国有资金投资,或国有资金投资占控制地位或主导地位的项目,应当实行公开招标。一般情况下,投资额度大,工艺或结构复杂的较大型工程建设项目实行公开招标较为合适。

2. 邀请招标

邀请招标又称有限竞争性招标、选择性招标,是指招标人以投标邀请书的方式,邀请特定的法人或者其他组织参加投标。即由招标人根据自己的经验和信息资料,选择并邀请有实力的承包商来投标的招标方式。一般邀请5～10家承包商参加投标,最少不得少于3家。全部使用国有资金投资或国有资金投资占控制或主导地位的项目,必须经国家计委或者省级人民政府批准方可实行邀请招标;国务院发展计划部门确定的国家重点工程和省、自治区、直辖市人民政府确定的地方重点工程不公开招标,但经相应各级政府批准,可以进行邀请招标;其他工程由业主自行选用邀请招标方式或公开招标方式。

采用邀请招标的方式,由于被邀请参加竞争的投标者为数有限,不仅可以节省招标费用,而且能提高每个招标者的中标几率,所以对招投标双方都有利。不过,这种招标方式限制了竞争范围,把许多可能的竞争者排除在外,被认为不完全符合自由竞争、机会均等的原则。因此,只有在下述情况才可以考虑邀请招标:

(1)由于工程性质的特殊,要求有专门经验的技术人员和熟练技工以及专用技术设备,只有少数承包商能够胜任。

(2)公开招标使招标单位或投标单位支出的费用过多,与工程投资不成比例。

(3)公开招标的结果未能产生中标单位。

(4)由于工期紧迫或保密的要求等其他原因,而不宜公开招标。

2.2.2 园林工程招标程序

园林工程项目招标一般程序可分为三个阶段:招标准备阶段、招标阶段以及决标成交阶段。其每个阶段具体步骤见图2-1。

每个阶段的具体工作有:

1. 向政府招标投标机构提出招标申请。申请的主要内容是:

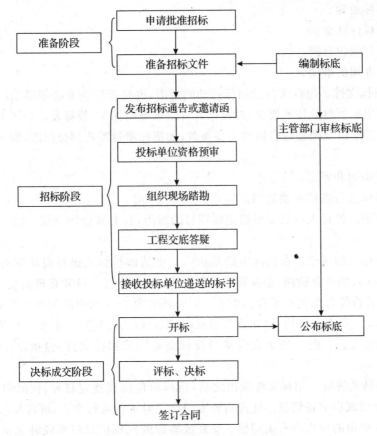

图 2-1　园林工程施工招标一般程序

(1)园林建设单位的资质。

(2)招标工程项目是否具备了条件。

(3)招标拟采用的方式。

(4)对招标企业的资质要求。

(5)初步拟定的招标工作日程等。

2.建立招标班子,开展招标工作。

在招标申请被批准后,园林建设单位组织临时招标机构,统一安排和部署招标工作。

(1)招标工作人员组成

一般由分管园林建设或基建的领导负责,由工程技术、预算、物质供应、财务、质量管理等部门作为成员。要求工作人员懂业务,懂管理,作风正派,必须保守机密,不得泄露标底。

(2)主要任务

①根据招标项目的特点和需要,编制招标文件。

②负责向招标管理机构办理招标文件的审批手续。

③组织委托标底的编制、审查、审定。

④发布招标公告或邀请书,审查资质,发招标文件以及图纸技术资料,组织潜在投标人员勘察项目现场并答疑。

⑤提出评标委员会成员名单,向招标投标管理机构核准。

⑥发出中标通知。

⑦退还投标保证金。

⑧组织签订承包合同。

⑨其他该办理的事项。

3. 编制招标文件。招标文件是招标行动的指南,也是投标企业必须遵循的准则。招标文件应当包括招标项目的技术要求、对投标人资格审查的标准、投标及报价要求和评标标准等所有实质性要求以及拟签订合同的主要条款,如招标项目需要划分标段,则应在标书文件中载明。

4. 标底的编制和审定。

5. 发布招标公告或招标邀请书。

6. 投标申请。投标人应具备承担招标项目的能力,具有符合国家规定的投标人的资格条件。

7. 审查投标人的资格。在投标申请截止后对申请的投标人进行资质审查。审查的主要内容包括投标人的营业执照、企业资质等级证书、工程技术人员和管理人员、企业拥有的施工机械设备是否符合承包本工程的要求。同时还要考查其承担的同类工程质量、工期及合同履行的情况。审查合格后,通知其参加投标;不合格的通知其停止参加工程招标活动。

8. 分发招标文件。向资质审查合格的投标企业分发招标文件,包括设计图纸和技术资料。

9. 现场踏勘及答疑。招标文件发出之后,招标单位应按规定日程,按时组织投标人踏勘施工现场,介绍现场准备情况。还应召开专门会议对工程进行交底,解答投标人对招标文件、设计图纸等提出的疑点和有关问题。交底或答疑的问题应以纪要或补充文件形式书面通知所有投标企业,以便投标企业在编制标书时掌握同一标准。纪要或补充文件应具有与招标文件同等效力。

10. 接收标书(投标)。投标人应按招标文件的要求认真组织编制标书,标书编好密封后,按招标文件规定的投标截止日期前,送达招标单位。招标单位应逐一验收,出具收条,并妥善保存,开标前任何单位和个人不准启封标书。

2.2.3 标底和招标文件

1. 标底

(1)标底的概念和作用

标底是招标工程的预期价格。一是使业主预先明确自己在拟建工程上应承担的财务义务;二是给上级主管部门提供核实投资规模的依据;三是作为衡量投标报价的准绳,也是评标的主要尺度之一。一般工程施工招标必须编制标底,而不强求建设工程勘察设计招标、监理招标、材料设备招标等也要有标底。标底必须经招标办事机构审定。标底一经审定应密封保存至开标时,所有接触过标底的人员具有保密责任,不得泄露。

目前,在工程招标标底编制实践中,常用的主要是以工料单价计价的标底和以综合单价计价的标底。

(2)编制标底应遵循的原则

①根据设计图纸及有关资料、招标文件,参照国家规定的技术、标准定额及规范,确定工

程量和编制标底。

②标底价格应由成本、利润、税金组成,一般应控制在批准的总概算(或修正概算)及投资包干的限额内。

③标底价格作为业主的期望计划,应力求与市场的实际变化吻合,要有利于竞争和保证工程质量。

④标底价格应考虑人工、材料、机械台班等价格变动因素,还应包括施工不可预见费和措施费等。工程要求优良的,还应增加相关费用。

⑤一个工程只能编制一个标底。

(3)标底的编制方法

标底的编制方法与工程概、预算的编制方法基本相同,但应根据招标工程的具体情况,尽可能考虑各项因素,并确切反映在标底中。常用的编制标底的方法有以下几种:

①以施工图预算为基础

根据设计图纸的技术说明,按预算规定的分部划分工程子目,逐项计算出工程量,再套用定额单价确定直接费,然后按规定的系数计算间接费、独立费、计划利润以及不可预见费等,从而计算出工程预期总造价,即标底。

②以概算为基础

根据扩大初步设计和概算定额计算工程造价。概算定额是在预算定额基础上将某些次要子目归并于主要子目之中,并综合计算其单价。用这种方法编制标底可以减少计算工作量,提高编制工作效率,且有助于避免重复和漏项。

③以最终成品单位造价包干为基础

这种方法主要适用于采用统一标准设计的大量兴建的工程,例如通用住宅、市政管线等。一般住宅工程按每平方米建筑面积实行造价包干,园林工程中的植草工程、喷灌工程也可按每平方米面积实行造价包干。具体工程的标底即以此为基础,并考虑现场条件、工期要求等因素来确定。

(4)标底文件的组成

建设工程招标标底文件是对一系列反映招标人对招标工程交易预期控制要求的文字说明、数据、指标、图标的统称,是有关标底的定性要求和定量要求的各种书面表达形式。其核心内容是一系列数据指标。由于工程交易最终主要是用价格或酬金来体现的,所以,在实践中,建设工程招标标底文件主要是指有关标底价格的文件。一般来说,建设工程招标标底文件主要由标底报审表和标底正文两部分组成,其格式如图 2-2 所示。

建设工程招标标底文件

第一章　标底报审表

第二章　标底正文

　第一节　总　则

　第二节　标底诸要求及编制说明

　第三节　标底价格计算用表

　第四节　施工方案及现场条件

图 2-2　建设工程招标标底文件格式

①标底报审表。标底报审表是招标文件和标底正文内容的综合摘要。通常包括以下内容：

a. 招标工程综合说明。包括招标工程的名称、报建建筑面积、结构类型、建筑物层数、设计概算或修正概算总金额、施工质量要求、定额工期、计划工期、计划开工竣工时间等，必要时要附上招标工程（单项、单位工程等）一览表。

b. 标底价格。包括招标工程的总造价、单方造价，钢材、木材、水泥等主要材料的总用量及其单方用量。

c. 招标工程总造价中各项费用的说明。包括对包干系数、不可预见费用、工程特殊技术措施费等的说明，以及对增加或减少的项目的审定意见和说明。

②标底正文。标底正文是详细反映招标人对工程价格、工期等的预期控制数据和具体要求的部分。一般包括以下内容：

a. 总则。主要是说明标底编制单位的名称、持有的标底编制资质等级证书、标底编制的人员及其执业资格证书、标底具备条件、编制标底的原则和方法、标底的审定机构，对标底的封存、保密要求等内容。

b. 标底的要求及其编制说明。主要说明招标人在方案、质量、期限、价格、方法、措施等诸方面的综合性预期控制指标或要求，并要阐释其依据、包括和不包括的内容、各种有关费用的计算方式等。

在标底诸要求中，要注意明确各单项工程、单位工程、室外工程的名称，建筑面积、方案要点、质量、工期、单方造价（或技术经济指标）以及总造价，明确分部与分项直接费、其他直接费、工资及主材的调价、企业经营费、利税取费等。

c. 标底价格计算用表。采用工料单价的标底价格计算用表和采用综合单价的标底价格计算用表有所不同。采用工料单价的标底价格计算用表主要有标底价格汇总表，工程量清单汇总及取费表，工程量清单表，材料清单及材料差价表，设备清单及价格表，现场因素、施工技术措施及赶工措施费用表等。采用综合单价的标底价格计算用表主要有标底价格汇总表，工程量清单表，设备清单及价格表，现场因素、施工技术措施及赶工措施费用表，材料清单及材料差价表，人工工日及人工费用表，机械台班及机械费用表等。

d. 施工方案及现场条件。这部分主要说明施工方法给定条件、工程建设地点现场条件，及列明临时设施布置及临时用地表等。

其一，关于施工方法给定条件。包括：第一，各分部分项工程的完整的施工方法、保证质量的措施；第二，各分部分项工程的施工进度计划；第三，施工机械的进场计划；第四，工程材料的进场计划；第五，施工现场平面布置图及施工道路平面图；第六，冬、雨季施工措施；第七，地下管线及其他地上地下设施的加固措施；第八，保证安全生产、文明施工、减少扰民、降低环境污染和噪音的措施。

其二，关于工程建设地点现场条件。现场自然条件包括现场环境、地形、地貌、地质、水文、地震烈度及气温、雨雪量、风向、风力等。现场施工条件包括建设用地面积、建筑物占用面积、场地拆迁及平整情况、施工用水电及有关勘探资料等。

其三，关于临时设施布置及临时用地表。对临时设施布置，招标人应提交施工现场临时设施布置图表并附文字说明，说明临时设施、加工车间、现场办公、设备及仓储、供电、供水、卫生、生活等设施的情况和布置。对临时用地，招标人要列表注明全部临时设施用地的面积、详细用途和需用时间。

2.园林工程招标文件

招标文件是作为园林工程需求者的业主向可能的承包商详细阐明工程建设意图的一系列文件,也是投标人编制投标书的主要客观依据。通常包括下列基本内容:

(1)工程综合说明

其主要内容包括:工程名称、规模、地址、发包范围、设计单位、场地和地基土质条件(可附工程地质勘察报告和土壤检测报告)、给排水、供电、道路、通信情况以及工期要求等。

(2)设计图纸和技术说明书

①设计图纸要求

a. 目的在于使投标人了解工程的具体内容和技术要求,能据此拟定施工方案和进度计划。

b. 设计图纸的深度可随招标阶段相应的设计阶段而有所不同。

园林工程初步设计阶段招标,应提供总平面图,园林用地竖向设计图,给排水管线图,供电设计图,种植设计总平面图,园林建筑物、构筑物和小品单体平面、立面、剖面图和主要结构图,以及装修、设备的做法说明等。

施工图阶段招标,则应提供全部施工图纸(可不包括大样图)。

②技术说明书应满足下列要求

a. 必须对工程的要求做出清楚而详尽的说明,使各投标单位能有共同的理解,能比较有把握地估算出造价。

b. 明确招标工程适用的施工验收技术规范、保修期及保修期内承包单位应负的责任。

c. 明确承包商应提供的其他服务,诸如监督分承包商的工作、防止自然灾害的特别保护措施、安全防护措施等。

d. 有关专门施工方法及制定材料产地或来源以及代用品的说明。

e. 有关施工机械设备、临时设施、现场清理及其他特殊要求的说明。

(3)工程量清单和单价表

①工程量清单

工程量清单是投标人计算标价和招标单位评标的依据。工程量清单通常以每一个体工程为对象,按分项、单项列出工程数量。

工程量清单由封面、内容目录和工程量表三部分组成,其基本格式如下:

a. 封面

工程工程量清单:

工程地址:

业主:

设计单位:

估算师:　　　　　　　　(签名)　　　　　　　　年　　月　　日

b. 内容目录

• 准备工作

• ×××(分项工程甲)

• ×××(分项工程乙)

- 直接合同（指定分包工程）
- 允许调整的开口项目
- 室外工程
- 其他工程和费用
- 不可预见费

c. 工程量表（表 2-1）

表 2-1　×××（分项工程甲）工程量表

编号	项目	简要说明	计量单位	工程数量	单价（元）	总价（元）
1	2	3	4	5	6	7

说明：

第 1～5 栏由招标单位填列，第 6～7 两栏由投标单位填列。每一页应标明页码，并在页末写明该页所列各工程总价的汇总金额。

工程应按地下工程和地上工程分列，例如平整场地、人工湖挖土方、混凝土基础、砖砌体等。各项目的技术要点在简要说明栏列出，例如混凝土基础 C20、砖砌体厚 24 cm、M5 混合砂浆等。

工程单价按我国习惯做法，一般仅列直接费，待汇总后再加各项独立费和不可预见费，并按规定百分比计算间接费和利润。国际通行做法与我国不同，工程单价都包括直接费、间接费和利润。

计算工程量所用的方法和单价的组成应在工程量表的开头或末尾加以说明。

②单价表

单价表是采用单价合同承包方式时，投标人的报价文件和招标单位评标的依据，通常由招标单位开列分部分项工程名称（例如土方工程、植草工程等），交投标单位填列单价，作为标书的重要组成部分。也可先由招标单位提出单价，投标人同意或另行提出自己的单价。考虑到工程数量对单价水平的影响，一般应列出近似工程量，供投标人参考，但不作为确定总标价的依据。

单价表的基本格式如表 2-2 和表 2-3 所示。

表 2-2　×××工程单价表

编号	项目	简要说明	计量单位	近似工程	单价（元）
1	2	3	4	5	6

表 2-3　×××工程单价表

编号	工种或材料名称	简要说明	计量单位	单价（元）

（4）合同要求的主要条件

为了事先使投标单位对作为承包单位应承担的义务和责任及应享有的权利有明确的理

解,作为中标后洽商签订正式合同的基础,有必要把合同条件列为招标文件的重要组成部分。

- 合同所依据的法律、法规;
- 工程内容(附工程项目一览表);
- 承包方式(包工包料、包工不包料、总价合同、单价合同或成本加酬金合同等);
- 总包价;
- 开工、竣工日期;
- 图纸、技术资料供应内容和时间;
- 施工准备工作;
- 材料供应及价款结算办法;
- 工程公款结算办法;
- 工程质量及验收标准;
- 工程变更;
- 停工或窝工损失的处理办法;
- 提前竣工奖励及拖延工期罚款;
- 竣工验收与最终结算;
- 保修期内维修责任与费用;
- 分包;
- 争端的处理。

(5)其他有必要说明的情况

如有必要,也需要列出。

2.3 园林工程投标

2.3.1 园林工程投标工作机构和投标程序

1. 投标机构

为了在投标竞争中获胜,园林施工承包商应设置由施工企业决策人、总工程师或技术负责人、总经济师或合同预算部门、材料部门负责人、办事人员等组成投标决策委员会,以研究企业参加各项投标工程。

2. 投标程序

园林工程投标的一般程序如图 2-3 所示:

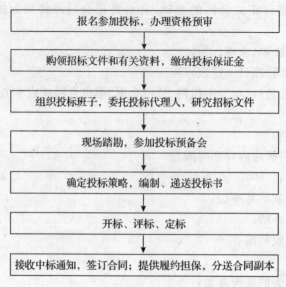

图 2-3　园林工程投标的一般程序

2.3.2　投标资格预审

根据招标方式的不同,招标人对投标人资格审查的方式也不同,对潜在投标人资格审查的时间和要求也不一样。如在国际工程无限竞争性招标中,通常在投标前进行资格审查,称为资格预审,只有资格预审合格的承包商才可以参加投标;也有些国际工程无限竞争性招标在开标后进行资格审查,称为资格后审。在国际工程有限竞争招标中,通常是在开标后进行资格审查,并且这种资格审查往往作为评标的一项内容与评标结合起来进行。

我国建设工程招标中,在允许投标人参加投标前一般都要进行资格审查,投标人应向招标单位提交下列有关资料:

1. 投标人营业执照和资质证书。

2. 企业简历。

3. 自有资金情况。

4. 全员职工人数,包括技术人员、技术工人数量及平均技术等级等。

5. 企业拥有主要施工机械设备一览表等情况。

6. 近三年来完成的主要工程及其质量情况。

7. 现有主要施工项目,包括在建和尚未开工工程。

如是联合体投标应填报联合体每一成员的以上资料。

在实践中,一般由申请资料预审的承包商填报"投标资格预审表",交招标单位审查,或转报地方招标投标管理部门审批。

2.3.3　投标的准备工作

进入承包市场进行投标,必须做好一系列的准备工作,准备工作充分与否对中标和中标后的利润都有很大的影响。投标准备包括接受资格预审、投标经营准备、报价准备 3 个方面。

1. 接受资格预审

为了顺利通过资格预审,投标人应在平时就将一般资格预审内的有关资料准备齐全,到针对某个项目填写资格预审调查表时,将有关文件调出并加以补充完整即可。因为资格预审内容中,财务状况、施工经验、人员能力等是一些通用审查内容,在此基础上,附加一些具体项目的补充说明或填写一些表格,再补齐其他查询项目,即可成为资格预审书送出。

在填表时应突出重点,即要针对工程特点填好重要项目,特别是要反映公司施工经验、施工水平和施工组织能力,这往往是业主考察的重点。

2. 投标经营准备

(1)组成投标班子

在决定要参加某工程项目投标之后,最重要的工作即是组成一个干练的投标班子。对参加投标的人员要进行认真挑选,以满足下列条件:

①熟悉了解招标文件(包括合同条款),会拟定合同文稿,对投标、合同谈判和合同签约有丰富经验。

②对《招标投标法》、《合同法》等法律或法规有一定的了解。

③不仅需要有丰富的工程经验、熟悉施工和工程估价的工程师,还要有具有设计经验的设计工程师参加,以便从设计或施工角度,对招标项目的设计图纸提出改进方案,以节省投资和加快工程进度。

④最好有熟悉物资采购和园林植物的人员参加,因为工程的材料、设备占工程造价的一半以上。

⑤有精通工程报价的经济师参加。

总之,投标班子最好由多方面人才组成。一个公司应该有一个按专业和承包地区分组的、稳定的投标班子,但应避免把投标人员和工程实施人员完全分开,即部分投标人员必须参加所投标项目的实施,这样才能减少工程失误的出现,不断总结经验,提高投标人员的水平和公司的总体投标水平。

(2)联合体

我国《招标投标法》第三十条规定,两个以上法人或者其他组织可以组成一个联合体,以一个投标人的身份共同投标。联合体多指联合集团或者联营体。

①联合体各方应具备的条件

我国《招标投标法》规定,联合体各方均应具备承担招标项目的能力。《招标投标法》除对招标人的资格条件作出具体规定外,还专门对联合体作出要求,目的是明确:不应因为是联合体就降低对投标人的要求,这一规定对投标人和招标人都具有约束力。

②联合体各方内部关系和其对外关系

内部关系以协议的形式确定。联合体在组建时,应依据《招标投标法》和有关合同法律的规定共同订立书面投标协议,在协议中约定各方应承担的具体工作和各方应承担的责任。如果各方是通过共同注册并长期经营的"合资公司",则不属于联合体。

联合体对外关系。中标的联合体各方应当共同与招标人签订合同,并应在合同书上签字或盖章。在同一类型的债务债权关系中,联合体任何一方均有义务履行招标人提出的要求。招标人可以要求联合体的任何一方履行全部义务,被要求的一方不得以"内部订立的权利义务关系"为由而拒绝履行义务。

③联合体的优缺点

可增大融资能力。大型建设项目需要有巨额的履约保证金和周转资金,资金不足无法承担这类项目,即使资金雄厚,承担这一项目后就无法再承担其他项目了。采用联合体可以增大融资能力,减轻每一家公司的资金负担,实现以较少资金参加大型建设项目的目的,其余资金可以再承担其他项目。

分散风险。大型工程风险因素很多,如果由一家公司承担全部风险是很危险的,所以有必要依靠联合体来分散风险。

弥补技术力量的不足。大型项目需要使用很多专门的技术,而技术力量薄弱和经验少的企业是不能承担的,即使承担了也要冒很大的风险,与技术力量雄厚、经验丰富的企业成立联合体,使各个公司互相取长补短,就可以解决这类问题。

报价可互相检查。有的联合体报价是每个合伙人单独制定的,要想算出正确和适当的价格,必须互查报价,以免漏报和错报。有的联合体报价是合伙人之间互相交流和检查制定的,这样可以提高报价的可靠性,提高竞争力。

确保项目按期完工。通过对联合体合同的共同承担,提高项目完工的可靠性,同时对业主来说也提高了对项目合同、各项保证、融资贷款等的安全性和可靠性。

但也要看到,由于联合体是几个公司的临时合伙,所以有时在工作中难以迅速作出判断,如协作不好则会影响项目的实施,这就需要在制定联合体合同时明确权利和义务,组成一个强有力的领导班子。

联合体一般是在资格预审前即开始制定内部合同与规划,如果投标成功,则在项目实施全过程中予以执行,如果投标失败,则联合体立即解散。

3. 报价准备

在园林工程投标过程中,投标报价是最关键的一步。报价过高,可能因为超出"最高限价"而失去中标机会;报价过低,则可能因为低于"合理低价"而废标,或者即使中标,也会给企业带来亏本的风险。因此投标单位应针对工程的实际情况,凭借自己的实力,正确运用投标策略和报价方法来达到中标的目的,从而给企业带来较好的经济效益。

(1)研究招标文件

承包商在决定投标并通过资格预审获得投标资格后,要购买招标文件并研究和熟悉招标文件的内容,充分了解其内容和要求,发现应提请招标单位予以澄清的要点,在此过程中应特别注意对标价计算可能产生重大影响的问题。包括:

①研究工程综合说明,以对工程作一整体性的了解。

②熟悉并详细研究设计图纸和技术说明书,使制定施工方案和报价有确切的依据。对整个建设工程的图纸要吃透,发现不清楚或互相矛盾之处,应提请招标单位解释或订正。

③研究合同主要条款,明确中标后应承担的义务和责任及应享有的权利,重点是承包方式,开竣工时间及工期奖罚,材料供应及价款结算办法,预付款的支付和工程款结算办法,工程变更及停工、窝工损失处理办法,争议、仲裁、诉讼法律等。对于国际招标的工程项目,还应研究支付工程款的货币种类、不同货币所占比例及汇率。

④熟悉投标单位须知,明确了解在投标过程中,投标单位应避免出现与招标要求不相符合的情况。只有在全面研究了解招标文件,对工程本身和招标单位的要求有基本的了解之后,投标单位才能正确地编制投标文件,以争取中标。

（2）招标前的调查与现场考察

这是投标前重要的一步，主要是对招标工程施工的自然、经济和社会条件进行调查。这些条件都是工程施工的制约因素，必然影响工程成本，投标报价时必须考虑，所以应在报价之前通过现场踏勘、查阅相关资料、市场调研等途径，尽可能地了解清楚。调查的主要内容有：

①工程的性质以及与其他工程之间的关系。

②投标者投标的那一部分与其他承包商之间的关系。

③工程地貌、地质、气象、交通、电力通信、水源以及地上地下障碍物等。

④施工场地附近有无住宿条件、料场开采条件、其他加工条件、设备维修条件以及材料堆放场地等。

⑤材料、苗木供应的品种及数量、途径以及劳动力来源和工资水平等。

（3）分析招标文件，校对工程量

①分析招标文件。招标文件是招标的主要依据，应该仔细地分析研究招标文件，主要应放在招标者须知、专用条款、设计图纸、工程范围以及工程量表上，最好有专人或小组研究技术规范和设计图纸，明确特殊要求。

②校对工程量。对于招标文件中的工程量清单，投标者一定要进行校核，因为这直接影响中标的机会和投标报价。对于无工程量清单的招标工程，投标者应当认真计算工程量。在校核中如发现相差较大，投标者不能随便改变工程量，而应致函或直接找业主澄清。尤其对于总价合同要特别注意，如果业主投标前不给予更正，而且是对投标者不利的情况，投标者在投标时应附上说明。投标人在核算工程量时，应结合招标文件中的技术规范弄清工程量中每一细目的具体内容，才不至于在计算单位工程量价格时出错。如果招标的工程是一个大型项目，而且招标时间又比较短，则投标人至少要对工程量大而且造价高的项目进行核实。必要时，可以采取不平衡报价的方法来避免由于业主提供错误的工程量而带来损失。

（4）投标决策与投标策略

园林工程投标决策是园林工程承包经营决策的重要组成部分，它直接关系到能否中标和中标后的效益，因此，园林建设工程承包商必须高度重视投标决策。

①园林工程投标决策的内容和分类

园林工程投标决策是指园林工程承包商为实现其生产经营目标，针对园林工程招标项目，寻求并实现最优化的投标行动方案的活动。一般来说，园林工程投标决策的内容主要包括两个方面：一是关于是否参加投标的决策；二是关于如何进行投标的决策。在承包商决定参加投标的前提下，关键是要对投标的性质、投标的利益、投标的策略和技巧应用等进行分析、判断，作出正确决策。因此，园林工程投标决策实际上主要包括投标与否决策、投标性质决策、投标效益决策、投标策略和技巧决策四种。

a. 投标与否决策

园林工程投标决策的首要任务，是在获取招标信息后，对是否参加投标竞争进行分析、论证并作出决策。承包商关于是否参加投标的决策是其他投标决策产生的前提。承包商决定是否参加投标,通常要考虑各方面的情况,如承包商当前的经营状况和长远目标,参加投标的目的,影响中标机会的内、外因素等。一般来说,有下列情形之一的招标项目,承包商不宜参加投标:

- 工程资质要求超过本企业资质等级的项目;
- 本企业业务范围和经营能力之外的项目;
- 本企业现有的承包项目较多,而招标工程的风险较大或盈利水平较低的项目;
- 本企业投标资源投入量过大时面临的项目;
- 有在技术等级、信誉、水平和实力等方面具有明显优势的潜在竞争对手参加的项目。

b. 投标性质决策

关于投标性质的决策主要考虑是投保险标还是风险标。所谓保险标,是指承包商对基本上不存在技术、设备、资金和其他方面问题的或对这些问题已有预见并已有解决办法的工程项目而投的标。如果企业经济实力不强,投保险标是比较恰当的选择。

风险标是指承包商对存在技术、设备、资金或其他方面未能解决的问题,承包难度比较大的招标工程而投的标。投风险标关键是要能想出办法解决好工程中存在的问题。如果问题解决好了,可获得丰厚的利润,开拓出新的技术领域,使企业素质和实力更上一层楼;如果问题解决得不好,企业的效益、声誉都会受损,严重的可能会使企业出现亏损甚至破产。因此,承包商对投标性质的决策,特别是对投风险标,应当慎重。

c. 投标效益决策

关于投标效益的决策,一般主要考虑是投盈利标、保本标,还是亏损标。

所谓盈利标,是指承包商为能获得丰厚利润回报的招标工程而投的标。一般来说,有下列情形之一的,承包商可以考虑投盈利标:

- 业主对本承包商特别满意,希望发给本承包商的;
- 招标工程是竞争对手的弱项而是本承包商的强项的;
- 本承包商在手任务虽饱满,但招标利润丰厚、诱人,值得且能实际承受超负荷运转的。

保本标是指承包商对不能获得多少利润但一般也不会出现亏损的招标工程而投的标。一般来说,有下列情形之一的,承包商可以考虑投保本标:

- 招标工程竞争对手较多,而本承包商无明显优势的;
- 本承包商在手任务少,无后继工程,可能出现或已经出现部分窝工的。

亏损标是指承包商对不能获利、自己赔本的招标工程而投的标。我国一般禁止投标人以低于成本的报价竞标,因此,投亏损标是一种非常手段,是承包商不得已而为之。一般来说,有下列情形之一的,承包商可以决定投亏损标:

- 招标项目的强劲竞争对手众多,但本承包商孤注一掷,志在必得的;
- 本承包商已出现大量窝工,严重亏损,急需寻求支撑;
- 招标项目属于本承包商的新市场领域,本承包商渴望打入的;
- 招标工程属于承包商有绝对优势的市场领域,而其他竞争对手强烈希望插足分享的。

②投标策略

正确的策略,来自实践经验的积累和对客观规律的认识,以及对具体情况的了解;同时,决策者的能力和魄力也是不可缺少的。常见的投标策略有以下几种：

a. 做好施工组织设计，采取先进的工艺技术和机械设备；优选各种植物及其他造景材料；合理安排施工进度；选择可靠的分包单位，力求以最快的速度最大限度地降低工程成本，以技术与管理优势取胜。

b. 尽量采用新工艺、新材料、新设备、新施工方案，以降低工程造价，提高施工方案的科学性。

c. 在保证企业有相应利润前提下，实事求是地以低价取胜。

d. 为争取未来的优势，宁可目前少盈利或不盈利，为了占据某些具有发展前景的专业施工技术领域，则可适当降低标价，着眼于今后发展，为占领新的市场领域打下基础。

③园林工程投标技巧

园林工程投标技巧是指园林工程承包商在投标过程中所形成的各种操作技能和诀窍。园林工程投标活动的核心和关键是报价问题，因此，园林工程投标报价的技巧至关重要。常见的投标报价技巧主要有：

a. 扩大标价法

这是指除按正常的已知条件编制标价外，对工程中变化较大或没有把握的工作项目采用增加不可预见费的方法，扩大标价，减少分项。这种做法的优点是中标价即为结算价，减少了价格调整等麻烦，缺点是总价过高。

b. 不平衡报价法

是指在总报价基本确定的前提下，调整内部各子项的报价，以期既不影响总报价，又在中标后满足资金周转的需要，获得较理想的经济效益。不平衡报价法的通常做法是：

● 对能早日结账收回工程款的土方、基础等前期工程项目，单价可适当报高些；对水电设备安装、装饰等后期工程项目，单价可适当报低些。

● 对预计今后工程量可能会增加的项目，单价可适当报高些，而对工程量可能减少的项目，单价可适当报低些。

● 对设计图纸内容不明确或有错误，估计修改后工程量要增加的项目，单价可适当报高些，而对工程内容明确的项目，单价可适当报低些。

● 对没有工程量只填单价的项目，或招标人要求采用包干报价的项目，单价宜报高些，对其余的项目，单价可适当报低些。

● 对暂定项目（任意项目或选择项目）中实施可能性大的项目，单价可报高些，预计不一定实施的项目，单价可适当报低些。

● 招标文件中明确投标人附"分部分项工程量清单综合单价分析表"的项目，应注意将单价分析表中的人工费和机械费报高，将材料费适当报低。通常情况下，材料往往采用业主认价，从而可获得一定的利益。

● 特种材料和设备安装工程编标时，由于目前参照的定额仍是主材、辅材、人工费用单价分开的，对特殊设备、材料，业主不一定熟悉，市场询价困难，则可将主材单价提高，而对常用器具、辅助材料报价降低。在实际施工中，为了保证质量，往往会产生对设备和材料指定品牌，承包商利用品牌的变更，向业主要求适当的单价就是提高效益的途径。

c. 多方案报价法

是指对同一个招标项目除了按招标文件的要求编制一个投标报价方案以外,还编制一个或几个建议方案。多方案报价法有时是招标文件中规定采用的,有时是承包商根据需要决定采用的。承包商决定采用多方案报价法,通常主要有以下两种情况:

● 如果发现招标文件中的工程范围不具体、不明确,或条款内容不很清楚,或对技术规范的要求过于苛刻,可先按招标文件中的要求报一个价,然后再说明假如招标人对合同要求作某些修改,报价可降低多少。

● 如发现设计图纸中存在某些不合理并可以改进的地方或可以利用某项新技术、新工艺、新材料替代的地方,或者发现自己的技术和设备满足不了招标文件中设计图纸的要求,可以先按设计图纸的要求报一个价,然后再另附上一个修改设计的比较方案,或说明在修改设计的情况下,报价可降低多少。这种情况,通常也称作修改设计法。

d. 突然降价法

是指为迷惑竞争对手而采用的一种竞争方法。通常的做法是:在准备投标报价的过程中预先考虑好降价的幅度,然后有意散布一些假情报,如打算弃标,按一般情况报价或准备报高价等,在临近投标截止日期前,突然前往投标,并降低报价,以期战胜竞争对手。

(5)制定施工方案

施工方案应由投标单位的技术负责人主持制定,编制的主要依据是设计图纸,经复核的工程量,招标文件要求的开工、竣工日期以及对市场材料、机械设备、劳动力价格的调查。编制的原则是在保证工期和工程质量的前提下,尽量使成本最低,利润最大。施工方案主要包括下列基本内容:

①施工的总体部署和场地总平面布置;

②施工总进度和单项(单位)工程进度;

③主要施工方法;

④主要施工机械设备数量及其配置;

⑤劳动力数量、来源及其配置;

⑥主要材料品种、规格、需用量、来源及分批进场的时间安排;

⑦大宗材料和大型机械设备的运输方式;

⑧现场水、电需用量、来源及供水、供电设施;

⑨临时设施数量和标准。

关于施工进度的表示方式,有的招标文件专门规定必须用网络图,如无此规定也可用传统的横道图(条形图)。

由于投标的时间要求往往相当紧迫,所以施工方案一般不可能也不必要编制得很详细,只需抓住重点,简明扼要地表述即可。

(6)报价

报价是投标全过程的核心工作,它不仅是能否中标的关键,而且对中标后能否盈利及盈利多少在很大程度上起着决定性的作用。

①报价的基础工作

首先,应详细研究招标文件中的工程综合说明、设计图纸和技术说明,了解工程内容、场地情况和技术要求。

其次,应熟悉施工方案,核算工程量。可对招标文件中的工程量清单作重点抽查(若没有工程量清单,则须按图纸进行计算)。工程量清单核算无误之后,即可以造价管理部门统一制定的概(预)算定额为依据进行投标报价。目前投标也可自主报价,不一定受统一定额的制约,如有的大型园林施工企业有自己的企业定额,则可以此为依据。

此外,还应确定现场经费、间接费率和预期利润率。其中现场经费、间接费率以直接费或人工费为基础,利润率则以工程直接费和间接费之和为基础,确定一个适当的百分数。根据企业的技术和经营管理水平,并考虑投标竞争的形式,可以有一定的伸缩余地。

②报价的内容

国内园林工程投标报价的内容就是园林工程费的全部内容,见表 2-4。

表 2-4　我国现行园林建设工程费构成

费用项目			参考计算方法
直接工程费	直接费	人工费	$\sum$ 人工工日概预算定额×工资单价×实物工程量
		材料费	$\sum$ 材料概预算定额×材料预算价格×实物工程量
		施工机械使用费	$\sum$ 机械概预算定额×机械台班预算单价×实物工程量
	其他直接费		按定额
	现场经费	临时设施费 现场管理费	土建工程:(人工费+材料费+机械使用费)×取费率 绿化工程:(人工费+材料费+机械使用费)×取费率 安装工程:人工费×取费率
间接费	企业管理费 财务费用 其他费用		土建工程:直接工程费×取费率 绿化工程:直接工程费×取费率 安装工程:人工费×取费率
盈利	计划利润		(直接工程费+间接费)×计划利润率
税金	含企业税、城乡维护建设税、教育费附加税		(直接工程费+间接费+计划利润)×税率

③报价决策

报价决策就是确定投标报价的总水平。这是投标胜负的关键环节,通常由投标工作班子的决策人在主要参谋人员的协助下完成。

a. 报价决策的工作内容,首先是计算基础标价,即根据工程量清单和报价项目单价表进行初步测算,其间可能对某些项目的单价作必要的调整,形成基础标价。

b. 作风险预测和盈亏分析,即充分估计施工过程中的各种有关因素和可能出现的风险,预测对工程造价的影响程度。

c. 测算可能的最高标价和最低标价,也就是测定基础标价可以上下浮动的界限。

d. 完成上述工作以后,决策人就可根据投标竞争的实际,并靠自己的经验和智慧,作出报价决策,然后编制正式标书。

2.3.4 标书的编制和投送

投标人对招标工程作出报价决策之后,即应编制标书。投标人应当根据招标文件的要求编制投标文件,所编制的投标文件应当对招标文件提出的实质性要求和条件做出响应。招标项目属于建设施工的,投标文件的内容应当包括拟派出的项目负责人与主要技术人员的简历、业绩和拟用于完成招标项目的机械设备等。

投标文件的组成应根据工程所在地建设市场的常用文本内容确定,招标人应在招标文件中做出明确的规定。

1. 商务标编制内容

商务标的文本格式较多,各地都有自己的文本格式,我国《建设工程工程量清单计价规范》规定商务标应包括:

(1)投标总价及工程项目总价表;

(2)单项工程费汇总表;

(3)单位工程费汇总表;

(4)分部分项工程量清单计价表;

(5)措施项目清单计价表;

(6)其他项目清单计价表;

(7)零星工程项目计价表;

(8)分部分项工程量清单综合单价分析表;

(9)项目措施费分析表和主要材料价格表。

2. 技术标编制内容

技术标通常由施工组织设计、项目管理班子配备情况、项目拟分包情况、替代方案及其报价四部分组成。具体内容如下:

(1)施工组织设计

投标前施工组织设计的内容有:主要施工方法、拟在该工程投入的施工机械设备情况、主要施工机械配备计划、劳动力安排计划、确保工程质量的技术组织措施、确保安全生产的技术组织措施、确保工期的技术组织措施、确保文明施工的技术组织措施等,并应包括以下附表:

①拟投入的主要施工机械设备表;

②劳动力计划表;

③计划开、竣工日期和施工进度网络图;

④施工总平面布置图及临时用地表。

(2)项目管理班子配备情况

项目管理班子配备情况主要包括:项目管理班子配备情况表、项目经理简历表、项目技术负责人简历表和项目管理班子配备情况辅助说明等资料。

(3)项目拟分包情况

技术标投标文件中必须包括项目拟分包情况。

（4）替代方案及其报价

投标文件中还应列明替代方案及其报价。

3．标书包装与投送

（1）标书的包装

投标方应准备 1 份正本和 3～5 份副本，用信封分别把正本和副本密封，封口处加贴封条，封条处加盖法定代表人或其授权代理人的印章和单位公章，并在封面上注明"正本和副本"字样，然后一起放入招标文件袋中，再密封招标文件袋。文件袋外应注明工程项目名称、投标人名称及详细地址，并注明何时之前不准启封。一旦正本和副本有差异，以正本为准。

（2）标书的投送

投标人应在招标文件前附表规定的日期内将投标文件递交给招标人。招标人可以按招标文件中投标须知规定的方式酌情延长递交投标文件的截止日期。在上述情况下，招标人与投标人以前在投标截止期的全部权利、责任和义务，将使用延长后新的投标截止期。在投标截止期以后送达的投标文件，招标人应当拒收，已经收下的也必须原封退给投标人。

投标人可以在递交投标文件以后，在规定的投标截止时间之前，采用书面形式向招标人递交补充、修改或撤回其投标文件的通知。在投标截止日期以后，不能修改投标文件。投标人递交的补充、修改或撤回通知，应按招标文件中投标须知的规定编制、密封、加写标志和递交，并在内层包封标明"补充"、"修改"或"撤回"字样。补充、修改的内容为投标文件的组成部分。根据投标须知的规定，在投标截止时间与招标文件中规定的投标有效期终止日之间的这段时间内，投标人不能撤回投标文件，否则其投标保证金将不予退还。

投送标书时一般须将招标文件包括图纸、技术规范、合同条件等全部交还招标单位，因此这些文件必须保持完整无缺，切勿丢失。编完标书并投送出去之后，还应将有关报价的全部计算分析资料加以整理汇编，归档备查。

投标人递交投标文件不宜太早，一般在招标文件规定的截止日期前几天密封送到指定地点比较好。

2.4　园林工程招标的开标、评标、议标与定标

2.4.1　园林工程招标的开标

1．开标的要求

开标应按招标文件确定的招标时间同时公开进行。开标地点应当为招标文件中预先确定的地点，开标由招标单位的法定代表人或其指定的委托代理人主持，邀请所有的投标人参加，也可邀请上级主管部门及银行等有关单位参加，有的还请公正机关派出公证员到场。

2．开标的一般程序

（1）由开标单位工作人员介绍参加开标的各方到场人员和开标主持人，公布招标单位法定代表人证件或代理人委托书及证件。

(2)开标主持人检验各投标单位法定代表人或其指定代理人的证件、委托书,并确认无误。

(3)宣读评标方式和评标委员会成员名单。

(4)开标时,由投标人或其推选的代表检验投标文件的密封情况,也可由招标人委托的公证机构检查并公证。经确认无误后,由工作人员当众拆封,宣读投标人名称、投标价格和投标文件的其他主要内容。开封过程应当记录,并存档备查。

(5)启封标箱,开标主持人当众检验启封标书,如发现无效标书,须经评标委员会半数以上成员确认,并当场宣布。

(6)按标书送达时间或以抽签方式排列投标单位唱标顺序,各投标人依次当众予以拆封,宣读各自投标书的要点。

(7)当众公布标底。如全部有效标书的报价都超过标底规定的上下限幅度时,招标单位可宣布报价为无效报价,招标失败,另行组织招标或邀请协商,此时则暂不公布标底。

3. 无效标书的认定

(1)投标文件未按照招标文件的要求予以密封或逾期送达的。

(2)投标函未加盖投标人的公章及法定代表人印章或委托代理人印章的,或者法定代表人的委托代理人没有合法有效的委托书(原件)。

(3)投标人未按规定的格式填写标书,内容不全或字迹模糊,辨认不清。

(4)投标人未按照招标文件的要求提供投标担保或没有参加开标会议的。

(5)组成联合体投标,但投标文件未附联合体各方共同投标协议的。

2.4.2 园林工程招标的评标

1. 评标的原则

(1)评标活动应当遵循公平、公正原则。

①评标委员会应当根据招标文件规定的评标标准和办法进行评标,对投标文件进行系统的评审和比较。没有在招标文件中列示的评标标准和办法,不得作为评标的依据。招标文件规定的评标标准和办法应当合理,不得含有倾向或者排斥潜在投标人的内容,不得妨碍或者限制投标人之间的竞争。

②评标过程应当保密。有关标书的审查、澄清、评比和比较的有关资料、授予合同的信息等均不得向无关人员泄露。对于施加投标人任何影响的行为,都应给予取消其投标资格的处罚。

(2)评标活动应当遵循科学、合理的原则。

①询标,即投标文件的澄清。评标委员会可以以书面形式,要求投标人对投标文件中含义不明确、对同类问题表述不一致,或者有明显文字和计算错误的内容,作必要的澄清、说明或补正,但是不得改变投标文件的实质性内容。

②响应性投标文件中存在错误的修正。响应性投标中存在的计算或累加错误,由评标委员会按规定予以修正:用数字表示的数额与用文字表示的数额不一致时,以文字数额为准;单价和合价不一致时以单价为准,但评标委员会认为单价有明显的小数点错位的,则以合价为准。

经修正的投标书必须经投标人同意才具有约束力。如果投标人对评标委员会按规定进行的修正不同意时,应当视为拒绝投标,投标保证金不予退还。

(3)评标活动应当遵循竞争和择优的原则。

①评标委员会可以否决全部投标。评标委员会对各投标文件评审后认为所有投标文件都不符合招标文件要求的,可以否决所有投标。

②有效的投标书不足三份时不予评标。有效投标不足三个,使得投标明显缺乏竞争性,失去了招标的意义,达不到招标的目的,应确定为招标无效,不予评标。

③重新招标。有效投标人少于三个或者所有投标被评标委员会否决的,招标人应当依法重新招标。

2. 评标机构

(1)评标委员会的组成。评标工作由招标人依法组建的评标委员会负责,评标委员会由招标人的代表和有关技术、经济方面的专家组成,成员人数为 5 人以上单数,其中技术、经济等方面的专家不得少于成员总数的 2/3。

(2)专家应当从事相关领域工作满 8 年,并且有高级职称或者具有同等专业水平,具体人员由招标人从国务院有关部门或者省、自治区、直辖市人民政府提供的专家名册或者招标代理机构的专家库内的相关专业的专家名单中确定。召集人一般由招标单位法定代表人或其指定代理人担任。

(3)与投标人有利害关系的专家不得进入相关工程的评标委员会。

(4)评标委员会的名单一般在开标前确定,定标前应当保密。

3. 评标时间与评标内容

评标时间视评标内容的繁简,可在开标后立即进行,也可随后进行。

一般应对各投标单位的报价、工期、主要材料用量、施工方案、工程质量标准和保证措施以及企业信誉等进行综合评价,为择优确定中标单位提供依据。

4. 评标的方法

(1)加权综合评分法

先确定各项评标指标的权数,例如报价 40%,工期 15%,质量标准 15%,施工方案、主要材料用量、企业实力及社会信誉各 10%,合计 100%;再根据每一投标单位标书中的主要数据评定各项指标的评分系数;以各项指标的权数和评分系数相乘,然后汇总,即得加权综合评分。得分最高者为中标单位。

(2)接近标底法

以报价为主要尺度,选报价最接近标底者为中标单位。这种方法比较简单,但要以标底详尽、正确为前提。

(3)加减综合评分法

以标价为主要指标,以标底为评分基数,例如定位 50 分,合理标价范围为标底的 ±5%,报价比标底每增减 1%扣 2 分或加 2 分,超过合理标价范围的,不论上下浮动,每增加或减少 1%都扣 3 分;以工期、质量标准、施工方案、投标单位实力与社会信誉为辅助指标,例如满分分别为 15 分、15 分、10 分、10 分。每一投标单位的各项指标分值相加,总计得综合评分,得分最高者为中标单位。

(4)定性评议法

以报价为主要尺度,综合考虑其他因素,由评标委员会作出定性评价,选出中标单位。

这种方法除报价是定量指标外,其他因素没有定量分析,标准难以确切掌握,往往需要评标委员会协商,主观性、随意性较大,现已少有运用。

2.4.3　园林工程招标的决标

决标又称定标,即在评标完成后确定中标人,是业主对满意的合同要约人做出承诺的法律行为。

1. 决标的时限

从开标至决标的期限,小型园林建设工程一般不超过 10 天,大、中型工程不超过 30 天,特殊情况可适当延长。

2. 决标方式

决标时,应当由业主行使决策权。决标的方式有:

(1)业主自己确定中标人。招标人根据评标委员会提出的书面评标报告,在中标候选的推荐名单中确定中标人。

(2)业主委托评标委员会确定中标人。招标人也可通过授权评标委员会直接确定中标人。

3. 决标的原则

中标人的投标应当符合下列两原则之一:

(1)中标人的投标能够最大限度地满足招标文件规定的各项综合评价标准。

(2)中标人的投标能够满足招标文件的实质性要求,并且经评审的投标价格最低,但是低于成本的投标价格除外。

4. 确定中标人

使用国有资金投资或者国家融资的项目,招标人应当确定排名第一的中标候选人为中标人。排名第一的中标候选人放弃中标,或者因不可抗力提出不能履行合同,或者招标文件规定应当提交履约保证金而规定期限内未能提交的,招标人可以确定排名第二的中标候选人为中标人。排名第二的中标候选人因同类原因不能签订合同的,招标人可以确定排名第三的中标候选人为中标人。

5. 提交招标投标情况的书面报告

招标人确定中标人后 15 天内,应向有关行政监督部门提交招标投标情况的书面报告。经确认招标人在招标活动中无违法行为的,招标人向中标人发出中标通知书,并将中标结果通知所有未中标的人。中标通知书对招标人和中标人具有法律效力,招标人改变中标结果或中标人拒绝签订合同均要承担相应的法律责任。中标通知书发出 30 天内,中标人应与招标单位签订工程承包合同。

6. 退回投标保证金

公布中标结果后,未中标的投标人应当在公布中标通知书后 7 天内退回招标文件和相关的图纸资料,同时招标人应当退回未中标人的投标文件和发放招标文件时收取的投标保证金。

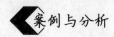

××园林景观工程

招

标

文

件

目　录

一、招标须知

序号	条款名称	编列内容
1	本招标项目招标人	招标人：××房地产开发有限公司 地址：××××××××××× 联系人：××× 电话：××××× 传真：×××××
2	本招标项目名称	××园林景观工程
3	本招标项目建设地点	××××
4	本招标项目建设规模	园林绿化面积约15 660 m² 。
5	招标范围和内容	1. 本项目含土建景观（游泳池、亭、园路、环山道路、挡土墙、水池等）； 2. 绿化（大型苗木、灌木、地被种植及养护等）； 3. 水电（景观水池及游泳池给水、绿化灌溉给水、景观排水、景观照明等）。 具体以招标文件及招标人提供的施工图纸、工程量清单为依据（设计图纸虽未明确但按有关规定或预算定额中已包含的项目亦在招标范围之内）。
6	质量要求	优
7	工期要求	150 天
8	承包方式	采用固定总价包干的形式（即按总金额一次性包干），不因国家政策性变化、市场物价浮动、投标单位预算计算差错、缺项、施工机具变化、施工组织设计施工方法改变等影响而调整。
9	资金来源	项目业主自筹。
10	招标方式	本工程采用邀请招标方式，通过综合评比择优选定施工单位。
11	合格投标人资格条件	1. 园林绿化工程施工专业承包二级及以上资质等级；经年检合格的营业执照；有效的建筑施工企业安全生产许可证。 2. 项目经理、项目技术负责人必须按要求具备。 3. 施工员、质检员、安全员必须具备。 4. 有做过成熟社区或大型公园项目的优良项目业绩。
12	踏勘现场和投标预备会	招标人组织踏勘现场，投标人亦可自行踏勘现场。招标人不组织召开投标预备会。
13	招标文件的澄清	投标人要求招标人对招标文件予以澄清的时间为 2010 年 6 月 14 日 12 时 00 分（北京时间）之前。投标人应以书面形式要求招标人澄清。招标人在招标期间发出的澄清、修改等补充招标文件，均是招标文件的组成部分，对招标人和投标人起约束作用。
14	资格审查方式和"资格标"提交	本招标项目招标人对投标人的资格审查采用资格后审方式。"资格标"与"商务标"同时提交。
15	标段划分	本工程为 1 个标段。

续表

序号	条款名称	编列内容
16	技术标	提供施工组织设计方案。
17	投标有效期	投标截止期后 15 日历天。
18	投标保证金	投标保证金金额：10 万元人民币。投标保证金提交方式：在投标截止时间之前以电汇、银行转账、现金的形式，汇、存在招标人指定的账户全称：××房地产开发有限公司 账号：××××××××××　开户行：××××××××× 投标人需将投标保证金有关银行汇款单据复印件与投标书同时提交。 发人确定中标人后 7 天内无息退还未中标人的投标保证金。中标人在收到中标通知书后 7 天内无正当理由拒签合同协议书，其投标保证金将被没收。
19	投标文件份数	商务标：3 套（正本 1 套、副本 2 套）。 技术标：3 套（正本 1 套、副本 2 套）。 资格标：1 套（需加盖公章）。
20	递交投标文件的地点和截止时间	地点：×××××××××× 收件人：××× 截止时间：2010 年 6 月 14 日 17 时 30 分（北京时间）。逾期送达或不符合规定的投标将被拒绝。
21	履约保证金	履约保证金：20 万元。 履约保证金形式：由投标保证金转为履约保证金退还，作第一次工程进度款时无需退还。
22	合同签订	招标人将自行组织评标小组进行开标、评标，经评审的合理投标价确定中标人。招标人不承诺最低投标价的投标人一定为中标人。中标人在收到中标通知书后 3 天内，应派代表和招标人联系，商讨签订合同事宜。
23	其他	1. 施工图押金：600 元。完整归还后无息退还。 2. 投标人应承担己方投标文件编制、踏勘现场、递交标书等参加本工程招标活动所涉及的一切费用。 3. 投标人应根据施工图纸及施工要求、招标文件要求，认真核对工程量清单，若发现清单工程量偏差或缺少，须以招标文件澄清程序要求招标人予以澄清、修正，否则视同无异议。开标后工程量清单均不再调整或修正、补充。 4. 所有的投标文件均不退回。对未中标的投标人，招标人并无义务进行任何解释。

招标人在本次招标期间所发的答疑、澄清、修改或其他补充通知等，均视为招标文件的组成部分，对招标人和投标人起约束作用。

1. 投标人应认真审阅招标文件中所有的须知、条件、格式、项目、规范和图纸,若投标人的投标文件没有按招标文件要求提交全部资料,或投标文件没对招标文件做实质性响应,其风险由投标人自行承担,根据有关条款该投标可能将被拒绝。

2. 不论是否提交投标书,投标人不得扩散招标文件的内容。

3. 招标文件的澄清

投标人若对招标文件有任何疑问,应在投标截止期前 7 天内以书面形式(手写、打印或传真,下同)按前附表中的招标人地址向招标人提出澄清要求。要求澄清招标文件的投标人,应以书面、传真的方式按招标人的地址通知招标人,招标人将在投标截止期前 5 天内以书面形式统一予以澄清。

4. 招标文件的修改

4.1 在投标截止期前,招标人由于各种原因,不管是其主动提出的还是答复投标人的澄清要求,招标人可以以补充通知的方式修改招标文件。

4.2 补充通知将以书面、传真的方式发给所有获得招标文件的投标人,并对他们起约束作用,投标人在收到补充通知后应立即签字或以传真等书面形式向招标人确认收到补充通知。

4.3 为使投标人在编制投标文件时有充分的时间对招标文件的澄清、修改、补充等内容进行研究,招标人可以酌情延长投标截止时间。

二、投标报价说明

1. 投标人应仔细阅读招标文件(招标图纸,工程量清单,招标文件澄清、修改和补充通知等),按照拟投标合同段的全部工程内容和招标文件提出的工程技术、质量、工期、承包范围等要求,以及招标文件的"招标项目专用经济技术要求"有关规定编制投标报价,投标报价可依据企业定额或参照省建设厅颁发的消耗量定额、取费标准、人工预算单价、施工机械台班预算价以及工程所在地材料市场价格进行报价。

2. 招标人提供的工程量清单中的列项及其工程量不应被理解为是对承包人合同工作内容的全部定义,也不能作为承包人在履行合同规定的义务过程中应完成的实际和确切的工程量,收到招标文件的 5 天内投标人对工程量清单中工程项目和数量的误差,可以向招标人提出调整要求,招标人以书面答疑回复。投标人对工程量清单中工程项目和数量的误差,未向招标人提出调整要求,确定投标人中标时,可以认为已经过投标人核查,招标人提供的工程量清单及答疑修改与设计图纸的内容和数量是完全一致的,结算时不再调整。

3. 本招标项目实行投标风险包干制,投标人应考虑下列投标风险因素:

3.1 因市场变化、政策性调整导致材料价格变化。

3.2 因天气、地形、地质等自然条件的变化采取的临时措施。

3.3 基坑底排水及地表水排除。

3.4 现场实际土石方挖、填量与施工图预算的差异。

3.5 赶工费用。

3.6 处理干扰施工建设的各种社会因素费用。

3.7 投标单位预算计算差错、缺项。

3.8 施工机具变化、施工组织设计施工方法改变。

3.9 投标人标前未检查出招标人提供清单的偏差、漏项。

投标人应根据自身实力和工程实际情况自行确定风险费用,风险费用应包括在综合单价中的人工费、材料费、机械费、企业管理费、利润等各项费用组成中,不得单列项目。投标人一旦中标,不论是否计取风险费用即可认为风险费用已包括在各项费用中。

4. 下列费用为不可竞争费用,不可竞争费用应严格执行有关费用标准,不得降低标准进行竞标:

4.1 规费:包括工程排污费、工程定额测定费、社会保障费、住房公积金、危险作业意外伤害保险等,应按照省建设厅颁发的费用定额的有关规定计算。

4.2 税金:包括按规定必须计入工程造价的营业税、城市维护建设税和教育费附加,按照不含税工程造价乘以工程所在地的税率计算。

4.3 省建设厅颁发的费用定额中的有关文明施工费、安全施工费、临时设施费计费标准。

5. 措施项目计价表中所填入的措施项目报价,包括为完成本工程项目施工必须采取的措施所发生的费用。

6. 凡招标文件中提出参考品牌的设备和材料,投标人均应响应,并在主要材料价格表中标明投标采用的品牌、厂商,其投标所报的设备、材料的品牌知名度、技术标准和质量等级不得低于参考品牌。

6.1 造价计算:投标单位应按招标单位提供的施工图及招标文件中的有关规定和工程量清单要求认真计算,同时应提出工程量清单中未提供的工程量,以免漏算,并一并列入工程造价。凡因错项、工程计算误差、误解成本项目错误、总计算错误、报价失误等原因对投标人造成的所有损失均由投标人自行承担。(总报价中应包含给项目建设单位的 2% 配合费。)

6.2 投标单位应根据自身的实力和管理能力,提出优惠的投标报价和其他优惠措施(政策规定不准许优惠的项目,不能列入优惠项目)。最后确定的总投标价(包括劳保费及安全文明施工措施费)就是在投标单位同意优惠的条件下,按施工图和招投标文件规定要求的包干价(包干价包括劳保费、安全文明施工措施费、工程保险费、材料二次搬运费,噪音超标、排污费用,建筑废土清理费、道路卫生保洁费、夜间施工增加费,以及环保、卫生城管、治安和文明施工等费用)。包干价不受政策性影响,今后设计如有变更,则按优惠条件进行工程造价调整。

6.3 工程造价的调整:中标后工程量及合同总价不再进行调整(除下列情况外)。

6.3.1 经发包人、设计院签字盖章认可的设计变更引起的工程量增减。

6.3.2 发包人另有要求而实施并经发包人签字盖章认可的额外增加的工程量。

6.3.3 按设计图纸施工时,工程量及价款不作调整,错项删除时,按该项目投标价实际核减。

6.4 变更签证管理：

6.4.1 中标价中已有的单价按中标价中的单价执行。

6.4.2 中标价中有类似变更情况的价格，可参照执行。

6.4.3 中标价中没有适用和类似的价格，按发包人招标文件中的计量计价原则编制的综合单价×中标下浮后系数。

三、招标项目专用经济技术要求

1. 本工程的投标计价办法和计价依据

1.1 编制依据

1.1.1 由××景观设计有限公司设计的施工图纸及修改内容；

1.1.2《全国统一安装工程预算定额福建省单位估价汇总表(2002 版)》；

1.1.3《福建省市政工程消耗定额(2005 版)》；

1.1.4《福建省建筑安装工程费用定额(2003)》；

1.1.5 闽建筑(2005)15 号文、闽建筑(2005)25 号文、闽建筑(2007)4 号文、闽建筑(2007)15 号文的规定和闽建筑(2009)3 号文的规定；

1.1.6 材料价格参照《××市工程造价信息》2010 年 5 月建筑安装工程材料信息价格并结合市场询价确定。

1.2 费用计算

1.2.1 工程按三类工程计取。

1.2.2 劳保费按丁类计取。

1.2.3 税金按《福建省建筑安装工程费用定额(2003)》标准计取。

1.3 计算要求及说明

1.3.1 水池、水景、道路及广场的排水计至小区正式设计图纸中就近的雨水管及雨水井。

1.3.2 给水系统从景观灌溉水表开始计算，小区消防栓环管不计。水表前和快速取水器前端均须加阀门，水表、水表井、阀门井均须计算。

1.3.3 景观配电箱进线计至小区配电房内。

1.3.4 临时供水、电接入(10#楼北地下室入口上侧第五个台阶旁)。

1.3.5 排水总平面图进、排水管均按 PPR 管计算。

1.3.6 排水总平面图景观绿化灌溉给水管、水泵出水管均按 PPR 管计算。

1.3.7 景观工程阀门井、检查井的井盖按合格成品预制有配筋混凝土井盖(含过车、未过车)套价。

1.3.8 挡土墙按照图纸工程量计算。

1.3.9 其他未说明事项，按设计图纸工程量计算。

2. 主要材料及苗木标准要求

2.1 承包人采购苗木及材料设备的约定：(1)苗木生长健壮，无病害、虫害。乔木要求：土球完好，杆直有造型，树皮无损，根系发达，冠幅完整，层次不得少于 7 层，假植苗要求假植时间2~3年的健康苗;灌木:成型,原生盆栽苗,应分枝均匀紧凑;球类植物应密实紧凑,不缺边,不露脚,根系发达,生长良好,无病虫害,原生盆栽苗。所有色带应密实美观。草坪密度应达100％以上(满铺)。(注:本工程重视苗木质量:乔木均选用假植苗,灌木、盆景、球类为原生盆栽苗,地被为小盆栽或大袋苗,不采用小袋苗。乔木需发包方现场看样,灌木及地被需看样或送样。)

2.2 材料设备要求

2.2.1 品牌要求

2.2.1.1 钢材:采用××品牌。

2.2.1.2 水泥:采用××品牌。

2.2.1.3 本工程建筑物采用商品混凝土。

2.2.1.4 电线管、热镀锌钢管:××、××。

2.2.1.5 电线电缆:××、××。

2.2.1.6 PPR、PVC、电线管:××、××。

2.2.1.7 景观灯具:××、××。

2.2.2 工程报价单中必须注明产品型号、规格、产品品牌和生产厂家,及材料设备出厂合格证,质量应符合国家有关标准。铺装板材要求与图纸尺寸一致,厚薄均匀,不得缺边少角,进场材料应提前给甲方送样,待样品确定后再采购。

2.2.3 伪劣产品不得进入本工程。

四、投标书的编制

1. 投标书的语言及度量单位

投标书及与投标有关的来往信函和文件均使用中文简体。

除技术规范另有规定外,投标文件使用的度量衡单位均应采用中华人民共和国法定计量单位。

2. 投标书的组成文件

2.1 投标人的投标文件应由商务标文件和技术标文件两部分组成。

2.2 商务标文件主要包括下列内容:

2.2.1 投标函

2.2.2 授权委托书

2.2.3 投标保证金

2.2.4 承诺书

2.2.5 投标报价书

2.3 技术标文件

2.3.1 编制说明及编制依据

2.3.2 工程概况及特点

2.3.3 项目组织管理机构

2.3.3.1 项目经理及主要管理人员简介

2.3.3.2 以上人员相应资质的复印件

2.3.3.3 管理机构职责划分

2.3.4 总平面布置

2.3.4.1 施工现场平面布置及说明

2.3.4.2 施工临时用水、用电

2.3.5 施工部署(包括项目的质量、进度和安全目标、项目管理总体安排)

2.3.6 施工方案(包括施工流向和施工顺序、施工进度划分、主要施工方法和施工机械的选择等,本部分请尽量简洁)

2.3.7 施工进度计划

2.3.8 资源供应计划

(1)劳动力需求供应计划;

(2)机械设备需求供应计划;

(3)主要材料和周转材料需求供应计划。

2.3.9 技术组织措施

(1)进度目标保证措施;

(2)质量目标保证措施;

(3)安全目标保证措施;

(4)成本目标保证措施。

2.3.10 项目实施重点、难点及对策项目风险管理

3. 投标文件格式

投标文件应包含本须知第 9 条中规定的内容,投标人提交的投标文件必须无例外地使用招标文件所提供的投标文件全部格式(表格可以按相同格式扩展)。

4. 投标保证金

4.1 投标人应为本次投标提供一笔不少于下述人民币金额的投标保证金,此保证金是投标文件的一个组成部分。投标保证金:10 万元人民币。投标人应在经银行转账或现金等方式把投标保证金缴到招标人指定银行后领取图纸及清单。

账户:

开户名称:××房地产开发有限公司

开户银行:×××××××

账　号:××××××××××

(对未能按要求提供投标保证金的投标书,将被招标人视为不响应招标文件而予以拒绝。)

4.2 未中标的投标人的保证金将在投标有效期后 3 天内无息退还。

4.3 中标人的投标保证金,在中标人按要求提交履约保证金并签订合同后 7 天内无息退还。

4.4 如投标人出现下列情况,将没收投标保证金:

4.4.1 投标人在投标有效期内撤回其投标书;

4.4.2 投标人有意联合哄抬标价,并扰乱投标秩序;

4.4.3 如果中标人不遵守本须知评标的第 5 条规定修正投标价格;

4.4.4 中标人未能按中标通知书规定的期限内签署协议或提供要求的履约保证金。

5. 投标有效期

凡符合招标文件的投标书,在前附表第 17 项所列的日历日内均保持有效。

在原定的投标有效期之前,如果出现特殊情况,招标人可向投标人提出延长有效期的要求,投标人可以拒绝这种要求而不被没收投标保证金。同意延期的投标人,其投标保证金的有效期延长相同的时间。在延长的投标有效期内,本须知第 4 条投标保证金的退还与没收的规定仍适用。

6. 投标书的份数和签署

本合同要求提供投标书正本 1 份、副本 2 份。

投标书应使用不能擦去的墨水打印或书写,字迹应清晰易于辨认,并应在投标文件封面上清楚注明"正本"与"副本"字样。正本与副本如有不一致之处,则以正本为准。投标文件应由投标人签字并盖章。投标文件应无涂改或行间插字或增删,如有修改,应在修改处由投标文件签署人签字。

五、投标书的递交

1. 投标书的密封和递交

投标人应将投标书正本和副本分别封入内层包封,并在包封上正确注明"正本"或"副本"字样,并同时封入外层包封中。

内层和外层包封上均应具有以下标志:

A:写明名称:_____

B:详细注明:_____

在_____年____月____日____时(填前附表所列开标日期和时间)前不得开封。

在内层包封上应写明投标人的名称和地址以便投标被宣布迟到,能够原封退还。

外层包封上不允许出现任何显示投标人名称和地址的文字、公章等。

没有按照上述规定密封并书写标志的投标书将被拒绝,并退还给投标人。

投标人应按前附表第 20 条所规定的地址,于投标截止期前将投标文件提交给招标人。

2. 投标截止期

投标截止期:详见前附表第 20 条规定。

招标人可以按本须知"二、招标文件"的第 2.3 条规定以补充通知的方式,酌情延长提交投标文件的截止期。

投标截止期以后收到的投标书将原封退还给投标人。

六、评标

1. 评标

招标人将自主组织人员评标,确定最终的中标单位。本次中标单位如在工程施工过程中表现良好,在后期类似工程的招标过程中,招标人在同等条件下将优先选择其中标。

2. 评标过程保密

开标后,直到正式宣布授予中标合同为止,凡属于审查、澄清、评价、评标、议价的有关资料,和有关授予合同的信息,都不应向投标人或与此过程无关的其他人泄露。

投标人在此过程中施加任何影响的行为,都将导致取消其投标资格并没收投标保证金。

中标人确定后,招标人不对未中标人就评标过程以及未能中标的原因做出任何解释。未中标人不得向评标工作组人员或其他有关人员索问评标过程的情况和材料。

3. 投标书的澄清

为了有助于投标书审查、评价和比较,根据需要招标人可以要求个别投标人澄清其投标书,有关澄清的要求和答复应采用书面或传真的形式。

4. 符合要求的投标书的确定

在详细评标之前,将首先审定每份投标书是否在实质上符合招标文件的要求。

所谓实质上符合要求的投标书,应该与招标文件的所有条款、条件和规范相符,无重大差异或保留。所谓重大差异或保留是指对工程的范围、质量及使用产生实质性影响,或者对合同规定的招标人的权利及招标人的责任造成实质性的限制。

实质上不符合招标文件要求的投标书将予以拒绝。

在投标报价书中无恶意采用不平衡报价行为。

5. 投标文件计算错误的修正

招标人将对确定为实质上符合招标文件的要求的投标书进行校核,看其是否有计算上或累计上的算术错误。原则如下:若用数字表示的数额与文字表示的数额不一致时,以文字数额为准,若单价有明显的小数点错位应给予修正。

招标人按照上述修改错误的方法调整投标书的报价,在经投标人同意后,调整后的报价对投标人起约束作用。如果投标人不接受已修正后的报价,则其投标将被拒绝并且其投标保证金也将被没收。

七、合同文件(格式)

1. 工程概况
2. 工程承包范围
3. 合同文件及图纸
4. 双方的权利义务
5. 质量与检验
6. 安全施工
7. 合同价款与支付
8. 材料设备供应
9. 工程变更
10. 竣工验收与结算
11. 质量保修
12. 违约与争议
13. 其他

八、投标文件(格式)

（用于资格标封面）

招标项目名称：＿＿＿＿＿＿＿＿＿＿＿＿＿＿＿＿＿＿

招标编号：＿＿＿＿＿＿＿＿＿＿＿＿＿＿＿＿＿＿＿＿

投 标 文 件

投标文件内容：＿＿＿＿＿＿＿＿资格标＿＿＿＿＿＿＿

资格审查申请标段：＿＿＿＿＿＿＿＿＿＿＿＿＿＿

投标人：＿＿＿＿＿＿＿＿＿＿（签字）＿＿＿＿＿

法定代表人：＿＿＿＿＿＿＿（签字或盖章）＿＿＿＿

日期：＿＿＿＿年＿＿＿月＿＿＿日

目 录

（用于商务标封面）

招标项目名称：＿＿＿＿＿＿＿＿＿＿＿＿＿＿＿＿＿＿＿＿＿＿

投标文件

投标文件内容：＿＿＿＿＿＿＿＿＿＿＿商务标＿＿＿＿＿＿＿＿＿

投标人：＿＿＿＿＿＿＿＿＿＿＿＿（签字）＿＿＿＿＿＿＿＿＿＿＿

法定代表人：＿＿＿＿＿＿＿＿（签字或盖章）＿＿＿＿＿＿＿＿＿

日期：＿＿＿＿＿年＿＿＿＿月＿＿＿日

目　录

九、其他须知事项

1. 取消中标资格条件

1.1 投标人如发生以下情况之一将被取消中标资格,并没收其投标保证金。

1.1.1 中标人未能按招标文件规定与招标人签订合同或另行在合同内加入不合理条件。

1.1.2 中标人不能履行投标文件所作的承诺。

1.1.3 中标人在投标过程中有违法行为。

1.1.4 中标人不能按时进场施工。

1.1.5 中标人不能按招标文件要求提交履约保证金。

1.2 若中标人被取消中标资格,则由招标人照招标工作组推荐的中标候选人排序递补确定中标人。

2. 其他事项

在合同判定期间内,业主保留着增加或减少在本次招标范围内规定的分部分项工程的权力。

业主无义务接受价格最低的投标书或其他任何投标书,并不需对此作出任何解释。

中标人与招标人按规定缴纳履约保证金后签订工程承包合同即为招标结束。

未中标的投标单位应在接到招标人发出未中标通知书后 7 天内,退回所有招标资料,招标人集中统一办理投标保证金。如投标人损坏、遗失图纸,招标人将按 100 元/张在投标保证金中扣回。

十、施工图纸及工程量清单(另附)

1. 投标函格式

投标函

致:_____(招标人名称)

1. 根据已收到的_____工程的招标文件,遵照《中华人民共和国招标投标法》的规定,我单位经考察现场并详细研究上述工程招标文件的投标须知、合同条款、技术规范和其他有关文件后,我方完全无任何附加条件,承认招标文件中各项条款。我方愿意按照招标文件中各项条款的要求,以_____万人民币的投标报价,按上述合同条款的条件承包上述工程的施工、竣工和保修。

2. 一旦我方中标,我方保证在签订施工合同后的_____日内开工,在_____天(日历日)内竣工并移交整个工程。质量标准为_____。

3. 如果我方中标,我方将按照招标文件和合同条款的规定提交规定数额的履约保证金,并对此承担责任。

4. 我方的其他优惠条件:_____。

5. 我方同意在招标文件中规定的投标有效期内,本投标文件始终对我方有约束力且随时可能按此投标文件中标。

6. 除非另外达成协议并生效,你方的中标通知书和本投标文件将构成约束我们双方的合同。

法定代理人(签字盖章):   公司名称(盖章):

地   址: 日   期:

2. 其他投标格式

法定代表人资格证明书

单位名称：_____

地　　址：_____

姓　　名：_____

性　　别：_____

年　　龄：_____

职　　务：_____

系_____的法人代表，为施工_____的_____

工程，签署上述工程的投标文件、签署合同和处理与之相关的一切事物。

特此证明。

投标人（盖章）：

日　期：

注：后附法定代表人的身份证复印件。

授权委托书(如有授权时)

　　本授权委托书声明:我＿＿＿＿＿＿(姓名)＿＿＿＿＿＿系＿＿＿＿＿＿(投标人名称)＿＿＿＿＿＿的法定代表人,现授权委托＿＿＿＿＿＿(单位名称)＿＿＿＿＿＿的＿＿＿＿＿＿(姓名)＿＿＿＿＿＿为我公司代理人,以本公司的名义参加＿＿＿＿＿＿(招标人)＿＿＿＿＿＿的＿＿＿＿＿＿＿＿＿＿＿＿工程的投标活动。代理人在开标、评标、合同谈判过程中所签署的一切文件和处理与之有关的一切事务,我均予以承认。

　　代理人无转委托权,特此证明。

　　代理人:　　　　　性别:　　　　　年龄:

　　单　位:　　　　　部门:　　　　　职务:

　　投标人:(盖章)

　　法定代表人:(签字、盖章)

　　日　期:　　　年　　月　　日

　　注:后附法定代表人及委托代理人的身份证复印件。

××年以来已完类似工程项目

项目名称	项目类别	工程类型	工程规模	开竣工日期	质量标准	备注

拟参建本工程项目的现场管理和实施合同的主要人员资格表
（附专业资格证书）

职务	姓名	职称	本单位工作年限	经验年限	专业证书编号	证书级别

项目经理履历表

姓名		出生时间		性别	
毕业院校				学历	
现工作单位				职务	
证书标号				级别	
工作简介及业绩（自参加工作）：					

为实施本工程投标人拟投入的主要设备

设备名称	设备型号	制造年份	设备数量	设备状况	自有或租赁或准备购买

投标文件主要内容汇总表

工程名称				
投标人				
投标范围				
投标报价(万元)	装饰装修＿＿＿＿＿＿（大写）＿＿＿＿＿＿（小写）			
	电气工程＿＿＿＿＿＿（大写）＿＿＿＿＿＿（小写）			
	给排水工程＿＿＿＿＿＿（大写）＿＿＿＿＿＿（小写）			
总计	＿＿＿＿＿＿（大写）＿＿＿＿＿＿（小写）			
投标工期				
投标质量				
项目经理		级别		编号
备注				

法定代表人:(签字或盖章)

公司名称(盖章):

地址:

日期: 年 月 日

复习思考题:

1. 园林工程项目招标的一般程序。
2. 工程招标应具备的条件有哪些?
3. 招标文件正式文本包括哪些内容?
4. 园林工程投标的一般程序。
5. 投标的准备工作有哪些? 投标的策略有哪几种? 请举例说明。

第三章

园林工程施工合同管理

1. 了解园林工程施工合同管理的特点、作用。
2. 掌握园林工程施工合同的谈判与签订。
3. 掌握园林工程施工合同的内容。
4. 了解园林工程施工合同实施的控制。
5. 掌握园林工程施工各阶段的合同管理。
6. 明确园林工程索赔原则与程序。
7. 熟悉园林工程施工合同的履行、变更、转让和终止。

1. 能根据某一园林工程项目的要求,编制一份园林工程施工承包合同。
2. 能依据要求进行园林工程施工合同管理。
3. 能依据索赔的处理程序提出索赔的内容。

3.1 园林工程施工合同管理概述

3.1.1 园林工程施工合同的概念、作用

园林工程施工合同是指发包人与承包人之间为完成商定的园林工程施工项目,确定双方权利和义务的协定。依据工程施工合同,承包方完成一定的种植、建筑和安装工程任务,发包人应提供必要的施工条件并支付工程价款。

园林工程施工合同是园林工程的主要合同,是园林工程建设质量控制、进度控制、投资控制的主要依据。市场经济条件下,建设市场主体之间的相互权利、义务关系主要是通过市场确定的,因此,在建设领域加强对园林工程施工合同的管理具有十分重要的意义。

园林工程施工合同的当事人中,发包人和承包人双方应该是平等的民事主体。承包、发

包双方签订施工合同,必须具备相应的经济技术资质和履行园林工程施工合同的能力。在对合同范围内的工程实施建设时,发包人必须具备组织能力;承包人必须具备有关部门核定经济技术资质等级证书和营业执照等证明文件。

3.1.2　园林工程施工合同的特点

1. 合同目标的特殊性

园林工程施工合同中的各类建筑物、植物产品,其基础部分与大地相连,不能移动。这决定了每个施工合同中的项目都是特殊的,相互间具有不可替代性,也决定了施工生产的流动性。植物、建筑所在地就是施工生产场地,施工队伍、施工机械必须围绕园林产品不断移动。

2. 园林工程合同履行期限的长期性

在园林工程建设中植物、建筑物的施工,由于材料类型多,工作量大,施工工期都较长。这决定了工程合同履行期限的长期性。

3. 园林工程施工合同内容的多样性

园林工程施工合同除了应具有合同的一般内容外,还应对安全施工、专利技术使用、发现地下障碍物和文物、工程分包、不可抗力、工程设计变更,材料设备的供应、运输、验收等内容作出规定。同时,还涉及与劳务人员的劳动关系、与保险公司的保险关系、与材料设备供应商的买卖关系、与运输企业的运输关系等。所有这些,都决定了施工合同的内容具有多样性和复杂性的特点。

4. 园林工程合同监督的严格性

严格性是指对合同主体监督的严格性、对合同订立监督的严格性和对合同履行监督的严格性。

3.1.3　园林工程施工合同管理的规定

园林工程施工合同的主体是发包方和承包方,由其法定代表人实施法律行为。项目经理受承包方委托,按承包方订立的合同条款执行,依照合同约定行使权力,履行义务。园林工程施工合同管理必须遵守《合同法》、《建筑法》以及有关法律法规。

园林工程施工合同有施工总承包合同和施工分包合同之分。施工总承包合同的发包人是园林工程的建设单位或取得园林工程项目总承包资格的项目总承包单位,在合同中一般称为业主或发包人。施工总承包合同的承包人是承包单位,在合同中一般称为承包人。

施工分包合同又有专业工程分包合同和劳务作业分包合同之分。分包合同的发包人一般是取得施工总承包合同的承包单位,在分包合同中一般仍沿用施工总承包合同中的名称,即仍称为承包人。而分包合同的承包人一般是专业化的专业工程施工单位或劳务作业单位,在分包合同中一般称为分包人或劳务分包人。

3.2 园林工程施工合同谈判与签订

3.2.1 签订园林工程施工合同应具备的条件

1. 初步设计已经批准。
2. 工程项目列入年度投资计划。
3. 有满足施工需要的设计文件和相关技术资料。
4. 建设资金已经落实。
5. 中标通知书已经下达。
6. 合同签字人必须具有法人资格,必须是经国家批准的社会组织,必须具有依法归自己所有或者经授权属于经自己经营管理的财产;能够以自己的名义进行民事活动,参加民事诉讼。

3.2.2 园林工程施工合同订立的程序

园林工程施工合同受《合同法》调整,其订立与受《合同法》调整的其他合同的订立基本相同。但是,由于园林工程施工合同本身的特殊性,其订立也存在自身的特殊性。

1. 园林工程施工项目的招标投标

要约与承诺是订立合同的两个基本程序,园林工程施工合同的订立也要经过这两个程序。它是通过招标与投标履行这两个程序的。

(1)招标公告(或投标邀请书)是要约邀请

招标人通过发布招标公告或者发出投标邀请书吸引潜在投标人投标,潜在投标人向自己发出"内容明确的订立合同的意思表示",所以,招标公告(或投标邀请书)是要约邀请。

(2)投标文件是要约

投标文件中含有投标人期望订立的施工合同的具体内容,表达了投标人期望订立合同的意思,因此,投标文件是要约。

(3)中标通知书是承诺

中标通知书是招标人对投标文件(即要约)的肯定答复,因而是承诺。

2. 必须采用书面形式订立合同

园林工程施工承包合同、分包合同、洽商变更关系必须以书面的形式建立和记录,并应签字确认。

因此根据《招标投标法》对招标、投标的规定,招标、投标、中标的过程实质就是要约、承诺的一种具体方式。招标人通过媒体发布招标公告,或向符合条件的投标人发出招标文件,为要约邀请;投标人根据招标文件内容在约定的期限内向招标人提交投标文件,为要约;招标人通过评标确定中标人,发出中标通知书,为承诺;招标人和中标人按照中标通知书、招标文件和中标人的投标文件等订立书面合同时,合同成立并生效。在明确中标人并发出中标通知书后,双方即可就园林工程施工合同的具体内容和有关条款展开谈判,直到最终签订合同。

3. 签订合同的两种方式

园林工程施工合同签订的方式有两种,即直接发包和招标发包。依据《招标投标法》的规定,中标通知书发出后30天内签订合同工作必须完成。签订合同人必须是中标施工企业的法人代表或委托代理人。投标书中已确定的合同条款在签订时一般不得更改,施工合同价应与中标价相一致。如果中标施工企业在规定的有效期内拒绝与建设单位签订合同,则建设单位可不再返还其投标时在投资银行交汇的投标保证金。建设行政主管部门或其授权机构还可视情况给予一定的行政处罚。

3.2.3 园林工程施工合同谈判的主要内容

1. 关于工程内容和范围的确认

招标人和中标人可就招标文件中的某些具体工作内容进行讨论、修改、明确或细化,从而确定工程承包的具体内容和范围。在谈判中双方达成一致的内容,包括在谈判讨论中经双方确认的工程内容和范围方面的修改或调整,应以文字方式确定下来,并以"合同补遗"或"会议纪要"方式作为合同附件,并明确它是构成合同的一部分。

2. 关于技术要求、技术规范和施工技术方案

双方可对技术要求、技术规范和施工技术方案等进行进一步讨论和确认,必要的情况下甚至可以变更技术要求和施工方案。

3. 关于合同价格条款

一般在招标文件中就会明确规定合同将采用什么计价方式,在合同谈判阶段往往没有讨论的余地。但在可能的情况下,中标人在谈判过程中仍然可以提出降低风险的改进方案。

4. 关于价格调整条款

对于工期较长的园林工程,容易遭受货币贬值或通货膨胀等因素的影响,可能给承包人造成较大损失。价格调整条款可以比较公正地解决这一承包人无法控制的风险损失。无论是单价合同还是总价合同,都可以确定价格调整条款,即是否调整以及如何调整等。可以说,合同计价方式以及价格调整方式共同确定了园林工程承包合同的实际价格,直接影响着承包人的经济利益。在园林工程实践中,由于各种原因导致费用增加的几率远远大于费用减少的几率,有时最终的合同价格调整金额会很大,远远超过原定的合同总价,因此承包人在投标过程中,尤其是在合同谈判阶段务必对合同的价格调整条款予以充分的重视。

5. 关于合同款支付方式的条款

园林工程施工合同的付款分四个阶段进行,即预付款、工程进度款、最终付款和退还保留金。关于支付时间、支付方式、支付条件和支付审批程序等有很多种可能的选择,并且可能对承包人的成本、进度等产生比较大的影响,因此,合同支付方式的有关条款是谈判的重要方面。

6. 关于工期和保修期

中标人与招标人可根据招标文件中要求的工期,或者根据投标人在投标文件中承诺的工期,并考虑工程范围和工程量的变动而产生的影响来商定一个确定的工期。同时,还要明确开工日期、竣工日期等。双方可根据各自的项目准备情况、季节和施工环境因素等条件洽商适当的开工时间。

双方应通过谈判明确由于工程变更(业主在工程实施中增减工程或改变设计等)、恶劣的气候影响,以及种种"作为一个有经验的承包人无法预料的工程施工条件的变化"等原因对工期产生不利影响时的解决办法,通常在上述情况下应该给予承包人要求合理延长工期的权利。

合同文本中应当对保修工程的范围、保修责任及保修期的开始和结束时间有明确的规定,承包人应该只承担由于材料和施工方法及操作工艺等不符合合同规定而产生缺陷的责任。承包人应力争以保修保函来代替业主扣留的保留金。与保留金相比,保修保函对承包人有利,主要是因为可提前取回被扣留的现金,而且保函是有时效的,期满将自动作废。同时,它对业主并无风险,真正发生保修费用,业主可凭保函向银行索回款项。因此,这一做法是比较公平的。保修期满后,承包人应及时从业主处撤回保函。

7. 合同条件中其他特殊条款的完善

主要包括:关于合同图纸;关于违约罚金和工期提前奖金;工程量验收以及衔接工序和隐蔽工程施工的验收程序;关于施工占地;关于向承包人移交施工现场和基础资料;关于工程交付;预付款保函的自动减额条款等。

3.2.4 园林工程施工合同最后文本的确定和合同签订

1. 园林工程施工合同文件内容

园林工程施工合同文件构成:合同协议书;工程量及价格;合同条件,包括合同一般条件和合同特殊条件;投标文件;合同技术条件(含图纸);中标通知书;双方代表共同签署的合同补遗(有时也以合同谈判会议纪要形式呈现);招标文件;其他双方认为应该作为合同组成部分的文件。

对所有在招标投标及谈判前后各方发出的文件、文字说明、解释性资料进行清理。对凡是与上述合同构成内容有矛盾的文件,应宣布作废。可以在双方签署的"合同补遗"中对此做出排除性质的声明。

2. 关于合同协议的补遗

在合同谈判阶段双方谈判的结果一般以"合同补遗"的形式,有时也以"合同谈判纪要"的形式形成书面文件。

同时应该注意的是,园林工程施工合同必须遵守法律。对于违反法律的条款,即使由合同双方达成协议并签了字,也不受法律保障。

3. 签订合同

在合同谈判结束后,应按上述内容和形式形成一个完整的合同文本草案,经双方代表认可后形成正式文件。双方核对无误后,由双方代表草签,至此合同谈判阶段即告结束。此时,承包人应及时准备和递交履约保函,准备正式签署园林施工合同。

4. 园林工程施工合同备案

依法必须进行招标的项目,招标人应当自确定中标人之日起15日内,向有关行政监督部门提交招标投标情况的书面报告。

依法必须进行施工招标的项目,招标人应当自发出中标通知书之日起15日内,向有关行政监督部门提交招标投标情况的书面报告。

书面报告至少应包括下列内容:

(1)招标范围；

(2)招标方式和发布招标公告的媒介；

(3)招标文件中投标人须知、技术条款、评标标准和方法、合同主要条款等内容；

(4)评标委员会的组成和评标报告；

(5)中标结果。

3.3　园林工程施工合同的编写

3.3.1　园林工程施工承包合同示范文本的说明

各种园林工程施工合同示范文本一般都由三部分组成：协议书、通用条款、专用条款。构成园林工程施工合同文件的组成部分，除了协议书、通用条款和专用条款以外，一般还应该包括中标通知书、投标书及其附件，有关的标准、规范及技术文件、图纸、工程量清单、工程报价单或预算书等。园林工程施工合同现已形成规范的示范文本，内容由协议书、通用条款、专用条款三部分组成，并附有三个附件。

1. 协议书

协议书是《施工合同文本》中总纲性的文件，是发包人与承包人依照《中华人民共和国合同法》、《中华人民共和国建筑法》及其他有关法律、行政法规，遵循平等、自愿、公平和诚实信用的原则，就园林工程施工中的主要事项协商一致而订立的协议。虽然其文字量并不大，但它规定了合同当事人双方最主要的权利、义务，规定了组成合同的文件及合同当事人对履行合同义务的承诺，并且合同当事人在这份文件上签字盖章，因此具有很高的法律效力。制定协议书并单独作为文本的一个部分，主要有以下几个方面的目的。

(1)确认双方达成一致意见的合同主要内容，使合同主要内容清楚明了；

(2)确认合同文件的组成部分，有利于合同双方正确理解并全面履行合同；

(3)确认合同主体双方并签字盖章，约定合同生效；

(4)合同双方郑重承诺履行自己的义务，有助于增强履约意识。

协议书主要包括以下十个方面的内容。

(1)工程概况。主要包括工程名称、工程地点、工程内容，群体工程应附承包人承揽工程项目一览表、工程立项批准文号、资金来源等。

(2)工程承包范围。

(3)合同工期。包括开工日期、竣工日期、合同工期总日历天数。

(4)质量标准。

(5)价款(分别用大、小写表示)。

(6)组成合同的文件。组成本合同的文件包括本合同协议书、中标通知书、投标书及其附件、本合同专用条款、本合同通用条款，标准、规范及有关技术文件，图纸、工程量清单、工程报价单或预算书。双方有关工程的洽商、变更等书面协议书或文件视为本合同的组成部分。

(7)本协议书中有关词语含义与合同示范文本"通用条款"中赋予它们的定义相同。

(8)承包人向发包人承诺按照合同约定进行施工、竣工并在质量养护期内承担工程质量养护责任。

(9)发包人向承包人承诺按照合同约定的期限和方式支付合同价款及其他应当支付的款项。

(10)合同生效。包括合同订立时间(年、月、日)、合同订立地点、本合同双方约定生效的时间。

2. 通用条款

(1)通用条款的组成

通用条款是根据《合同法》、《建筑工程施工合同管理办法》等法律、法规对承、发包双方的权利义务做出的规定,除双方协商一致对其中的某些条款作了修改、补充或取消外,双方都必须履行。它是将建设工程施工合同中共性的一些内容抽象出来编写的一份完整的合同文件。通用条款具有很强的通用性,基本适用于各类建设工程。通用条款共由10部分47条组成。

①词语定义及合同文件;

②双方一般权利和义务;

③施工组织设计和工期;

④质量与检验;

⑤安全施工;

⑥合同价款与支付;

⑦材料设备供应;

⑧工程变更、竣工验收与结算;

⑨违约、索赔和争议;

⑩其他。

(2)通用条款的分类

这些条款依据其不同内容,可以分为依据性条款、责任性条款、程序性条款和约定性条款。

①依据性条款。这类条款是依据有关建设工程施工的法律、法规制定而成的。如"示范文本"的主要内容结算是依据《合同法》、《建筑法》、《担保法》、《保险法》等有关法律制定的,再如有关施工中使用专利技术的条款是依据《专利法》制定的。

②责任性条款。这类条款主要是为了明确建设工程施工中发包人和承包人各自应负的责任,如"发包人工作"、"承包人工作"、"发包人供应材料设备"和"承包人供应材料设备"等条款。

③程序性条款。这类条款主要是规定施工中发包人或承包人的一些工作程序,而通过这些程序性规定制约双方的行为,也起到一定的分清责任的作用,如"工程师"、"项目经理"、"延期开工"、"暂停施工"以及"中间验收和试车"等条款。

④约定性条款。这类条款是指通过发包人和承包人在谈判合同时,结合"通用条款"和具体工程情况,经双方协商一致的条款。这类条款分别反映在协议书和专用条款内,如工程开竣工日期、合同价款、施工图纸提供套数及提供日期、合同价款调整方式、工程款支付方

式、分包单位等条款。

示范文本内有些条款并不是单一性质的,可能具有两三种性质,如有的依据性条款需要双方约定具体执行方法,因而其还有约定性。

3.专用条款

考虑到园林建设工程的内容各不相同,工期、造价也随之变动,承包人、发包人各自的能力、施工现场的环境条件也各不相同,通用条款不能完全适用于各个具体的园林工程,因此配之以专用条款对其作必要的修改和补充,使通用条款和专用条款成为双方统一意愿的体现。专用条款的条款号与通用条款相一致,但主要是空格,由当事人根据工程的具体情况予以明确或者对通用条款进行修改、补充。

4.附件

园林工程施工合同文本的附件则是对施工合同当事人权利义务的进一步明确,并且使得施工合同当事人的有关工作一目了然,便于执行和管理。附件一是"承包人承揽园林工程项目一览表",附件二是"发包人供应园林工程材料设备一览表",附件三是"园林工程质量养护书"。

3.3.2 园林工程施工承包合同的主要内容

1.合同文件的顺序

作为园林工程施工合同文件组成部分的各个文件,其优先顺序是不同的,解释合同文件优先顺序的规定一般在合同通用条款内,可以根据项目的具体情况在专用条款内进行调整。原则上应把文件签署日期在后的和内容重要的排在前面,即更加优先。以下是合同通用条款规定的优先顺序。

(1)协议书(包括补充协议);

(2)中标通知书;

(3)投标书及其附件;

(4)专用合同条款;

(5)通用合同条款;

(6)有关的标准、规范及技术文件;

(7)图纸;

(8)工程量清单;

(9)工程报价单或预算书等。

发包人在编制招标文件时,可以根据具体情况规定优先顺序。

2.合同当事人

在施工合同中,当事人一般指发包人和承包人。通过条款规定,发包人是指在协议中约定具有工程发包主体资格和支付工程价款能力的当事人,以及取得该当事人资格的合法继承人。承包人是指在协议中约定被发包人接受的具有工程施工承包主体资格的当事人,以及取得该当事人资格的合法继承人。施工合同一旦签订,当事人任何一方都不允许转让合同。

3.园林工程施工合同中发包方的主要责任与义务

(1)提供具备施工条件的施工现场和施工用地;

(2)提供其他施工条件,包括将施工所需水、电、电信线路从施工场地外部接至专用条款约定地点,并保证施工期间的需要,开通施工场地与城乡公共道路的通道,以及专用条款约定的施工场地内的主要道路,满足施工运输的需要,保证施工期间的畅通;

(3)提供有关水文地质勘探资料和地下管线资料,提供现场测量基准点、基准线和水准点及有关资料,以书面形式交给承包人,并进行现场交验,提供图纸等其他与合同工程有关的资料;

(4)办理施工许可证及其他施工所需证件、批件和临时用地,停水、停电、中断道路交通、爆破作业等的申请批准手续(证明承包人自身资质的证件除外);

(5)协调处理施工场地周围地下管线和邻近建筑物、构筑物(包括文物保护建筑)、古树名木的保护工作,承担有关费用;

(6)组织承包人和设计单位进行图纸会审和设计交底;

(7)按合同规定支付合同价款;

(8)按合同规定及时向承包人提供所需指令、批准等;

(9)按合同规定主持和组织工程的验收。

4. 园林工程施工合同中承包方的主要责任与义务

(1)按合同要求的质量完成施工任务;

(2)按合同要求的工期完成并交付工程;

(3)遵守政府有关主管部门对施工场地交通、施工噪声以及环境保护和安全生产等的管理规定,按规定办理有关手续,并以书面形式通知发包人,发包人承担由此发生的费用,因承包人责任造成的罚款除外;

(4)负责保修期内的工程维修;

(5)接受发包人、工程师或其代表的指令;

(6)负责工地安全,看管进场材料、设备和未交工工程;

(7)负责对分包的管理,并对分包方的行为负责;

(8)按专用条款约定做好施工场地地下管线和邻近建筑物、构筑物(包括文物保护建筑)、古树名木的保护工作;

(9)安全施工,保证施工人员的安全和健康;

(10)保持现场整洁;

(11)按时参加各种检查和验收。

5. 进度控制的主要条款内容

(1)合同工期的约定

工期是指发包人和承包人在协议书中约定,按照总日历天数(包括法定节假日)计算的承包天数。

承、发包双方必须在协议书中明确约定工期,包括开工日期和竣工日期。工程竣工验收通过,实际竣工日期为承包人送交竣工验收报告的日期;工程按发包人要求修改后通过验收的,实际竣工日期为承包人修改后提请发包人验收的日期。

(2)进度计划

承包人应按合同专用条款约定的日期,将施工组织设计和工程进度计划提交工程师,工程师按专用条款约定的时间予以确认或提出修改意见。

工程师对进度计划予以确认或者提出修改意见,并不免除承包人对施工组织设计和工程进度计划本身的缺陷应承担的责任。

(3)工程师对进度计划的检查和监督

开工后,承包人必须按照工程师确认的进度计划组织施工,接受工程师对进度的检查和监督。检查和监督的依据一般是双方已经确认的月度进度计划。

工程实际进度与经过确认的进度计划不符时,承包人应按照工程师的要求提出改进措施,经过工程师确认后执行。但是,对于因承包人自身原因导致实际进度与计划速度不符时,所有的后果都应由承包人自行承担,承包人无权就改进措施追加合同价款,工程师也不对改进措施的效果负责。

(4)暂停施工

①工程师要求的暂停施工

工程师认为确有必要暂停施工时,应当以书面形式要求承包人暂停施工,并在提出要求后48小时内提出书面处理意见。承包人应当按照工程师的要求停止施工,并妥善保护已完工程。

因为发包人原因造成停工的,由发包人承担所发生的追加合同价款,赔偿承包人由此造成的损失,相应顺延工期;因承包人原因造成停工的,由承包人承担发生的费用,工期不予顺延。因工程师不及时做出答复,导致承包人无法复工,由发包人承担违约责任。

②因发包人违约导致承包人主动暂停施工

当发包人出现某些违约情况时,承包人可以暂停施工,发包人应当承担相应的违约责任。

③意外事件导致的暂停施工

在施工过程中出现一些意外情况,如果需要承包人暂停施工的,承包人应该暂停施工,此时工期是否给予顺延,应视风险责任应由谁承担而定。

(5)竣工验收

①承包人提交竣工报告

当工程按合同要求全部完成后,具备竣工验收条件,承包人按国家工程竣工验收的有关规定,向发包人提供完整的竣工资料和竣工报告。

②发包人组织验收

发包人收到竣工报告后28天内组织验收,并在验收后14天内给予认可或提出修改意见,承包人应当按要求进行修改,并承担因自身原因造成修改的费用。中间交工工程的范围和竣工时间由双方在专用条款内约定。

发包人收到承包人送交的竣工报告后28天内不组织验收,或者在组织验收后14天内不提出修改意见,则视为竣工验收报告已经被认可。发包人在收到承包人竣工报告后28天内不组织验收,从第29天起承担工程保管及一切意外责任。

6.质量控制的主要条款内容

在施工过程中,承包人要随时接受工程师对材料、设备、中间部位、隐蔽工程和竣工工程等质量的检查、验收与监督。

(1)工程质量标准

工程质量应当达到协议书约定的质量标准,质量标准的评定以国家或行业的质量检验评定标准为依据。

双方对工程质量有争议,由双方同意的工程质量检测机构鉴定,所需要的费用以及因此造成的损失,由责任方承担。

（2）检查和返工

承包人应认真按照标准、规范和设计图纸要求以及工程师依据合同发出的指令施工,随时接受工程师的检查检验,为检查检验提供便利条件。

工程师的检查检验不应影响施工的正常进行。如影响施工正常进行,检查检验不合格时,影响正常施工的费用由承包人承担。除此之外,影响正常施工的追加合同价款由发包人承担,相应顺延工期。

（3）隐蔽工程和中间验收

工程具备隐蔽条件或达到专用条款约定的中间验收部位,承包人进行自检,并在隐蔽或中间验收前以书面形式通知工程师验收。承包人准备验收记录,验收合格,工程师在验收记录上签字后,承包人方可进行隐蔽和继续施工。验收不合格,承包人在工程师限定的时间内修改后重新验收。

（4）重新检验

无论工程师是否进行验收,当其提出对已经隐蔽的工程重新检验的要求时,承包人应按要求进行剥离或开孔,并在检验后重新覆盖或修复。检验合格,发包人承担由此发生的全部追加合同价款,赔偿承包人损失,并相应顺延工期。检验不合格,承包人承担发生的全部费用,工期不予顺延。

（5）竣工验收

工程未经竣工验收或竣工验收未通过的,发包人不得使用。发包人强行使用时,由此发生的质量问题及其他问题,由发包人承担责任。

（6）质量保修

承包人应按照法律、行政法规或国家关于工程质量保修的有关规定,以及合同中有关质量保修要求,对交付发包人使用的工程在质量保修期内承担质量保修责任。承包人应在工程竣工验收之前与发包人签订质量保修书。作为合同附件,其主要内容包括工程质量保修范围和内容、质量保修期、质量保修责任和质量保修金的支付方法等。

（7）材料设备供应

①发包人供应的材料设备

发包人应按合同约定提供材料设备,并向承包人提供产品合格证明,对其质量负责。发包人在所供材料设备到货前24小时以书面形式通知承包人,由承包人派人与发包人共同清点。

发包人供应的材料设备,承包人派人参加清点后由承包人妥善保管,发包人支付相应保管费用。因承包人原因发生丢失损坏,由承包人负责赔偿。

发包人供应的材料设备使用前,由承包人负责检验或试验,不合格的不得使用,检验或试验费用由发包人承担。

②承包人采购材料设备

承包人负责采购材料设备的,应按照专用条款约定及设计和有关标准要求采购,并提供产品合格证明,对材料设备质量负责。

承包人供应的材料设备使用前,承包人应按照工程师的要求进行检验或试验,不合格的不得使用,检验或试验费用由承包人承担。

根据工程需要,承包人需要使用代用材料时应经工程师认可后才能使用。

7. 费用控制的主要条款内容

(1)施工合同价款

施工合同价款的约定可以采用固定总价、可调总价、固定单价、可调单价以及成本加酬金合同等方式。

(2)工程预付款

实行工程预付款的,双方应当在专用条款内约定发包人向承包人预付工程款的时间和数额,开工后按约定的时间和比例逐次扣回。

(3)工程进度款

工程量的确认,包括对承包人已完工程量进行计量、核实与确认,是发包人支付工程款的前提。

工程款(进度款)结算可以采用按月结算、按工程进度分段结算或者竣工后一次性结算等方式。

(4)变更价款的确定

承包人在工程变更确定后 14 天内提出变更工程价款的报告,经工程师确认后调整合同价款。

(5)竣工结算

工程竣工验收报告经发包人认可后 28 天内,承包人向发包人递交竣工结算报告及完整的结算资料,双方按照协议书约定的合同价款及专用条款约定的合同价款调整内容进行竣工结算。发包人收到承包人递交的竣工结算报告及结算资料后 28 天内进行核实,给予确认或者提出修改意见。发包人确认竣工结算报告后向承包人支付工程竣工结算价款。

(6)质量保修金

保修期满,承包人履行了保修义务,发包人应在质量保修期满后 14 天内结算,将剩余保修金和按工程质量保修书约定银行利率计算的利息一起返还承包人。

3.3.3　专业工程分包合同的主要内容

专业工程分包,是指施工总承包单位将其所承包工程中的专业工程发包给具有相应资质的其他企业完成的活动。

原来应由施工总承包单位(合同中仍称为承包人)承担的权利、责任和义务依据分包合同部分地转移给了分包人,但对发包人来讲,不能解除施工总承包单位(承包人)的义务和责任。

1. 专业工程分包合同的主要内容

专业工程分包合同示范文本的结构和主要条款、内容与施工承包合同相似,包括词语定义与解释,双方的一般权利和义务,分包工程的施工进度控制、质量控制、费用控制,分包合同的监督与管理、信息管理、组织与协调、施工安全管理与风险管理等。

分包合同内容的特点是,既要保持与主合同条件中相关分包工程部分的规定的一致性,又要区分负责实施分包工程的当事人变更后的两个合同之间的差异。分包合同所采用的语言文字和适用的法律、行政法规及工程建设标准一般应与主合同相同。

2. 工程承包人(总承包单位)的主要责任和义务

(1)分包人对总包合同的了解:承包人应提供总包合同(有关承包工程的价格内容除外)

供分包人查阅。分包人应全面了解总包合同的各项规定(有关承包工程的价格内容除外)。

(2)项目经理应按分包合同的约定,及时向分包人提供所需的指令、批准、图纸并履行其他约定的义务,否则分包人应在约定时间后 24 小时内将具体要求、需要的理由及延误的后果通知承包人,项目经理在收到通知后 48 小时内不予答复,应承担因延误造成的损失。

(3)承包人的工作

①向分包人提供与分包工程相关的各种证件、批件和各种相关资料,向分包人提供具备施工条件的施工场地;

②组织分包人参加发包人组织的图纸会审,向分包人进行设计图纸交底;

③提供本合同专用条款中约定的设备和设施,并承担因此发生的费用;

④随时为分包人提供确保分包工程施工所要求的施工场地和通道等,满足施工运输的需要,保证施工期间的畅通;

⑤负责整个施工场地的管理工作,协调分包人与同一施工场地的其他分包人之间的交叉配合,确保分包人按照经批准的施工组织设计进行施工。

3. 专业工程分包人的主要责任和义务

(1)分包人对有关分包工程的责任

除非合同条款另有约定,分包人应履行并承担总包合同中与分包工程有关的承包人的所有义务与责任,同时应避免因分包人自身行为或疏漏造成承包人违反总包合同中约定的承包人义务的情况发生。

(2)分包人与发包人的关系

分包人须服从承包人转发的发包人或工程师与分包工程有关的指令。未经承包人允许,分包人不得以任何理由与发包人或工程师发生直接工作联系,分包人不得直接致函发包人或工程师,也不得直接接受发包人或工程师的指令。如分包人与发包人或工程师发生直接工作联系,将被视为违约,并承担违约责任。

(3)承包人指令

就分包工程范围内的有关工作,承包人可以随时向分包人发出指令,分包人应执行承包人根据分包合同所发出的所有指令。分包人拒不执行指令,承包人可委托其他施工单位完成该指令事项,发生的费用从应付给分包人的相应款项中扣除。

(4)分包人的工作

①按照分包合同的约定,对分包工程进行设计(分包合同有约定时)、施工、竣工和保修。

②按照合同约定的时间,完成规定的设计内容,报承包人确认后在分包工程中使用,承包人承担由此发生的费用。

③在合同约定的时间内,向承包人提供年、季、月度工程进度计划及相应进度统计报表。

④在合同约定的时间内,向承包人提交详细施工组织设计,承包人应在专用条款约定的时间内批准,分包人方可执行。

⑤遵守政府有关主管部门对施工场地交通、施工噪音以及环境保护和安全文明生产等的管理规定,按规定办理有关手续,并以书面形式通知承包人,承包人承担由此发生的费用,因分包人责任造成的罚款除外。

⑥分包人应允许承包人、发包人、工程师及其三方中任何一方授权的人员在工作时间内,合理进入分包工程施工场地或材料存放地点,以及施工场地以外与分包合同有关的分包

人的任何工作或准备的地点,分包人应提供方便。

⑦已竣工工程未交付承包人之前,分包人应负责已完分包工程的成品保护工作,保护期间发生损坏,分包人自费予以修复;承包人要求分包人采取特殊措施保护的工程部位和相应的追加合同价款,双方在合同专用条款内约定。

4.合同价款及支付

(1)分包工程合同价款可以采用以下三种中的一种(应与总包合同约定的方式一致)。

①固定价格,在约定的风险范围内合同价款不再调整;

②可调价格,合同价款可根据双方的约定而调整,应在专用条款内约定合同价款调整方法;

③成本加酬金,合同价款包括成本和酬金两部分,双方在合同专用条款内约定成本构成和酬金的计算方法。

(2)分包合同价款与总包合同相应部分价款无任何连带关系。

(3)合同价款的支付

①实行工程预付款的,双方应在合同专用条款内约定承包人向分包人预付工程款的时间和数额,开工后按约定的时间和比例逐次扣回;

②承包人应按专用条款约定的时间和方式,向分包人支付工程款(进度款),按约定时间承包人应扣回的预付款与工程款(进度款)同期结算;

③分包合同约定的工程变更调整的合同价款、合同价款的调整、索赔的价款或费用以及其他约定的追加合同价款,应与工程进度款同期调整支付;

④承包人超过约定的支付时间不支付工程款(预付款、进度款),分包人可向承包人发出要求付款的通知,承包人不按分包合同约定支付工程款(预付款、进度款),导致施工无法进行,分包人可停止施工,由承包人承担违约责任;

⑤承包人应在收到分包工程竣工结算报告及结算资料后28天内支付工程竣工结算价款,在发包人不拖延工程价款的情况下无正当理由不按时支付,从第29天起按分包人同期向银行贷款利率支付拖欠工程价款的利息,并承担违约责任。

5.禁止转包或再分包

(1)分包人不得将其承包的分包工程转包给他人,也不得将其承包的分包工程的全部或部分再分包给他人,否则将被视为违约,并承担违约责任。

(2)分包人经承包人同意可以将劳务作业再分包给具有相应劳务分包资质的劳务分包企业。

(3)分包人应对再分包的劳务作业的质量等相关事宜进行督促和检查,并承担相关连带责任。

3.3.4　园林绿化施工合同范例

下面是××单位园林绿化施工合同的样本,在做相关园林绿化施工合同或相关文本时可参考使用。正文如下:

合同号:20××-01(注:按年号和当年合同编号顺序编写)

建设单位(以下简称甲方):××××有限责任公司

施工单位(以下简称乙方):××××园林绿化工程公司

根据《中华人民共和国合同法》和《建设工程施工合同(示范文本)》等有关要求,为明确双方在施工过程中的权利、义务和经济责任,经双方协商同意签订本合同。

第一条　工程概况

1. 工程名称:××××绿化工程

2. 工程地点:×××××××××××

3. 施工范围:绿地面积×××万平方米。主要包括小区、广场、单位、庭院、花园、小公园、街道绿化工程。

第二条　工程造价及承包方式

1. 工程造价:经双方确定本工程的总造价为人民币×××万元。

2. 承包方式:采用大包干,即包工包料包工期,在承包范围内遇工料价格变动,承包总价不变。如因设计变更或甲方主观变动而引起工程量变化的,变更范围内费用由甲方负责。

3. 工程所需交纳的税款已含在工程造价内,由乙方交纳。

第三条　工程质量

1. 乙方按施工图和设计技术说明书,并根据国家有关的绿地工程施工规范要求进行施工,保证工程质量。

2. 乙方应对全部现场操作、施工方法、措施的可靠性、安全性负完全责任。现场设专职质量、安全检查员,建立自检制度,做好自检记录。

3. 乙方所使用的材料、设备及施工工艺应符合设计要求。

第四条　工程工期

1. 总工期为2个月。

开工日期:20××年×月×日;竣工日期:20××年×月×日。

2. 如遇以下情况,工期相应顺延:

①开工前甲方不能按时交出施工场地,清理障碍,接通水电。

②甲方其他原因或设计变更。

③自然灾害,包括战争、地震、台风等。

第五条　甲方责任

1. 向有关部门报建,申领开工执照。

2. 做好工程范围内四通一平,清除影响施工的障碍物。

3. 按要求提交技术资料,包括施工图三套、工程总平面图二套。

4. 组织设计单位与乙方进行施工图交底会审,提供测量基线、水准基点。

5. 委派现场工地代表,加强与乙方联系,负责质量检查和监督,处理设计施工技术等问题。

6. 按规定对主要工序进行中间检查验收。

7. 按合同规定向乙方支付费用。

①合同生效后三天内预付工程备料款,按工程总造价的20%核付,合人民币××万元。预付款的折扣办法为工程完成×%时开始折扣,且于竣工前全部扣清。

②工程进度款分三次支付:第一次在施工至15天,按总造价×%支付,计×万元;第二次在工程已完成×%时,按总造价×%支付(含备料款),计××万元;其余待工程全部竣工正式验收后在保养期内分两期支付:竣工时支付造价的15%,保养期满,甲乙双方验收后一次结清。

第六条　乙方责任

1. 按图纸要求,做好施工总平面布置,编制施工组织设计及总进度计划,提交甲方一式三份。及时配备机具、材料、技术力量和劳动力。

2. 按施工图规范,保质、保量、保工期、保安全完成施工任务。验收签订后三个月为绿化种植保养期,六个月为园林建筑小品保养期。在保养期内出现质量问题,由乙方负责。

3. 指定工程负责人,按规定处理技术、质量、安全等一切有关问题。

4. 负责本工程现场的安全保卫工作及劳动保护。

5. 按规定向甲方提供工程进度表。

第七条　竣工验收

1. 竣工验收按国家规定程序办理。乙方在工程全部竣工前5天和甲方先进行预验收,符合质量标准,经甲方同意,乙方正式交竣工报告。

2. 甲、乙双方的工程报告、进度计划、工期统计月报、施工会签等所有文件,需交甲方一式三份。

3. 工程已具备了竣工验收条件,甲方不能按期予以验收和接管,其看管维护费由甲方负责。

4. 在验收中发现质量不符合合同要求或剩余部分尾工时,乙方要在质检规定的时间内完成工程。如不能按规定时间完成影响使用,甲方扣留5%的工程款。

第八条　奖惩规定

1. 工期奖:按照国家绿地建设评定标准,工程质量优良,工期每提前一天,甲方奖给乙方工期奖每天500元,工期奖最高不超过人民币5 000元。

2. 罚款:乙方工期每延误一天,罚款500元,罚款额最高不超过人民币5 000元。

3. 乙方在保证工程质量和不降低设计标准的前提下,提出修改设计的合理化建议,经甲方和设计单位同意,节约的价值甲、乙双方各得50%。乙方采用新技术、新材料、新工艺等措施节约的资金全部归乙方所有。

第九条　附则

1. 本合同经法律公证,由公证处监督执行。

2. 本合同如有未尽事宜,经协商可由甲、乙双方签订附则规定,共同遵守。如单方面不履行本合同造成对方损失,由责任方承担。

3. 执行合同中如有意见分歧,应协商解决,如不能达成统一意见,则申请仲裁机关仲裁。

4. 本合同一式十份,具有同等法律效力。甲方执三份,分别报送相关部门。

5. 本合同自双方正式签字后生效,至工程竣工验收,工程造价款结清后失效。

甲方(盖章)　　　　　　　　乙方(盖章)

甲方代表(签字)　　　　　　乙方代表(签字)

本工程代表(签字)　　　　　本工程代表(签字)

20××年　月　日　　　　　20××年　月　日

公证机关(盖章)

公证意见:

公证经办人:

年　月　日

3.4 园林工程施工合同实施的控制

在园林工程实施的过程中要对合同的履行情况进行跟踪与控制,并加强工程变更管理,保证合同的顺利履行。

3.4.1 园林工程施工合同跟踪

1. 合同跟踪的依据

合同跟踪的重要依据是合同以及依据合同而编制的各种计划文件;其次是各种实际工程文件,如原始记录、报表、验收报告等;另外,还要依据管理人员对现场情况的直观了解,如现场巡视、交谈、会议、质量检查等。

2. 合同跟踪的对象

(1)承包的任务

①工程施工的质量,包括材料、构件、制品和设备等的质量,以及施工或安装质量,是否符合合同要求,等等;

②工程进度,是否在预定期限内施工,工期有无延长,延长的原因是什么,等等;

③工程数量,是否按合同要求完成全部施工任务,有无合同规定以外的施工任务,等等;

④成本的增加和减少。

(2)工程小组或分包人的工程和工作

可以将工程施工任务分解交由不同的工程小组或发包给专业分包完成,工程承包人必须对这些工程小组或分包人及其所负责的工程进行跟踪检查,协调关系,提出意见、建议或警告,保证工程总体质量和进度。对专业分包人的工作和负责的工程,总承包商负有协调和管理的责任,并承担由此造成的损失,所以专业分包人的工作和负责的工程必须纳入总承包工程的计划和控制中,防止因分包人工程管理失误而影响全局。

(3)业主和其委托的工程师的工作

①业主是否及时、完整地提供工程施工的实施条件,如场地、图纸、资料等;

②业主和工程师是否及时给予指令、答复和确认等;

③业主是否及时并足额地支付应付的工程款项。

3.4.2 园林工程施工合同实施的偏差分析

通过合同跟踪,可能会发现合同实施中存在着偏差,即工程实施实际情况偏离了工程计划和工程目标,应该及时分析原因,采取措施,纠正偏差,避免损失。合同实施偏差分析的内容包括以下几个方面。

1. 产生偏差的原因分析

通过对合同执行实际情况与实施计划的对比分析,不仅可以发现合同实施的偏差,而且可以探索引起差异的原因。

2. 合同实施偏差的责任分析

即分析产生合同偏差的原因是由谁引起的,应该由谁承担责任。责任分析必须以合同为依据,按合同规定落实双方的责任。

3. 合同实施趋势分析

针对合同实施偏差情况,可以采取不同的措施,应分析在不同措施下合同执行的结果与趋势,包括:

(1)最终的工程状况,包括总工期的延误、总成本的超支、质量标准、所能达到的生产能力(或功能要求)等;

(2)承包商将承担什么样的后果,如被罚款、被清算,甚至被起诉,对承包商资信、企业形象、经营战略的影响等;

(3)最终工程经济效益水平。

3.4.3 园林工程施工合同实施的偏差处理

根据合同实施偏差分析的结果,承包商应该采取相应的调整措施。调整措施可以分为:

1. 组织措施

如增加人员投入,调整人员安排,调整工作流程和工作计划等。

2. 技术措施

如变更技术方案,采用新的高效率的施工方案等。

3. 经济措施

如增加投入,采取经济激励措施等。

4. 合同措施

如进行合同变更,签订附加协议,采取索赔手段等。

3.4.4 工程变更管理

工程变更一般是指在工程施工过程中,根据合同约定对施工的程序,工程的内容、数量、质量要求及标准等做出的变更。

1. 工程变更的原因

(1)业主新的变更指令,对建筑的新要求。如业主有新的意图,业主修改项目计划,削减项目预算等。

(2)由于设计人员、监理方人员、承包商事先没有很好地理解业主的意图,或设计错误,导致图纸需要修改。

(3)工程环境的变化,预定的工程条件不准确,要求实施方案或实施计划变更。

(4)由于产生新技术和知识,有必要改变原设计、原实施方案或实施计划,或由于业主指令及业主责任的原因造成承包商施工方案的改变。

(5)政府部门对工程的新要求,如国家计划变化、环境保护要求、城市规划变动等。

(6)由于合同实施出现问题,必须调整合同目标或修改合同条款。

2. 工程变更的范围

(1)改变合同中所包括的任何工作的数量;

(2)改变任何工作的质量和性质;

(3)改变工程任何部分的标高、基线、位置和尺寸；

(4)删减任何工作，但要交他人实施的工作除外；

(5)任何永久工程需要的任何附加工作、工程设备、材料或服务；

(6)改动工程的施工顺序或时间安排。

根据我国施工合同示范文本，工程变更包括设计变更和工程质量标准等其他实质性内容的变更。其中设计变更包括：

(1)更改工程有关部分的标高、基线、位置和尺寸；

(2)增减合同中约定的工程量；

(3)改变有关工程的施工时间和顺序；

(4)其他有关工程变更需要的附加工作。

3.5 园林工程施工各阶段的合同管理

3.5.1 发承包人对园林工程施工合同管理的任务

1. 发包人施工合同管理的任务

发包人施工合同管理的任务是按合同规定履行合同义务，行使合同权利，防止由于自身违约引起承包人索赔。

2. 承包人施工合同管理的任务

承包人合同管理的主要任务是按施工合同规定履行合同义务，行使合同权利，按合同规定的工期、质量、价款条件完成施工任务，使合同实施能够按预定的计划和方案顺利进行，避免受到处罚，搞好索赔管理。

(1)避免受到工期及质量问题的处罚

①检查施工进度计划执行情况，及时发现并改进施工进度方面存在的问题；

②检查施工质量措施执行情况，及时发现并改进施工质量方面存在的问题；

③施工中出现的非自身责任事件对工期和质量产生影响时，应及时办理工程延期申请和质量处理报告；

④尽力申辩以减少不妥的受罚。

(2)搞好索赔管理

①尽量利用设计变更、工程洽商的机会提出工程延期要求和费用补偿要求；

②利用施工中产生的索赔机会缓解工期紧张及弥补费用损失。

3.5.2 园林工程施工准备阶段的合同管理

1. 施工前的准备工作

(1)图纸的准备

我国目前的园林绿化工程项目通常由发包人委托设计单位负责，在工程准备阶段应完成施工图设计文件的审查。发包人应免费按专用条款约定的份数供应承包人图纸。施工图纸的提供只要符合专用条款的约定,不影响承包人按时开工即可。具体来说,施工图纸应在合同约定的日期前发放给发包人,可以一次提供,也可以在单位工程开始施工前分阶段提供,以保证承包人及时编制施工进度计划和组织施工。

有些情况下,如果承包人具有设计资质和能力,享有专利权的施工技术,在承包人工作范围内,可以由其完成部分施工图的设计,或由其委托设计分包人完成。但应在合同约定的时间内将按规定审查程序批准的设计文件提交审核,经过签认后使用,注意不能解除承包人的设计责任。

(2)施工进度计划

园林工程的施工组织,一般招标阶段由承包人在投标书内提交的施工方案或施工组织设计的深度相对较浅,签订合同后应对工程的施工做更深入的了解,可通过对现场的进一步考察和工程交底,完善施工组织设计和施工进度计划。有些大型工程采取分阶段施工,承包人可按照合同的要求、发包人提供的图纸及有关资料的时间,按不同投标阶段编制进度计划。施工组织设计和施工进度计划应提交发包人或委托的监理工程师确认,对已认可的施工组织设计和工程进度计划本身的缺陷不免除承包人应承担的责任。

(3)其他各项准备工作

开工前,合同双方还应做好其他各项准备工作。如发包人应当按照专用条款的规定使施工现场具备施工条件,开通施工现场公共道路;承包人应当做好施工人员和设备的调配工作。

2. 延期开工与工程的分包

为了保证在合理工期内及时竣工,承包人应按专用条款确定的时间开工。在工程的准备工作不具备开工条件情况下,则不能盲目开工。对于延期开工的责任应按合同的约定区分。如果工程需要分包,也应明确相应的责任。

(1)延期开工

因发包人的原因施工现场不具备施工的条件,影响了承包人不能按照协议书约定的日期开工时,发包人应以书面形式通知承包人推迟开工日期。发包人应当赔偿承包人因此造成的损失,相应顺延工期。

承包人不能按时开工,应在不迟于协议书约定的开工日期前7天,以书面形式提出延期开工的理由和要求。延期开工申请受理后的48小时内未予答复,视为同意承包人的要求,工期相应顺延;如果不同意延期要求,工期不予顺延。如果承包人未在规定时间内提出延期开工要求,工期也不予顺延。

(2)工程的分包

施工合同范本的通用条件规定,未经发包人同意,承包人不得将承包工程的任何部分分包;工程分包不能解除承包人的任何责任和义务。一般发包人在合同管理过程中对工程分包要进行严格控制。

多数情况下,承包人可能出于自身能力考虑,将部分自己没有实施资质的特殊专业工程分包和部分较简单的工作内容分包。有些已在承包人投标书内的分包计划中发包人通过接受投标书表示了认可,有些在施工合同履行过程中承包人又根据实际情况提出分包要求,则需要经过发包人的书面同意。注意:主体工程的施工任务、主要工程发包人是不允许分包的,必须由承包人完成。

对分包的工程,都涉及两个合同,一个是发包人与承包人签订的施工合同。另一个是承包人与分包人签订的分包合同。按合同的有关规定,一方面工程的分包不解除承包人对发包人应承担在该分包工程部分施工的合同义务;另一方面为了保证分包合同的顺利履行,发包人未经承包人同意,不得以任何形式向分包人支付各种工程款,分包人完成施工任务的报酬只能依据分包合同由承包人支付。

3.5.3 园林工程施工过程的合同管理

1. 对材料和设备的质量控制

在园林工程施工过程中,为了确保工程项目的施工质量,满足施工合同要求,首先应从使用的材料和设备的质量控制入手。

(1)材料设备的到货检验

园林工程项目使用的建筑材料、植物材料和设备按照专用条款约定的采购供应责任,一般由承包人负责,也可以由发包人提供全部或部分材料和设备。

承包人采购的材料设备:

①承包人负责采购的材料设备,应按照合同专用条款约定及设计要求和有关标准采购,并提供产品合格证明,对材料设备质量负责;

②承包人在材料设备到货前24小时应通知发包方共同进行到货清点;

③承包人采购的材料设备与设计或标准要求不符时,承包人应在发包方要求的时间内运出施工现场,重新采购符合要求的产品,承担由此发生的费用,延误的工期不予顺延。

发包人供应的材料设备:

发包人应按照专用条款的材料设备供应一览表,按时、按质、按量将采购的材料和设备运抵施工现场,发包人在其所供应的材料设备到货前24小时,应以书面形式通知承包人,由承包人派人与发包人共同清点。发包人供应的材料设备与约定不符时,应当由发包人承担有关责任。视具体情况不同,按照以下原则处理:

①材料设备单价与合同约定不符时,由发包人承担所有差价。

②材料设备种类、规格、型号、数量、质量等级与合同约定不符时,承包人可以拒绝接收保管,由发包人运出施工场地并重新采购。

③到货地点与合同约定不符时,发包人负责运至合同约定的地点。

④供应数量少于合同约定的数量时,发包人将数量补齐;多于合同约定的数量时,发包人负责将多出部分运出施工场地。

⑤到货时间早于合同约定时间,发包人承担因此发生的保管费用;到货时间迟于合同约定的供应时间,由发包人承担相应的追加合同价款。发生延误,相应顺延工期,发包人赔偿由此给承包人造成的损失。

(2)材料和设备的使用前检验

为了防止材料和设备在现场储存时间过长或保管不善而导致质量降低,应在用于永久工程施工前进行必要的检查、试验。关于材料设备方面的合同责任如下:

①发包人供应材料设备

按照合同对质量责任的约定,发包人供应的材料设备进入施工现场后需要在使用前检验或者试验的,由承包人负责检查试验,费用由发包人负责。此次检查试验通过后,仍不能解除发包人供应材料设备存在的质量缺陷责任。也就是说,承包人在对材料设备检验通过之后,如果又发现有质量问题时,发包人仍应承担重新采购及拆除重建的追加合同价款,并相应顺延由此延误的工期。

②承包人负责采购的材料和设备

按合同的有关约定,由承包人采购的材料设备,发包人不得指定生产厂或供应商;采购的材料设备在使用前,承包人应按发包方的要求进行检验或试验,不合格的不得使用,检验或试验费用由承包人承担;发包方发现承包人采购并使用不符合设计或标准要求的材料设备时,应要求由承包人负责修复、拆除或重新采购,并承担发生的费用,由此延误的工期不予顺延;承包人需要使用代用材料时,应经发包方认可后才能使用,由此增减的合同价款双方以书面形式议定。

2. 对施工质量的管理

工程施工的质量应达到合同约定的标准,这是园林工程施工质量管理的最基本要求。在施工过程中加强检查,对不符合质量标准的应及时返工。承包人应认真按照标准、规范和设计要求以及发包方依据合同发出的指令施工,随时接受发包方及其委派人员的检查、检验,并为检查检验提供便利条件。

(1)承包人承担的责任

①因承包人的原因达不到约定标准,由承包人承担返工费用,工期不予顺延;

②工程质量达不到约定标准的部分,发包方一经发现,可要求承包人拆除和重新施工,承包人应按发包方及其委派人员的要求拆除和重新施工,承担由于自身原因导致拆除和重新施工的费用,工期不予顺延;

③经过发包方检查检验合格后又发现因承包人原因出现的质量问题,仍由承包人承担责任,赔偿发包人的直接损失,工期不应顺延;

④检查检验不合格时,影响正常施工的费用由承包人承担,工期不应顺延。

(2)发包人承担的责任

①因发包人的原因达不到约定标准,工期相应顺延,由发包人承担返工的追加合同价款。

②发包人对部分或者全部工程质量有特殊要求的,应支付由此增加的追加合同价款,对工期有影响的应给予相应顺延。

③影响正常施工的追加合同价款由发包人承担,相应顺延工期;发包人指令失误和其他非承包人原因发生的追加合同价款,由发包人承担。

(3)双方均有责任

双方均有责任的,由双方根据其责任分别承担。因双方原因达不到约定标准,责任由双方分别承担。如果双方对工程质量有争议,由专用条款约定的工程质量监督部门鉴定,所需费用及因此造成的损失,由责任方承担。

3. 对设计变更的管理

(1)发包人要求的设计变更

施工中发包人需对原工程设计进行变更,应提前14天以书面形式向承包人发出变更通知。变更超过原设计标准或批准的建设规模时,发包人应报规划管理部门和其他有关部门重新审查批准,并由原设计单位提供变更的相应图纸和说明。因设计变更导致合同价款的增减及造成的承包人损失由发包人承担,延误的工期相应顺延。

(2)承包人要求的设计变更

施工中承包人不得因施工方便而要求对原工程设计进行变更。承包人在施工中提出的合理建议被发包人采纳,则需有书面手续。同意采用承包人的合理化建议,所发生费用和获得收益的分担或分享由发包人和承包人另行约定。未经同意承包人擅自更改或换用,承包人应承担由此发生的费用,并赔偿发包人的有关损失,延误的工期不予顺延。

(3)确定设计变更后合同价款

确定变更价款时,应维持承包人投标报价单内的竞争性水平。应采用以下原则:

①合同中已有适用于变更工程的价格,按合同已有的价格变更合同;

②合同中只有类似于变更工程的价格,可以参照类似价格变更合同;

③合同中没有适用或类似于变更工程的价格,由承包人提出适当的变更价格,经发包人确认后执行。

4. 施工进度管理

施工阶段的合同管理,就是确保施工工作按进度计划执行,施工任务在规定的合同工期内完成。实际施工过程中,由于受到外界环境条件、人为条件、现场情况等的限制,经常出现与承包人开工前编制施工进度计划时预计的施工条件有出入的情况,导致实际施工进度与计划进度不符。此时的合同管理就显得特别重要,对暂停施工与工期延误的有关责任应准确把握,并做好修改进度计划和后续施工的协调管理工作。

(1)暂停施工

在施工过程中,有些情况会导致暂停施工。停工责任在发包人,由发包人承担所发生的追加合同价款,赔偿承包人由此造成的损失,相应顺延工期;如果停工责任在承包人,由承包人承担发生的费用,工期不予顺延。

由于发包人不能按时支付的暂停施工,施工合同范本通用条款中对以下两种情况,给予承包人暂时停工的权利。

①延误支付预付款。发包人不按时支付预付款,承包人在约定时间 7 天后向发包人发出预付通知。发包人收到通知后仍不能按要求预付,承包人可在发出通知后 7 天停止施工。发包人应从约定应付之日起,向承包人支付应付款的贷款利息。

②拖欠工程进度款。发包人不按合同规定及时向承包人支付工程进度款且双方又未达成延期付款协议时,导致施工无法进行,承包人可以停止施工,由发包人承担违约责任。

(2)工期延误

施工过程中,由于社会环境及自然条件、人为情况和管理水平等因素的影响,工期延误经常发生,可能导致不能按时竣工。这时承包人应依据合同责任来判定是否应要求合理延长工期。按照施工合同范本通用条件的规定,由以下原因造成的工期延误,经确认后工期可相应顺延:

①发包人未按专用条款的约定提供开工条件。

②发包人未按约定日期支付工程预付款、进度款。

③发包人未按合同约定提供所需指令、批准等,致使施工不能正常设计变更和工程量增加。一周内非承包人原因停水、停电、停气造成停工累计超过 8 小时。

④不可抗力。

⑤专用条款中约定或发包人同意工期顺延的其他情况。

（3）发包人要求提前竣工

提前竣工时，双方应充分协商，达成一致。对签订的提前竣工协议，应作为合同文件的组成部分。提前竣工协议应包括以下几方面的内容：

①提前竣工的时间；

②发包人为赶工应提供的方便条件；

③承包人在保证工程质量和安全的前提下；

④提前竣工所需的追加合同价款等；

⑤可能采取的赶工措施。

5．施工环境管理

施工环境管理是指施工现场的正常施工工作应符合行政法规和合同的要求，做到文明施工。施工环境管理应遵守法规对环境的要求，保持现场的整洁，重视施工安全。

施工应遵守政府有关主管部门对施工场地、施工噪声以及环境保护和安全生产等的管理规定。承包人按规定办理有关手续，并以书面形式通知发包人，发包人承担由此发生的费用。承包人应保证施工场地清洁，符合环境卫生管理的有关规定。交工前清理现场，达到专用条款约定的要求。

承包人应遵守安全生产的有关规定，严格按安全标准组织施工，因此发生的费用由承包人承担。发包人应对其在施工场地的工作人员进行安全教育，并对他们的安全负责。发包人不得要求承包人违反安全管理规定进行施工。因发包人原因导致的安全事故，由发包人承担相应责任及发生的费用。

承包人在动力设备、输电线路、地下管道、易燃易爆地段以及临街交通要道附近施工时，施工开始前应有安全防护措施，安全防护费用由发包人承担。

3.5.4　园林工程竣工阶段的合同管理

1．竣工验收

工程验收是合同履行中的一个重要工作阶段，竣工验收可以是整体工程竣工验收，也可以是分项工程竣工验收，具体应按施工合同约定进行。

2．工程保修保养

承包人应当在工程竣工验收之前，与发包人签订质量保修书，作为合同附件。质量保修书的主要内容包括工程质量保修范围和内容、质量保修期、质量保修责任、保修费用和其他约定五部分。

3．竣工结算

工程竣工验收报告经发包人认可后，承包人双方应当按协议书约定的合同价款及专用条款约定的合同价款调整方式，进行工程竣工结算。

3.6　园林工程索赔原则与程序

园林工程索赔是在工程承包合同履行中，当事人一方由于另一方未履行合同所规定的义务或者出现了应当承担的风险而遭受损失时,向另一方提出索赔要求的行为。

3.6.1 园林工程索赔的依据

1. 索赔成立的前提条件

索赔的成立,应该同时具备以下三个前提条件,缺一不可。

(1)与合同对照,事件已造成承包人工程项目成本的额外支出或直接工期损失;

(2)造成费用增加或工期损失的原因,按合同约定不属于承包人的行为责任或风险责任;

(3)承包人按合同规定的程序和时间提交索赔意向通知和索赔报告。

2. 园林工程索赔的处理原则

承包方必须掌握有关法律政策和索赔知识,进行索赔须做到:

(1)有正当索赔理由和充分证据;

(2)索赔必须以合同为依据,按施工合同文件有关规定办理;

(3)准确、合理地记录索赔事件和计算费用。

3. 索赔的依据

(1)合同文件;

(2)法律、法规;

(3)工程建设惯例。

4. 常见的园林工程索赔证据

(1)各种合同文件;

(2)工程各种往来函件、通知、答复等;

(3)各种会谈纪要;

(4)经过发包人或者工程师批准的承包人的施工进度计划、施工方案、施工组织设计和现场实施情况记录;

(5)工程各项会议纪要;

(6)气象报告和资料,如有关温度、风力、雨雪的资料;

(7)施工现场记录;

(8)工程有关照片和录像等;

(9)施工日记、备忘录等;

(10)发包人或者工程师签认的签证;

(11)发包人或者工程师发布的各种书面指令和确认书,以及承包人的要求、请求、通知书等;

(12)工程中的各种检查验收报告和各种技术鉴定报告;

(13)工地的交接记录(应注明交接日期,场地平整情况,水、电、路情况等),图纸和各种资料的交接记录;

(14)材料和设备的采购、订货、运输、进场、使用方面的记录、凭证和报表等;

(15)市场行情资料,包括市场价格、官方的物价指数、工资指数、中央银行的外汇比率等公布材料;

(16)投标前发包人提供的参考资料和现场资料;

(17)工程结算资料、财务报告、财务凭证等；

(18)各种会计核算资料；

(19)国家法律、法令、政策文件。

3.6.2 园林工程索赔的程序

1. 根据招标文件及合同要求的有关规定提出索赔意向书

当合同当事人一方向另一方提出索赔时,要有正当的索赔理由,且有索赔事件发生时的有效证据。索赔事件发生 28 天内,向监理工程师发出索赔意向通知。合同实施过程中,凡不属于承包方责任导致项目拖延和成本增加事件发生后的 28 天内,必须以正式函件通知监理工程师,声明对此事项要求索赔,同时仍需遵照监理工程师的指令继续施工,逾期申报时,监理工程师有权拒绝承包方的索赔要求。

2. 索赔过程的时间要求和程序

(1)发出索赔意向通知后 28 天内,向监理工程师提出补偿经济损失(计量支付)和(或)延长工期的索赔报告及有关资料。正式提出索赔申请后,承包方应抓紧准备索赔的证据资料,包括事件的原因、对其权益影响的资料、索赔的依据,以及其他计算出该事件影响所要求的索赔额和申请延期的天数并在索赔申请发出的 28 天内提出。

(2)监理工程师审核承包方的索赔申请。监理工程师在收到承包方送交的索赔报告和有关资料后,于 28 天内给予答复,或要求承包方进一步补充索赔理由和证据。监理工程师在 28 天内未予答复或未对承包方作进一步要求,视为该项索赔已经认可。

(3)当索赔事件持续进行时,承包方应当阶段性向监理工程师发出索赔意向,在索赔事件终了后 28 天内,向监理工程师提出索赔的有关资料和最终索赔报告。

3.6.3 园林工程索赔项目概述及起止日期计算方法

园林施工过程中主要是工期索赔和费用索赔。工期延误,又称为工程延误或进度延误,是指工程实施过程中任何一项或多项工作的实际完成日期迟于计划规定的完成日期,从而可能导致整个合同工期的延长。工期延误对合同双方一般都会造成损失。工期延误的后果是形式上的时间损失,实质上会造成经济损失。

1. 延期发出图纸产生的索赔

接到中标通知书后 28 天内,承包方有权免费得到由发包方或其委托的设计单位提供的全部图纸、技术规范和其他技术资料,并且向承包方进行技术交底。如果在 28 天内未收到监理工程师送达的图纸及其相关资料,作为承包方应依据合同提出索赔申请。接中标通知书后第 29 天为索赔起算日,收到图纸及有关资料的日期为索赔结束日。

由于是施工前准备阶段,该类项目一般只进行工期索赔。

2. 恶劣的气候条件导致的索赔

可分为工程损失索赔及工期索赔。发包方一般对在建项目进行投保,故由恶劣天气影响造成的工程损失可向保险机构申请损失费用;在建项目未投保时,应根据合同条款及时进行索赔。该类索赔计算方法:在恶劣气候条件开始影响的第一天为起算日,恶劣气候条件终止日为索赔结束日。

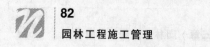

3. 工程变更导致的索赔

工程施工项目已进行施工又进行变更,工程施工项目增加或局部尺寸、数量变化等计算方法:承包方收到监理工程师书面工程变更令或发包方下达的变更图纸日期为起算日期,变更工程完成日为索赔结束日。

4. 以承包方能力不可预见引起的索赔

由于工程投标时图纸不全,有些项目承包方无法作正确计算,如地质情况、软基处理等。该类项目一般发生的索赔有工程数量增加或需要重新投入新工艺、新设备等。计算方法在承包方未预见的情况开始出现的第一天为起算日,终止日为索赔结束日。

5. 由外部环境引起的索赔

属发包方原因,由于外部环境影响(如征地拆迁、施工条件、用地的出入权和使用权等)而引起的索赔。

根据监理工程师批准的施工计划影响的第一天为起算日。经发包方协调或外部环境影响自行消失日为索赔事件结束日。该类项目一般进行工期及工程机械停滞费用索赔。

6. 监理工程师指令导致的索赔

以收到监理工程师书面指令时为起算日,按其指令完成某项工作的日期为索赔事件结束日。

3.6.4 索赔文件管理

1. 同期记录

索赔意向书提交后,就应从索赔事件起算日起至索赔事件结束日止,认真做好同期记录。每天均应有记录,并经现场监理工程师签认;索赔事件造成现场损失时,还应有现场照片、录像资料。同期记录的内容有事件发生及过程中现场实际状况,导致现场人员、设备闲置的清单,对工期的延误,对工程损害程度,导致费用增加的项目及所用的工作人员、机械、材料数量和有效票据等。

2. 索赔最终报告

(1)索赔申请表,填写索赔项目、依据、证明文件、索赔金额和日期;

(2)批复的索赔意向书;

(3)编制说明索赔事件的起因、经过和结束的详细描述;

(4)附件:与本项费用或工期索赔有关的各种往来文件,包括承包方发出的与工期和费用索赔有关的证明材料及详细计算资料。

3. 索赔的管理

(1)由于索赔引起费用或工期的增加,往往成为上级主管部门复查的对象。为真实、准确反映索赔情况,承包方应建立、健全工程索赔台账或档案。

(2)索赔的台账应反映索赔发生的原因、索赔发生的时间、索赔意向提交时间、索赔结束时间、索赔申请工期和金额、监理工程师审核结果及发包方审批结果等内容。

(3)对合同工期内发生的每笔索赔均应及时登记。工程完工时应形成完整的资料,作为工程竣工资料的组成部分。

3.7　园林工程施工合同的履行、变更、转让和终止

3.7.1　园林工程施工合同的履行

园林工程施工合同履行是指园林工程建设业主与施工企业双方依据施工合同条款的规定,实现各自享有的权利,并承担各自负有的义务。就其实质来说,是施工合同当事人在合同生效后全面、适时地完成合同义务和权利的行为。

合同履行是合同法的核心内容,也是合同当事人订立合同的根本目的。当事人双方在履行施工合同时,必须全面、善始善终地履行各自承担的义务,并使当事人的权利得以实现,从而为各社会组织之间的生产经营及其他交易活动的顺利进行创造条件。

由于园林工程施工合同履行的特殊性,其在履行的过程中存在不同于其他合同的情形,这些情形所导致纠纷的解决也有其自身的特殊性。

1. 园林工程质量不符合约定情况下责任承担问题

导致工程质量不合格的原因很多,有发包人的原因,也有承包商的原因。其责任的承担应该根据具体的情况分别作出处理。

(1)因承包商过错导致质量不符合约定的处理

因施工人的原因致使建设工程质量不符合约定的,发包人有权要求施工人在合理期限内无偿修理或者返工、改建。经过修理或者返工、改建后,造成逾期交付的,施工人应当承担违约责任。

因承包人的过错造成建设工程质量不符合约定,承包人拒绝修理、返工或者改建,发包人请求减少支付工程价款的,应予支持。

(2)因发包人过错导致质量不符合约定的处理

建设单位必须向施工单位提供与施工项目有关的原始资料。原始资料必须真实、准确、齐全。发包人具有下列情形之一造成施工项目质量缺陷,应当承担过错责任。

①提供的设计有缺陷;

②提供或者指定购买的材料、构配件、设备不符合强制性标准;

③直接指定分包人分包专业工程。

(3)发包人擅自使用后出现质量问题的处理

建设单位收到工程竣工报告后,应当组织设计、施工、工程监理等有关单位进行竣工验收。园林工程经验收合格的,方可交付使用。但是,有的建设单位为了能够提前投入生产,在没有经过竣工验收的前提下就擅自使用。由于工程质量问题都需要经过一段时间才能显现出来,所以,这种未经竣工验收就使用的行为往往就导致了其后的工程质量的纠纷。

园林工程未经竣工验收,发包人擅自使用后,又以使用部分质量不符合约定为由主张权利的,不予支持。但是承包人应当在工程的合理使用寿命内对地基基础工程和主体结构质量承担民事责任。

发包人未经验收而提前使用工程不仅在工程质量上要承担更大的责任,同时还将由于

这样的行为而接受法律的制裁。发包方有下列行为之一的,责令改正,处工程合同价款2%以上4%以下的罚款。

①未组织竣工验收,擅自交付使用的;

②验收不合格,擅自交付使用的;

③对不合格的建设工程按照合格工程验收的。

2. 对竣工工期的争议问题

工程竣工验收通过,承包人送交竣工验收报告的日期为实际竣工日期。工程按发包人要求修改后通过竣工验收的,实际竣工日期为承包人修改后提请发包人验收的日期。但是在实际操作过程中却容易出现一些特殊的情形并最终导致关于竣工日期争议的产生。这些情形主要表现在:

(1)由于建设单位和施工单位对于工程质量是否符合合同约定产生争议而导致对竣工日期的争议

工程质量是否合格涉及多方面因素,当事人双方很容易就其影响因素产生争议。而一旦产生争议,就需要权威部门来鉴定。鉴定结果如果不合格就不涉及竣工日期的争议,而如果鉴定结果是合格的,就涉及以哪天作为竣工日期的问题。承包商认为应该以提交竣工验收报告之日作为竣工日期,而建设单位则认为应该以鉴定合格之日为实际竣工日期。

对此,《合同法》规定,建设工程竣工前,当事人对工程质量发生争议,工程质量经鉴定合格的,鉴定期间为顺延工期期间。因此,应该以提交竣工验收报告之日为实际竣工日期。

(2)由于发包人拖延验收而产生的对实际竣工日期的争议

工程具备竣工验收条件,承包人按国家工程竣工验收有关规定,向发包人提供完整竣工报告。发包人收到竣工报告后28天内组织有关单位竣工验收,并在验收后14天内给予认可或提出修改意见。承包人按要求修改,并承担由自身原因造成的修改费用。但是,有时候由于各种原因,发包方没能按照约定的时间组织竣工验收,最后施工单位和建设单位就实际竣工时间产生争议。对此,《合同法》规定:工程经竣工验收合格的,以竣工验收合格之日为竣工日期。承包人已经提交竣工验收报告,发包人拖延验收的,以承包人提交验收报告之日为竣工日期。

(3)由于发包人擅自使用工程而产生的对于实际竣工验收日期的争议

有时候,建设单位为了能够提前使用工程而取消了竣工验收这道法律规定的程序。而这样的后果之一就是容易对实际竣工日期产生争议,因为没有提交的竣工验收报告和竣工验收试验可供参考。对于工程未经竣工验收,发包人擅自使用的,以转移占有工程之日为竣工日期。

3. 对计价方法的争议问题

(1)因变更引起的纠纷

在工程施工过程中,变更是普遍存在的。尽管变更的表现形式纷繁复杂,但是其对于工程款支付的影响却仅仅表现在两个方面:

①工程量的变化导致价格的纠纷;

②工程质量标准的变化导致价格的纠纷。

(2)因工程质量验收不合格导致的纠纷

工程合同中的价款针对的是合格工程而言,而在工程实践中,不合格产品也是普遍存在的,对于不合格产品如何计价也就自然成为合同当事人关注的问题。在这个问题中也涉及两方面的问题:一是工程质量与合同约定的不符合程度,二是针对该工程质量应予支付的工程款。

园林工程施工合同有效,但工程经竣工验收不合格的,工程价款结算按以下两条处理。

①修复后的建设工程经验收合格,发包人请求承包人承担修复费用的,予以支持;

②修复后的建设工程经竣工验收不合格,承包人请求支付工程价款的,不予支持。

因工程不合格造成的损失,发包人有过错的,也应承担相应的民事责任。

(3)因利息而产生的纠纷

当事人对欠付工程价款利息计付标准有约定的,按照约定处理;没有约定的,按照中国人民银行发布的同期同类贷款利率计息。利息从应付工程价款之日计算。当事人对付款时日没有约定或者约定不明的,下列时间视为应付款时间:

①工程实际交付的,为交付之日;

②工程没有交付的,为提交竣工结算文件之日;

③工程未交付,工程价款也未结算的,为当事人起诉之日。

(4)因合同计价方式产生的纠纷

合同价可以采用以下方式:

①固定价。合同总价或者单价在合同约定的风险范围内不可调整。

②可调价。合同总价或者单价在合同实施期内,根据合同约定的办法调整。

③成本加酬金。合同总价由成本和建设单位支付给施工单位的酬金两部分构成。

由于工程的外部环境在不断地变化,这些变化可能会使施工单位的成本增加。例如,某种材料的大幅涨价,使得承包商承担了更大的成本。这时,承包商就可能提出索赔的要求,要求建设单位支付增加的部分成本。对于上面的三种计价方式,如果采用可调价合同或成本加酬金合同,建设单位应该在合同约定的范围内支付这笔款项。

另外,当事人约定按照固定价结算工程价款,一方当事人请求对建设工程造价进行鉴定的,不予支持。

4. 对工程量的争议问题

在工程款支付过程中,确认完成的工程量是一个重要的环节。只有确认了完成的工程量,才能进行下一步的结算。

(1)关于确认工程量引起的纠纷

对未经签证但事实上已经完成的工程量应以工程师的确认为依据。工程师的确认以签证为依据。但是,有时候却存在另一种情况,工程师口头同意进行某项工程的修建,但是由于主观或者客观的原因而没能及时提供签证。对于这部分工程量的确认就很容易引起纠纷。

(2)对于确认工程量的时间的纠纷

如果建设单位迟迟不确认施工单位完成的工程量,就会导致施工单位不能及时得到工程款,这样就损害了施工单位的利益。为了保护合同当事人的合法权益,当事人约定,发包人收到竣工结算文件后,在约定期限内不予答复,视为认可竣工结算文件的,按照约定处理。承包人请求按照竣工结算文件结算工程价款的,应予支持。

3.7.2 园林工程施工合同的变更、转让

1. 园林工程施工合同的变更

有广义与狭义之分。

狭义的变更是指合同内容的某些变化,是在主体不变的前提下,在合同没有履行或没有完全履行前,由于一定的原因,由当事人对合同约定的权利义务进行局部调整。这种调整,通常表现为对合同某些条款的修改或补充。

广义的合同变更是指除包括合同内容的变更外,还包括合同主体的变更,即由新的主体取代原合同的某一主体。这实质上是合同的转让。

以下都是指狭义的变更。

(1)合同变更的概念

合同变更是指合同依法订立后,在尚未履行或尚未完全履行时,当事人依法经过协商,对合同的内容进行修改或调整所达成的协议。合同变更时,当事人应当通过协商,对原合同的部分内容条款做出修改、补充或增加新的条款。

(2)合同变更的法律规定

《合同法》规定:"当事人协商一致,可以变更合同。"法律、行政法规规定变更合同应当办理批准、登记手续的,依照其规定办理;当事人因重大误解、显失公平、欺诈、胁迫或乘人之危而订立的合同,受损害一方有权请求人民法院或者仲裁机构做出变更合同中的相关内容或撤销合同的决定。

(3)合同变更的缘由

在施工过程中,由于各方的原因往往会出现一些不可预见的事件造成施工合同变更,如设计图纸改变、施工方法改变、施工材料改变或施工材料价格变化、施工主体变化、意外天气变化或自然灾害等。在合同履行过程中,应尽量减少合同的变更。若必须进行合同变更,则必须按照相关规定办理批准、登记手续;否则,合同的变更不发生效力。

(4)合同变更的内容

园林工程施工合同内容变更可能涉及合同标的、数量、质量、价款或者酬金、期限、地点、计价方式等。园林工程施工承包领域的设计变更即为涉及合同内容的变更。

2. 合同的转让

合同转让是指合同当事人一方依法将合同权利、义务全部或者部分转让给他人。合同转让,在习惯上又称为合同主体的变更,是以新的债权人代替了原合同的债权人,或者以新的债务人代替了原合同的债务人。

(1)合同转让的类型

①合同权利转让;

②合同义务转移;

③合同权利义务概括转让(也称概括转移)。

(2)债权人转让权利:工程施工合同债权人通过协议将其债权全部或部分转让给第三人的行为。

(3)债务人转让义务:工程施工合同债权人与第三人之间达成协议,并经债权人同意,将其义务全部或部分转移给第三人的行为。

如果法律强制性规范规定不得转让债务,则该合同债务不得转移。《建筑法》第 28 条规定,禁止承包单位将其承包的全部工程转包给他人。这就属于法律强制性规范规定债务不得转移的情形。同时,工程施工合同的转让要符合法定的程序。《合同法》第 84 条规定:"债务人将合同的义务全部或者部分转移给第三人的,应当经债权人同意。"

3.7.3 园林工程施工合同的终止

园林工程施工合同的终止指的是合同当事人双方依法使相互间的权利义务关系终止,即合同的解除。

1. 合同解除的法律规定

《合同法》第 93 条规定:"当事人协商一致,可以解除合同。当事人可以约定一方解除合同的条件。解除合同的条件成熟时,解除权人可以解除合同。"

《合同法》第 91 条规定:有下列情形之一的,当事人可以解除合同。

(1)因不可抗力致使不能实现合同目的;

(2)在履行期限届满之前,当事人一方明确表示或者以自己的行为表明不履行主要债务;

(3)当事人一方迟延履行主要债务,经催告后在合理期限内仍未履行;

(4)当事人一方迟延履行债务或者其他违约行为致使不能实现合同目的;

(5)法律规定的其他情形。

2. 解除园林工程施工合同的条件

(1)发包人请求解除合同的条件

承包人具有下列情形之一,发包人请求解除园林工程施工合同的,应予支持:

①明确表示或者以行为表明不履行合同主要义务的;

②合同约定的期限内没有完工,且在发包人催告的合理期限内仍未完工的;

③已经完成的建设工程质量不合格,并拒绝修复的;

④将承包的建设工程非法转包、违法分包的。

(2)承包人请求解除合同的条件

发包人具有下列情形之一,致使承包人无法施工,且在催告的合理期限内仍未履行相应义务,承包人请求解除建设工程施工合同的,应予支持:

①未按约定支付工程价款的;

②提供的主要建筑材料、建筑构配件和设备不符合强制性标准的;

③不履行合同约定的协助义务的。

上述三种情形均属于发包人违约。因此,合同解除后,发包人还要承担违约责任。

3.7.4 违约责任

违约责任的规定有助于保障合同的顺利履行,因为承担违约责任使得违约方为违约付出了代价。同时违约责任的规定也可以弥补守约方因对方违约而蒙受的损失,符合公平的原则。因此,掌握违约责任的规定既可以使当事人预知违约所带来的后果,进而有助于做好风险分析,也有助于当事人在对方违约时采取适当方式维护自身的利益。

违约责任是指合同当事人不履行合同或者履行合同不符合约定而应承担的民事责任。

违约责任是财产责任。这种财产责任表现为支付违约金、定金、赔偿损失、继续履行、采取补救措施等。尽管违约责任含有制裁性,但是,违约责任的本质不在于对违约方的制裁,而在于对被违约方的补偿,更主要表现为补偿性。

1．违约责任的构成要件

违约责任的构成要件包括主观要件和客观要件。

(1)主观要件

主观要件是指作为合同当事人,在履行合同中不论其主观上是否有过错,即主观上有无故意或过失,只要造成违约的事实,均应承担违约法律责任。

(2)客观要件

客观要件是指合同依法成立、生效后,合同当事人一方或者双方未按照法定或约定全面地履行应尽的义务,也即出现了客观的违约事实,即应承担违约的法律责任。

违约责任实行严格责任原则。严格责任原则是指有违约行为即构成违约责任,只有存在法定或约定的免责事由的时候才可以免除违约责任。

例如,某施工单位与建设单位签订了一个施工承包合同,合同中约定 2005 年 11 月 30 日竣工。2005 年 8 月 20 日,该地区发生了台风,使得在建的工程部分毁坏,导致施工单位没能按时交付工程。这种情况下,施工单位没能按时交付工程是不是违约?

答案是肯定的。尽管发生台风不是施工单位的过错,但是由这个施工单位没能够按照合同的约定按时交付工程,即客观上存在违约的事实,即构成违约。但由于这个违约行为是由不可抗力所导致,施工单位可以申请免除责任或者部分免除责任。免除其违约责任也不意味着它没有违约,因为只有先确定为违约,确定为应该承担违约责任,才能谈违约责任的免除问题。

2．违约责任的一般承担方式

《合同法》第 107 条规定:"当事人一方不履行合同义务或者履行合同义务不符合约定的,应当承担继续履行、采取补救措施或者赔偿损失等违约责任。"

3．违约金与定金

(1)违约金

违约金,是指当事人在合同中或合同订立后约定因一方违约而应向另一方支付一定数额的金钱。违约金可分为约定违约金和法定违约金。

《合同法》第 114 条规定:"当事人可以约定一方违约应当根据违约情况向对方支付一定数额的违约金,也可以约定因违约产生的损失赔偿额的计算方法。约定的违约金低于造成的损失的,当事人可以请求人民法院或者仲裁机构予以增加;约定的违约金过分高于造成的损失的,当事人可以请求人民法院或者仲裁机构予以适当减少。当事人就迟延履行约定违约金的,违约方支付违约金后,还应当履行债务。"

(2)定金

定金,是合同当事人一方预先支付给对方的款项,其目的在于担保合同债权的实现。定金是债权担保的一种形式,定金之债是从债务。因此,合同当事人对定金的约定是一种从属于被担保债权所依附合同的从合同。

《合同法》第 115 条规定:"当事人可以依照《中华人民共和国担保法》约定一方向对方给付定金作为债权的担保。债务人履行债务后,定金应当抵作价款或者收回。给付定金的一方不履行约定的债务的,无权要求返还定金;收受定金的一方不履行约定的债务的,应当双倍返还定金。"

(3)违约金与定金的选择

《合同法》第116条规定:"当事人既约定违约金,又约定定金的,一方违约时,对方可以选择适用违约金或者定金条款。"

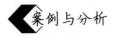案例与分析

工期延误索赔案例

在一园林工程中,按施工方案和总工期计划,应与3月1日开始现场搅拌混凝土。因承包商的混凝土拌和设备迟迟运不上工地,承包商决定使用商品混凝土,但为业主否决。而承包合同中未明确规定使用何种混凝土。承包商不得已,只有继续组织设备进场,由此导致施工现场停工、工期拖延和费用增加。对此承包商提出工期和费用索赔。

分析:

业主认为不能索赔。原因是:①已批准的施工进度计划中确定承包商用现场搅拌混凝土,承包商应遵守。②拌和设备运不上工地是承包商的失误,他无权要求索赔。

争执提交调解人后,调解人分析认为:因为合同中未明确规定一定要用工地现场搅拌的混凝土(施工方案不是合同文件),则商品混凝土只要符合合同规定的质量标准就可以使用,不必经业主批准。因为按照惯例,实施工程的方法由承包商负责。承包商在不影响或为了更好地保证合同总目标的前提下,可以选择更为经济合理的施工方案。业主不得随便干预。在这一前提下,业主拒绝承包商使用商品混凝土,是一个变更指令,对此可以进行工期和费用索赔。但该项索赔必须在合同规定的索赔有效期内提出。当然承包商不能因为用商品混凝土要求业主补偿任何费用。最终承包商获得了工期和费用补偿。

复习思考题:

1. 什么叫园林工程施工合同? 叙述它的签订程序、谈判的主要内容。

2. 根据某一园林工程项目的要求,编写一份园林工程施工承包合同。

3. 试述合同各方在园林工程施工合同中履行的权利和义务。

4. 试述园林工程施工合同的解除条件。

5. 园林工程施工过程中哪些方面可以索赔?

6. 如何处理园林工程出现的索赔?

第四章

园林工程施工组织设计

知识目标

1. 掌握投标前施工组织设计的编制程序和内容。
2. 掌握园林施工组织总设计的编制程序和内容。
3. 掌握单位园林工程施工组织设计的编制程序和内容。
4. 掌握分项园林工程作业设计的编制程序和内容。

能力目标

1. 能够完成投标前施工组织设计。
2. 能够完成园林施工组织总设计。
3. 能够完成单位园林工程施工组织设计。
4. 能够完成分项园林工程作业设计。

4.1 概述

园林工程建设不是单纯的栽植工程,而是一项与土木、建筑、市政、水利等其他行业协同工作的综合性工作,因而精心做好施工组织设计是施工前的必需环节。

园林工程施工组织设计是有序进行施工管理的开始和基础,是园林工程建设单位在组织施工前必须完成的一项法定的技术性工作,是以施工项目为对象进行编制,是以指导其建设全过程各项施工活动、经济、组织、协调和控制的综合性文件。

4.1.1 施工组织设计的作用

园林工程施工组织设计是以园林工程(整个工程或若干单项工程)为对象编写的用来指导工程施工的技术性文件。其核心内容是科学合理地安排劳动力、材料、设备、资金和施工方法这五个主要的施工因素。根据园林工程的特点和要求,以先进的、科学的施工方法与组织手段使人力和物力、时间和空间、技术和经济、计划和组织等诸多因素合理优化配置,从而保证施工任务依质量要求按时完成。

园林工程施工组织设计是应用于园林工程施工中的科学管理手段之一,是长期工程建设中实践经验的总结,是组织现场施工的基本文件和法定性文件。因此,编制科学的、切合实际的、可操作的园林工程施工组织设计,对指导现场施工、确保施工进度和工程质量、降低成本等都具有重要意义。

园林工程施工组织设计要符合园林工程的设计要求,体现园林工程的特点,对现场施工具有指导性。在此基础上,要充分考虑施工的具体情况,完成以下四部分内容:

①依据施工条件,拟定合理的施工方案,确定施工顺序、施工方法、劳动组织及技术措施等;

②按施工进度,搞好材料、机具、劳动力等资源配置;

③根据实际情况,布置临时设施、材料堆置及进场实施;

④通过组织设计,协调好各方面的关系,统筹安排各个施工环节,做好必要的准备和及时采取相应的措施,确保工程顺利进行。

4.1.2 施工组织设计的分类

园林工程施工组织设计一般由五部分构成:

①叙述本项园林工程设计的要求和特点,使其成为指导施工组织设计的指导思想,贯穿于全部施工组织设计之中;

②在此基础上,充分结合施工企业和施工场地的条件,拟定工程的施工方案,在方案中要明确施工顺序、施工进度、施工方法、劳动组织及必要的技术措施等内容;

③确定施工方案后,在方案中按施工进度搞好材料、机械、工具及劳动力等资源的配置;

④根据场地实际情况,布置临时设施、材料堆置及进场实施方法和路线等;

⑤组织设计内容包括协调好各方面关系的方法和要求,统筹安排好各个施工环节,提出应做好的必要准备和及时采取的相应措施,以确保工程施工的顺利进行。

实际工作中,根据需要,园林工程施工组织设计一般可分为投标前施工组织设计和中标后施工组织设计两大类。

1. 投标前施工组织设计

投标前施工组织设计是编辑投标书的依据,其目的是中标。主要内容如下:第一,施工方案、施工方法的选择,对关键部位、工序采用的新技术、新工艺、新机械、新材料以及投入的人力、机械设备的决定等;第二,施工进度计划,包括网络计划、开竣工日期及说明;第三,施工平面布置,水、电、路、生产、生活用地及施工的布置以及与建设单位协调用地;第四,保证质量、进度、环保等项计划必须采取的措施;第五,其他有关投标和签约的措施。

2. 中标后施工组织设计

一般又可分为园林施工组织总设计、单位园林工程施工组织设计和分项园林工程作业设计三种。

(1)编制单位园林工程施工组织设计的要求:单位工程施工组织设计编制的具体内容,不得与施工组织总设计中的指导思想和具体内容相抵触;按照施工要求,单位工程施工组织方案的编制深度达到工程施工阶段即可;应附有施工进度计划和现场施工平面图;编制时要做到简练、明确、实用,要具有可操作性。

（2）单位园林工程施工组织设计的内容主要包括以下六个方面：说明工程概况和施工条件；说明实际劳动资源及组织状况；选择最有效的施工方案和方法；确定人、财、物等资源的最佳配置；制定科学可行的施工进度；设计出合理的施工现场平面图等。

（3）分项园林工程作业设计：多由最基层的施工单位编制，一般是对单项工程中某些特别重要的部位或施工难度大、技术要求高、需采取特殊措施的工序，才要求编制出具有较强针对性的技术文件，如园林喷水池的防水工程，瀑布出水口工程，园林中健身路的铺装，护坡工程中的倒渗层，假山工程中的拉底、收顶等。其设计要求具体、科学、实用并具可操作性。

4.1.3 施工组织设计的原则

园林施工组织设计要做到科学、实用，这就要求在编制思路上应吸收多年来工程施工中积累的成功经验，在编制技术上遵循施工规律、理论和方法，在编制方法上应集思广益，逐步完善。为此，施工组织设计应遵循下列基本原则。

1. 依照国家政策、法规和工程承包合同施工

与工程项目相关的国家政策、法规对组织设计的编制有很大的影响，因此，在实际编制中要分析这些政策对工程施工有哪些积极影响，并要遵守哪些法规，诸如《中华人民共和国建筑法》《中华人民共和国合同法》《中华人民共和国环境保护法》《中华人民共和国森林法》《园林绿化管理条例》《环境卫生实施细则》、相关的自然保护法及各种设计规范等。建设工程承包合同是指承包人按期完成并交付发包人所委托的建设工作，而发包人按期进行验收和支付工程价款或报酬的合同。它明确了双方的权利义务，特别是确立了工程期限、质量标准等，在编制时应予以足够重视，以保证工程施工顺利进行，按时交付使用。

2. 符合园林工程特点，体现园林综合艺术

园林工程大多是综合工程，并具有随着时间的推移其艺术特色才慢慢发挥和体现的特点。施工组织设计制定要密切配合设计图纸，符合原设计要求，不得随意更改设计内容。因此，还应对施工中可能出现的其他情况预拟防范措施。只有吃透图纸，熟识造园手法，采取针对性措施，编制出的施工组织设计才符合施工要求。

3. 采用先进的施工技术，合理选择施工方案

园林施工中要提高劳动生产率，缩短工期，保证工程质量，降低施工成本，减少损耗，关键是采用先进的施工技术，合理选择施工方案以及利用科学的组织方法。因此，应视工程的实际情况，现有的技术力量、经济条件，吸纳先进的施工技术。目前园林建设中采用的先进技术多应用于设计和材料等方面。这些新材料、新技术的选择要切合实际，不得生搬硬套，要以获得最优指标为目的，做到施工组织在技术上是先进的，经济上是合理的，操作上是安全可行的，指标上是优化的。

4. 合理安排施工计划，加强成本核算，做到均衡施工

施工计划是在施工方案确定后，根据工程和要求安排的，是施工组织设计中极其重要的组成部分。施工计划安排得好，能加快施工进度，提高工程质量，有利于各项施工环节的把关，消除窝工、停工等现象。

周密而合理的施工计划应注意施工顺序的安排，避免工序的重复；要按施工规律配置工程时间和空间顺序，做到相互促进，紧密衔接；施工方式上可视实际需要适当组织交叉施工和平行施工，以加快速度；编制方法要注意应用横道流水作业和网络计划设计；要考虑施工

的季节性,特别是雨季或冬季的施工条件;计划中还要正确反映临时设施投入;正确合理地进行经济核算,强化成本意识。所有这些都是为了保证施工计划的合理有效,使施工保持连续均衡。

5. 确保施工质量和施工安全,重视工程收尾工作

施工质量直接影响工程质量,必须引起高度重视。施工组织设计应针对工程的实际情况制定出切实可行的保证措施。园林工程是环境艺术工程,设计者呕心沥血的艺术创造完全凭借施工手段来体现。为此,要求施工必须一丝不苟,保证质量,并进行二度创作,使作品更具艺术魅力。"安全为了生产,生产必须安全。"施工中必须切实注意安全,要制定施工安全操作规程及注意事项,搞好安全教育,加强安全意识,采取有效措施作为保证。同时,应根据需要配备消防设备,做好防范工作。

工程的收尾工作是施工管理的重要环节,但有时往往未加注意,收尾工作不能完成,这最终会导致资金积压增加成本,造成浪费。因此,应十分重视后期收尾工程,尽快竣工验收,交付使用。

4.2　施工组织设计的主要内容编制

4.2.1　施工组织设计的编制程序

施工组织设计必须按一定的先后顺序进行编制,才能保证其科学性和合理性。常用施工组织设计的编制程序如下:

(1)熟悉园林施工工程图,领会设计意图,熟悉有关资料,认真分析,研究施工中的问题;

(2)将园林工程合理分配并计算各自工程量,确定工期;

(3)确定施工方案、施工方法,进行技术经济比较,选择最优方案;

(4)编制施工进度计划(横道图或网络图);

(5)编制施工必需的设备、材料、构建及劳动力计划;

(6)布置临时施工、生产设施,做好"三通一平"工作;

(7)编制施工准备计划;

(8)绘出施工平面布置图;

(9)计算技术经济指标,确定劳动定额,加强成本核算;

(10)拟定技术安全措施;

(11)成文报审。

4.2.2　施工组织设计的主要内容

园林施工组织设计的内容一般由工程项目的范围、性质及施工条件、景观艺术、建筑艺术的需要来确定。由于在编制过程中深度上不同,无疑反映在内容上也有所差异。但不论哪种类型的施工组织设计都应包括工程概况、施工方案、施工进度计划和施工现场平面布置等,简称"一图一表一案"。

1. 工程概况

工程概况是对拟建工程的基本描述，目的是通过对工程的简要说明了解工程的基本情况，明确任务量、难易程度、质量要求等，以便合理制定施工方案、施工措施、进度计划和施工现场布置图。工程概况内容如下：

(1)说明工程的性质、规模、服务对象、建设地点、建设工期、承包方式、投资额及投资方式；

(2)施工和设计单位名称、上级要求、图纸状况，施工现场的工程地质、土壤、水文、地貌、气象等因子；

(3)园林建筑设计及结构特征；

(4)特殊施工措施以及施工力量和施工条件；

(5)材料的来源与供应情况、"三通一平"条件、运输能力和运输条件；

(6)机具设备供应、临时设施解决方法、劳动力组织及技术协作水平等。

2. 施工方法和施工措施

施工方法和施工措施是施工方案的有机组成部分，施工方案优选是施工组织设计的重要环节之一。因此，根据各项工程的施工条件，提出合理的施工方法，拟定保证工程和施工安全的技术措施，对选择先进合理的施工方案具有重要作用。

(1)拟定施工方法的原则：在拟定施工方法时，应坚持以下基本原则：①内容要重点突出，简明扼要，做到施工方法在技术上先进，在经济上合理，在生产上实用有效；②要特别注意结合施工单位的现有技术力量、施工习惯、劳动组织特点等；③还必须依据园林工程工作面大的特点，制定出灵活易操作的施工方法，充分发挥机械作业的多样性和先进性；④对关键工程的重要工序或分项工程(如基础工程)，比较先进的复杂技术，特殊结构工程(如园林古建)及专业性强的工程(如自控喷泉安装)等均应制定详细、具体的施工方法。

(2)施工措施的拟定：在确定施工方法时不仅要拟定分项工程的操作过程、方法及施工注意事项，而且还要提出质量要求及应采取的技术措施。这些技术措施主要包括：施工技术规范、操作规程的施工注意事项，质量控制指标及相关检查标准，季节性施工措施、降低施工成本措施、施工安全措施及消防措施等。同时应预料可能出现的问题及应采取的防范措施。例如卵石路面铺地工程，应说明土方工程的复施工方法，路基夯实方式及要求，卵石镶嵌方法(干栽法或湿栽法)及操作要求，卵石表面的清洗方法和要求等。驳岸施工中则要制定出土方开槽、砌筑、排水孔、变形缝等施工方法和技术措施。

(3)施工方案技术经济分析：由于园林工程的复杂性和多样性，每分项工程或某一施工工序可能有几种施工方法，产生多种施工方案。为了选择一个合理的施工方案，提高施工经济效益，降低成本和提高施工质量，在选择施工方案时，进行施工方案的技术经济分析是十分必要的。

施工方案的技术经济分析方法有定性分析和定量分析两种。前者是结合经验进行一般的优缺点比较，例如是否符合工期要求，是否满足成本低、经济效益高的要求，是否切合实际，操作性是否强，是否达到一定的先进技术水平，材料、设备是否满足要求，是否有利于保证工作质量和施工安全等。定量的技术经济分析是通过计算劳动力、材料消耗及工期长短和成本费用等诸多经济指标后再进行比较，从而得出好的施工方案。在比较分析时应坚持实事求是的原则，力求数据确凿，才能具有说服力，不得变相修改后再进行比较。

3. 施工计划

园林工程施工计划涉及的项目多,内容繁杂,要使施工过程有序,保质保量完成任务,必须制定科学合理的施工计划。施工计划中的关键是施工进度计划,它是以施工方案为基础编制的。施工进度计划应以最低的施工成本为前提,合理安排施工顺序和工程进度,并保证在预定工期内完成施工任务。它的主要作用是全面控制施工进度,为编制基层作业计划及各种材料供应计划提供依据。工程施工成本进度计划应依据工期、施工预算、预算定额(如劳动额、单位估价)以及各分项工程的具体施工方案、施工单位现有技术装备等进行编制。

(1)施工进度计划编制的步骤

①工程项目分类及确定工程量;

②计算劳动量和机械台班数;

③确定工期;

④解决工程间的相互搭接问题;

⑤编制施工进度;

⑥按施工进度提出劳动力、材料及机具的需要计划。

根据上述编制步骤,将计算出的各因子填入施工进度计划中,即成为最常见的施工进度计划,这种格式也称横道图(或条形图)。它由两部分组成,第一部分是工程量、人工、机械的计算数量;第二部分用线段表达施工进度,可表明各项工程的搭接关系。见表4-1。

表 4-1　施工进度计划

工程编号	工程量		劳动量	机械		每天工作人数	工作日	施工进度									
	单位	数量		名称	数量			1 月			2 月			3 月			…
								1—10	11—20	21—31	1—10	11—20	21—27	1—10	11—20	21—31	…

(2)施工进度计划的编制

①工程项目分类:将工程按施工顺序列出。一般工程项目划分不宜过多,园林工程中不宜超过 25 个,应包括施工准备阶段和工程验收阶段。分类视实际情况需要而定,宜简则简,但要完整,着重于关键工序。表 4-2 为园林工程常见的分部工程目录。在一般的园林绿化工程预算中,园林工程的分部工程项目常趋于简单,通常分为土方工程、基础工程、砌筑工程、混凝土及钢筋混凝土工程、地面工程、抹灰工程、园林路灯工程、山及塑山工程、园路及园桥工程、园林小品工程、给排水工程及管线工程。

表 4-2　园林工程常见分部工程目录

准备及临时设施工程	给水工程	防水工程	栽植整地工程
平整建筑用地工程	排水工程	脚手架工程	掇山工程
基础工程	安装工程	木工工程	栽植工程
模板工程	地面工程	油饰工程	收尾工程
混凝土工程	抹灰工程	供电工程	
土方工程	瓷砖工程	灯饰工程	

②计算工程量:按施工图和工程计算方法逐项计算求得,并应注意工程量单位的一致。

③计算劳动量和机械台班量:

某项工程劳动量＝工程的工程量/工程的产量定额

或＝该项工程的工程量定额＊时间

④确定工期(即工作日):

所需工期＝工程的劳动量/工程每天的工作时间

工程项目的合理工期应满足三个条件,即最小劳动组合、最小工作面和最适宜的工作人数。最小劳动组合是指某个工序正常安全施工时的合理组合人数,如人工打夯至少应有 6 人才能正常工作。最小工作面是指每个工作人员或班组进行施工时有足够的工作面,并能充分发挥劳动者潜能、确保安全施工时的作业面积,例如土方工程中人工挖土最佳作业面积为每人 4～6 m²。适宜的工作人数即最可能安排的人数,它不是绝对的,根据实际需要而定,例如在一定工作面积范围内,通过增加施工人数来缩短工期是有限度的,但可采用轮班制作业形式达到缩短工期的目的。

⑤编制进度计划:编制施工进度计划应使各施工阶段紧密衔接并考虑缩短工程总工期。因此,应分清主次,抓住关键工序。首先分析消耗劳动力和工时最多的工序,如喷水池的池底、墙壁工程,园路的基础和路面装饰工程等。待确定主导工序后,其他工序适当配合,穿插或平行作业,做到作业的连续性、均衡性、衔接性。

编好进度计划初稿后应认真检查调整,看看是否满足总工期的需要,衔接是否合理,劳动力、机械及材料能否满足要求。如计划需要调整,可通过改变工程工期或各工序开始和结束的时间等方法调整。

⑥落实劳动力、材料、机具的需要量计划:施工计划编制后即可落实劳动力资源的配置,组织劳动力,调配各种材料和机具并确定劳动力、材料、机械进场时间表。时间表是劳动力、材料、机械需要计划的常见表格形式(表 4-3、表 4-4、表 4-5)。

表 4-3　劳动力需要量计划

序号	工程名称	月份												备注
		1	2	3	4	5	6	7	8	9	10	11	12	

表 4-4 各种材料、配件、设备名称需要量计划

序号	材料、配件、设备名称	单位	数量	规格	月份									备注
					1	2	3	4	5	6	…	11	12	

表 4-5 工程机械需要量计划

序号	机械名称	数量	进场时间	退场时间	供应单位	月份								备注
						1	2	3	4	5	…	11	12	

4. 施工现场平面布置图

施工现场平面布置图是用以指导工程现场施工的平面图,主要解决施工现场的合理工作问题。施工现场平面图的设计主要依据工程施工图、工程施工方案和施工进度计划。布置图比例一般采用 1：200～1：500。

(1)施工现场平面布置图的内容

①工程临时范围和相邻的部位;

②建造临时性建筑的位置、范围;

③各种已有的确定的建筑物和地下管道;

④施工道路、进出口位置;

⑤测量基线、监测监控点;

⑥材料、设备和机具堆放场地、机械安置点;

⑦供水供电线路、加压泵房和临时排水设备;

⑧一切安全和消防设施的位置等。

(2)施工现场平面布置图设计原则

①在满足现场施工的前提下应布置紧凑,使平面空间合理有序,尽量减少临时用地。

②在保证顺利施工的条件下,为节约资金,减少施工成本,应尽可能减少临时设施和临时管线。要有效利用土地周边可利用的原有建筑物作临时用房;供水供电等系统管网应最短;临时道路土方量不宜过大,路面铺装应简单,应合理布置进出口;为了便于施工管理和日常生产,新建临时房应视现场情况多做周边式布置,且不得影响正常施工。

③最大限度减少现场运输,尤其避免场内多次运输。场内多次搬运会增加运输成本,影响工程进度,应尽量避免。方法是将道路做环形设计,合理安排工序、机械安装位置及材料堆放地点;选择适宜的运输方式和运距;按施工进度组织生产材料等。

④要符合劳动保护、技术安全和消防的要求。场内的各种设施不得有碍于现场施工,而应确保安全,保证现场道路畅通。各种易燃物品和危险品存放应满足消防安全要求,严格管

理制度,配置足够的消防设备并制作明显识别的标记。某些特殊地段,如易塌方的陡坡要有标注并突出防范意见和措施。

(3)现场施工布置图设计方法:一个合理的现场施工布置图要有利于现场顺利均衡地施工,其布置不仅要遵循上述基本原则,同时还要采取有效的设计方法,按照适当的步骤才能设计出切合实际的施工平面图。具体步骤如下:

①现场勘察,认真分析施工图、施工进度和施工方法。

②布置道路出入口,临时道路做环形设计,并注意承载能力。

③选择大型机械安装点、材料堆放点等。园林工程山石吊装需要起重机械,应根据置石位置做好停靠地点选择。各种材料应就近堆放,以利于运输和使用。混凝土配料,如沙石、水泥等应靠近搅拌站。植物材料可直接按计划送到种植点,需假植时,就地就近假植,以减少搬运次数,提高成活率。

④设置施工管理和生活临时用房。施工业务管理用房应靠近施工现场,并注意考虑全天候管理的需要。生活临时用房可利用原有建筑,如需新建,应与施工现场明显连接,在园林工程中可沿工地周边布置,以减少对景观的影响。

⑤供水供电管网布置。施工现场的给排水是施工的重要保障。给水应满足正常施工、生活和消防需要,合理确定管网。如自来水无法满足工程需要时,则要布置泵房抽水。管网宜沿路埋设,施工场地应修筑排水沟或利用原有地形满足工程需要,雨季施工时还要考虑洪水的排泄问题。

现场供电一般由当地电网接入,应设临时配电箱,采用三相四线供电,满足动力设备所需容量。供电线路必须架设牢固、安全,不影响交通运输和正常施工。

实际工作中,可制定几个现场平面布置方案,进过分析比较,最后选择布置合理、技术可行、方便施工、经济安全的方案。

4.3 施工组织设计的编制方法

4.3.1 条形图计划技术与网络图计划技术

编制一个钢筋混凝土结构的喷水池施工进度计划,可采用如表 4-6 所示的横道图进度计划或如图 4-1 所示的双代号网络图进度计划,两种计划均采用流水施工方式施工。

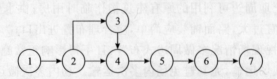

图 4-1　钢筋混凝土水池工程双代号网络图施工进度计划

表 4-6　钢筋混凝土水池工程条形图施工进度计划

序号	工种	单位	数量	所需天数（d）	施工进度（天）																				备注
					4月															5月					
					2	4	6	8	10	12	14	16	18	20	22	24	26	28	30	2	4	6	8	10	
1	地基确定	m²																							
2	材料供应	t	33	4																					
3	开槽	m³	1 000	7																					
4	模板工程	m²	1 000	4																					
5	钢筋工程	t	3	6																					
6	混凝土工程	t	30	2																					
7	养护	个	1	2																					

　　从表 4-6 中可以看出,横道彩条图进度计划是以时间参数为依据的,表中右边的横向线段代表各工作或工序的起止时间与先后顺序,表明彼此之间的搭接关系。用条形图组织施工进度计划编制简单,直观易懂,至今在流水施工中应用甚广。但这种方法也有明显的缺点,即不能全面地反映各工作或工序间的相互联系及彼此间的影响,不能建立数理逻辑关系,因此无法进行系统的时间分析,不能确定重点、关键性工序或主攻对象,不利于充分发挥施工潜力,也不能通过先进的计算机技术进行计算优化。因而,往往导致所编制的进度计划过于保守与实际脱节,也难以准确有效预测、妥善处理和监控计划执行中出现的各种情况。

图 4-1 网络图计划技术是将施工进度看做一个系统模型,系统中可以清楚看出各工序之间的逻辑制约关系,哪些工序是关键、重点工序,或是影响工期的主要因素。同时由于它是有方向、有序的模型,便于计算机进行技术调整优化。因而,它较条形图计划技术更科学、更严密,更利于调动一切积极因素,更有效地把握和控制施工进度,是工程施工进度现代化管理的主要手段。

4.3.2 园林工程建设施工组织设计的条形图法

条形图也称横道图、横线图。它简单实用,易于掌握,在绿地项目施工中得到广泛应用。常见的有作业顺序表和详细进度表两种。编制条形图进度计划要确定工程量、施工顺序、最佳工期以及施工程序或工作的天数、衔接关系等。

1. 作业顺序表

表 4-7 是某绿地铺草工程的作业顺序,右栏表示作业量的比例,左栏则是按施工顺序标明的工种(或工序)。它清楚地反映了各工作的实际情况,对作业量比例一目了然,便于实际操作。但工种间的关键工序不明确,不适合比较复杂的施工管理。

表 4-7　某绿地铺草工程的作业顺序

工种	作业						作业比例%
	0	20	40	60	80	100	
准备工作							100
整地工作							100
草皮准备							70
草坪作业							30
检查验收							0

2. 详细进度表

详细进度表是最普遍、应用最广的条形图进度计划表,经常说的横道图就是指施工详细进度表。

(1)条形图详细进度计划编制

详细进度计划(表 4-8)由两部分组成:一部分以工程(或工序、分项工程)为纵坐标,包括个工程量、各工种工期、定额及劳动量等指标;另一部分以工期为横坐标,通过线框或条线表示工程进度。

表 4-8　详细进度计划

工程	单位	数量	开工日	完工日	4 月					
					5	10	15	20	25	30
准备作业	组	1	4 月 1 日	4 月 5 日						
定　　点	组	1	4 月 5 日	4 月 10 日						
土山工程	m³	5 000	4 月 10 日	4 月 15 日						
种植工程	株	450	4 月 15 日	4 月 24 日						
草坪工程	m²	900	4 月 24 日	4 月 28 日						
收尾工作	队	1	4 月 28 日	4 月 30 日						

根据表 4-8,说明详细进度计划的编制方法:

①确定工作(或工程项目、工种),一般要按施工顺序、作业搭接客观次序排列,可组织平行行业,但最好不安排交叉作业,项目不得疏漏,也不得重复;

②根据工程量和相关定额及必需的劳动力加以综合分析,制定各工序(或工程、项目)的工期,确定工期(可视实际情况酌加机动时间),但要满足工程总工期要求;

③用线框在相应栏目内按时间起止期限绘成图表,需要清晰准确;

④清绘完毕后,要认真检查,看是否满足总工期需要,能否清楚看出时间进度和应完成的任务指标等。

(2)条形图的应用

利用条形图表示施工详细进度计划就是要对施工进度合理控制,并根据计划随时检查施工过程,达到保证顺利施工,降低施工费用,符合总工期的目的。

表4-6是按条形图制定的喷水池施工进度。从表中可知,工程工期40天,其中临时工程4天,土方工程7天,工程验收1天,当第30天水池贴面完工后需消毒保养6天才进行最后验收;前三项工程均比原计划迟开工,但能满足池壁工程施工要求;第5、6项工程则比原计划早开工且进度较快;在第30天检查时,尚待完成的工程量较原计划要少,因此有利于保证工期。

表4-9是某护岸工程的横道图施工进度计划。原计划工期20天,由于各工种相互衔接,施工组织严密,因而各工总均提前完成,节约工期2天。在第10天清点时,原定刚开工的铺石工序实际上已完成了工程量的1/2。

表 4-9　护岸工程的条形图施工进度计划

序号	工种	单位	数量	所需天数	施工进度（天）																				备注
					1	2	3	4	5	6	7	8	9	10	11	12	13	14	15	16	17	18	19	20	
1	地基确定	队	1	1																					
2	材料供应	队	1	2																					
3	开槽	m³	1 000	5																					
4	倒滤层	m³	200	3																					
5	铺石	m²	3 000	6																					
6	勾缝			2																					
7	验收	1	1	2																					

———— 第10天检查时间线　　　　　-------- 第10~18天完工

▪▪▪▪▪ 计划时间　　▨▨▨ 第10天完工　　▬▬▬ 第10~18天完工

综合以上两例可见,条形图控制施工进度简单实用,一目了然,适用于小型园林绿地工程。由于条形图法对工程的分析以及重点工序的确定与管理等诸多方面的局限性,限制了它在更广阔领域中的应用。因此,对复杂庞大的工程项目必须采用更先进的网络计划技术。

4.3.3 园林工程建设施工组织设计的网络图法

网络图法又称统筹法,它是以网络图为基础来指导施工的全新计划管理方法。20世纪50年代中期首先出现于美国,60年代初传入我国并在工业生产管理中应用。其基本原理为:将某个工程划分成多个工作(工序或项目),按照各工作之间的逻辑关系找出关键线路编成网络图,用以调整、控制计划,求得计划的最佳方案,以此对工程施工进行全面监测和指导。用最少的人力、材料、机具、设备和时间消耗,取得最大经济效益。

网络图是网络计划技术的基础,是依据各工作面的逻辑关系编制的,是施工过程时间及资源耗用或占用的合理模拟,比较严密。目前,应用于工程施工管理的网络图有单代号网络图和双代号网络图两种。这里着重介绍双代号网络图。

1. 网络图识读

网络图主要由工序、事件和线路三部分组成,其中每道工序均用一根箭头线和两个节点表示,箭头线两端编号用以表明该箭头所表示的工序,故称"双代号"。如图 4-2(a)所示。

（a）双代号网络图工序表示　　　　（b）虚工序表示（$i<j$）

图 4-2　网络表示法

（1）工序

工序是指某项目按实际需要划分的既费时间又耗资源的分项目,用一条箭头线和两个节点表示。凡消耗时间或消耗资源的工序称为实际工序,既不耗损时间也不耗资源的工序称为虚工序,它仅表示相邻工序间的逻辑关系,用一根虚箭头线表示,如图 4-2(b)所示。箭头线的前端称头,后端称尾,头的方向说明工序结束,尾的方向说明工序开始。箭头线的上方填写工序名称,下方填写完成该工序所需的时间。

如果将某工序称为本工序,那么紧靠其前的工序就称为紧前工序,而紧靠后面的工序则称为紧后工序,与之平行的称为平行工序。如图 4-3 所示,A 为紧前工序,B 为本工序,C 为平行工序,D 为紧后工序。

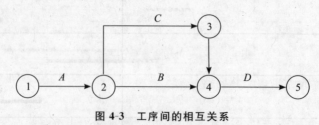

图 4-3　工序间的相互关系

（2）事件

事件即结合点,工序间交接点用圆圈表示。网络图中,第一个结合点(节点)称为起始节点,表明某工序的开始;最后一个节点称为结束节点,表明该工序的完成。由本工序至起始节点间的所有工序称为先行工序,本工序至结束节点间所有工序称为后续工序。

(3)线路

关键线路是指网络图中从起始节点开始沿箭头线方向直至结束节点的全路线,其他称非关键线路。关键线路上的工序均称为关键工序,关键工序应做重点管理。

2. 网络图逻辑关系表示

工程施工中,各工序间存在着相互依赖和制约关系,即逻辑关系。清楚分析工序间的逻辑关系是绘制网络图的首要条件。因此,弄清本工序、紧前工序、紧后工序、平行工序等逻辑关系,才能清晰地绘制出正确的网路图。

如图 4-4 所示,工程划分为 7 个工序,由 A 开始,A 完工后 B、C 动工;完成后开始 D、E;F 要开始必须待 C、D 完工后;G 要动工则等 E、F 结束后。就 F 而言,A、B、C、D 均为紧前工序,E 为其平行工序,G 为其紧后工序。

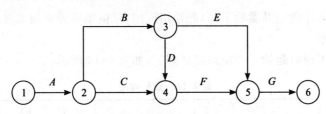

图 4-4 工序间的逻辑关系

3. 编制网路图的基本原则

(1)同一对结合点之间,不能有两条以上的箭头线。网络图中进入节点的箭头线允许有多条,但同一对结合点进来的箭头线则只能有一条。图 4-5(a)中 2→3 有 3 根箭头线,应表示 3 道工序,但无法弄清其中 B、C、D 属哪道工序,因而造成混乱。为此,需增加虚工序,分清逻辑工序关系,故图 4-5(b)是正确的。

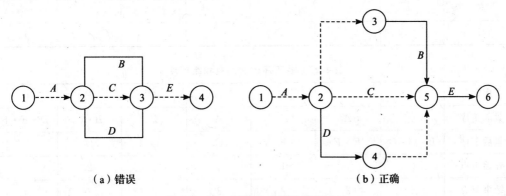

(a)错误 (b)正确

图 4-5 同一对结合点箭头线表示法

(2)网络图中不允许出现循环回路。

4. 网络图的编制方法

编制网络图首先应弄清楚三个基本内容:拟定计划的工程由哪些后续工序组成;各工序之间的搭接关系如何;完成每个工序需要多少时间。然后按照以下步骤编制:

①分析工程,按每个工序的紧前工序,通过矩形阵图推出其紧后工序。

②根据紧前工序和紧后工序,推算出各工序的开始节点和结束节点。方法如下:无紧前

工序的工序,其开始节点号为 0;有紧前工序的工序,其开始节点号为紧前工序的起始节点号取最大值加 1;无紧后工序的工序,其结束节点号为各工序结束点的最大值加 1;有紧后工序的工序,其结束节点号为紧后工序开始节点号的最小值。

③根据节点号绘出网络图。

④用初绘的网络图与相关图表进行对照检查。

例如,某工程各工序之间的关系如表 4-10 所示,要求绘制网络图。

表 4-10 某工程各工序间的关系

工序名称	A	B	C	D	E	F	G
紧前工序	—	A	A	A	B	B・C	D・E・F
工序时间	3	4	9	4	3	4	5

第一,由紧前工序确定其紧后工序,先绘矩阵图,以横坐标为紧前工序,纵坐标为紧后工序。如表 4-11 所示。

第二,计算各工序的起始点和结束点并列表,如表 4-12 所示。

表 4-11 绘矩阵图

	A	B	C	D	E	F	G
A							
B	*						
C	*						
D	*						
E							
F							
G					*	*	*

表 4-12 各工序的起始点和结束点

工序名称	A	B	C	D	E	F	G
紧前工序	—	A	A	A	B	B・C	D・E・F
紧后工序	B・C・D	E・F	F	G	G	G	
开始节点	0	1	1	1	2	2	3
结束节点	1	2	2	3	3	3	4

5. 网络图时间参数计算

工程工期用日、月、年等时间单位表示,它是控制施工工期的直接因素。要使网络计划满足工程工期的要求或想方设法缩短工期。为便于查找,现将各种计算因子及其计算方法列于表 4-13,实际应用中可参照逐一计算,并将计算结果采用不同的符号标注于网络图中。

表 4-13 网络图时间参数计算

计算类型	日程名称	代号	含义	计算方法	说明
时间计算	最早开始时间	EST	某工程能最早结束时间	①起始节点 EST 为 0 ②紧前工序 EFT 的最大值工序的 EST 加上所需天数	
	最早结束时间	EFT	某工程能最早开始时间	工序的 EFT 加上所需天数	
	最迟开始时间	LST	某工序必须开始时间	①逆算法 ②LST＝LET－所需天数	
	最迟结束时间	LFT	某工序必须结束时间	紧后工序 LST 的最小值	
机动时间计算	全面机动时间	TF	整个网络空余时间	TF＝LFT－EFT	工序总时差
	自由机动时间	FF	不影响后续工序最长路径的最早时点	FF＝紧后工序 EST－该工序 EFT	工序单时差
节点计算	最早节点时间	ET	由起始节点至某工序最长路径的最早时点	①起始点 ET＝0 ②箭头方向各工序所需天数相加,取 ET 最大值	
	最迟节点时间	LT	任意节点至结束点最长路径的最迟时点		
	节点机动时间	SL	各节点的空余时间	SL＝LT－ET	工序单时差
关键路线计算	关键路线	CP	在路径中所需时间最多的路线	①结束点至起始点 TF＝0 的路线 ②天数最多的路线	

6. 网络图的应用

园林工程施工管理中,网络计划技术是现代化管理技术。它能集中反映施工的计划安排和资源合理配置、工程总工期及必须重点管理的工序等。因此,在实际施工管理中,应用网络图可以达到缩短工期、降低费用、合理利用资源等目的。

(1)工序时差的应用

网络图中工序时差的分析和利用是网络计划技术的核心内容,应给以充分重视并根据实际需要加以合理利用。工序时差是指各工序可以机动利用的空余时间,它反映各工序可挖掘的潜力,一般分为工序总时差和工序单时差两种。总时差是网络图中全部工序可机动利用的总的空余时间;单时差是指不影响紧后工序的最早开工时间条件下,此工序可以延迟开工时间的最大幅度。工序时差的应用着重在以下几个方面:①当工序面和资源允许时,适当增加劳动力,加强关键工序,以求缩短关键线路的持续时间,缩短施工周期;②如果总时差满足,可视实际需要划分更细的工序,争取利用平行工序,增加搭接时间,亦可缩短施工周期;③若劳动资源保持一定水平,在工序时差允许的情况下周密组织各工序的开工和竣工时间,使有效的力量集中于关键工序中。

（2）工期优化

工期优化指计算工期大于指定工期时，如何缩短计划工期以达到指定工期。具体方法如下：

①认真分析施工图，确定不同的工种，再根据工种划分工序，合理排出工序顺序，即弄清彼此间的逻辑关系；

②各工序的工作量要适当，对关键工序或内容复杂的工序必须简化，减少不必要的工作量；

③可适当利用非关键工序的时差，加强重点工序管理，对工程质量和安全影响不大的工序应尽量缩短其需要的时间；

④多利用平行作业和交叉作业；

⑤应用先进技术、新材料，提高效率；

⑥搞好劳动保护，制定奖励措施，充分挖掘劳动潜力；

⑦根据需要合理加班加点或加强夜间施工；

⑧请求纵向的领导组织支持和加强横向的协作关系；

⑨严格的劳动纪律和质量监控。

（3）时间—成本优化

时间—成本优化是指在满足指定工期的条件下，检查各工序所需的时间与所需成本的关系，从而求得计划项目总成本最低、工期最佳的方法，也称为 CPM 法。要加快施工进度，缩短工期，一般需要增加劳动力、设备或采用更先进的技术措施，这无疑会提高施工成本。因而，实际中不论施工成本多少，都难以再缩短工期的时间称为赶工时间；在正常施工条件下按指定工期完成施工的时间称为标准时间。前者的相应成本称为赶工成本，后者的成本称为标准成本。

某项工程的费用常由直接成本和间接成本两大类组成。直接成本是直接用于工程的费用，例如人工、材料消耗、能源消耗、设备折旧及技术改造费用等；间接成本是指与工程有关的施工组织和技术性经营管理等的全部费用，如现场管理费、办公费、物资储存保管和损失费、未完结工程的维护费和贷款利息等。时间—成本优化的目的就是要使直接成本和间接成本累加后总费用最小，并以此成本确定工期，即为工程施工最佳工期。

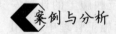 案例与分析

案例一　某小区园林绿化施工组织设计

工程概况

某绿化工程全部工程面积约 150 亩，包括中心人工湖、涌泉、跌水、中心花园、广场、桥廊、停车场等。工程包括园林建筑工程、园林绿化苗木种植工程、照明系统工程、给排水工程等，其中心人工湖总面积约为 2 900 m²，绿化种植乔木约 300 多株，片植灌木 30 余 m²，铺设草坪 9 000 多 m²，管道安装约 1 000 m。部分施工场地已可进行施工。总工期 75 天。

目录

一、编制概要

编制依据、编制说明。

二、工程概况

三、施工部署

组建项目经理部,确立工程各项管理目标、施工进度计划、劳动力计划、施工机械设备计划、主要材料需求量及进场计划、施工准备工作。

四、施工方案及方法

测量定位、土方开挖、回填土方、排水工程、淋灌给水工程、绿化种植工程、人工湖工程关键施工方法及步骤。

五、质量保证措施

保证质量的管理措施、保证质量的技术措施。

六、工期保证措施

管理措施、技术措施。

七、安全保障措施

八、资金保证措施

九、文明施工措施

具体保证措施、防噪声措施、治安及消防措施、防尘措施。

十、施工用水用电计划

施工用水、施工用电。

十一、节约材料,降低成本措施

十二、工程管理、养护及回访

分析:

该小区园林绿化工程施工组织设计内容全面、翔实,是一篇典型的住宅区的绿化工程施工组织设计,针对性较强。各部分的内容编制合乎规范,非常值得借鉴。

案例二　某家园园林绿化工程施工组织设计

工程概况:

某家园园林绿化工程是由××房地产开发有限公司组织建设的,该绿化工程绿化规划设计由××园林设计院负责。要求工期为36天(日历天)。本工程具体位于某家园内,总绿化面积为13 800 m²。

目录

一、施工组织设计编制依据及说明

主要编制依据资料,本工程建筑、安装施工质量验收规范。

二、工程概况

项目概况、地质地貌、气象。

三、施工部署

施工构想、施工准备、施工过程布置、工程施工目标、与业主以及设计单位的协调。

四、施工总平面布置

施工平面布置原则、施工平面布置说明、施工总平面布置管理、施工总平面图。

五、施工进度计划

施工总进度及单项工程进度、施工进度计划保证措施。

六、质量及安全等措施

质量保证措施，安全、文明保证措施。

七、主要施工工程工艺

苗木种植、乔灌木种植、大树移植及地被、花卉、园林小品、铺装工程。

八、施工工艺框图

九、绿化养护技术方案

分析：

该家园园林绿化工程施工组织内容较详尽，工程以园林绿化为施工重点，对植物种植的施工工艺及流程的阐述颇为细致。其中大量表格以及网络图、流程图的采用使各相关部分的内容简洁明了，值得借鉴。

案例三　某小区景观绿化工程施工组织设计

工程概况：

本小区景观工程主要内容包括园林绿化工程、园林景观工程、园林喷灌工程以及电器安装工程。

目录

一、施工部署

二、材料保证措施

三、施工进度计划及工期保证措施

四、施工准备及管理

五、主要项目施工方法

园林建筑工程施工方法、绿化植物种植施工方法、养护方法、绿化给排水系统施工方法、电器安装工程施工方法。

六、施工质量管理

施工质量管理、养护管理措施。

七、确保工程质量技术组织措施

质量目标、组织机构、工程质量控制。

八、确保安全生产技术组织措施

安全生产组织措施、安全生产管理制度、安全生产技术措施。

九、确保文明施工技术组织措施

文明施工组织管理机构、现场文明施工措施、环境保护措施。

分析：

该小区景观绿化工程施工组织设计所涉及的工程种类比较全面，尤其是介绍了绿化给排水系统继电器安装工程的施工方法，在种植工程中亦着重介绍了草皮种植的施工工艺及流程，适合作为相关工程施工组织编制时的参考。

案例四　某高级住宅区绿化工程施工组织设计

工程概况：

本工程为××市××乡××居住区一期一区三段园林绿化工程。园林绿化面积为 34 084 m²，道路及停车场铺装面积为 8 670 m²，工程是由××房地产开发有限责任公司投资建设的小区园林绿化工程。工程含以下内容：园林、绿化、铺装、种植、小品、铁艺、给排水管线、园林甬路及照明、弱电管线、管井工程及工程竣工后两年内为保证种植物正常生长而发生的浇灌、培植、剪草、修剪树木、给植物定时喷药、替换死去及不健康植物等工作。

目录

一、编制说明

编制依据、编制原则。

二、工程概况

工程简介、工程特点、施工条件、管理目标、主要工程量。

三、施工部署

施工部署原则、施工准备、施工平面部署、施工流水段划分、施工工序、施工进度及工期控制、施工组织。

四、主要工程施工方法及技术措施

施工测量、土方平整方案、园林喷灌工程、围墙工程、门卫室工程、小院木地板铺装、车行道及人行道路铺装、环境照明工程、绿化工程。

五、质量目标及保证措施

质量目标、质量保证体系、项目部人员质量管理体系、质量保证体系的建立和运行。

六、施工进度安排及质量保证措施

七、工程验收后服务措施

八、文明安全施工措施

九、环境保护管理措施

十、成本节约措施

十一、成品保护措施

分析：

该高级住宅区绿化工程施工组织设计所涉及的工程类别较多，内容全面，如能适当采用相关的网络流程图则更佳。该工程是园林绿化与相关设施建设相结合的综合性工程，涵盖面较广，值得借鉴。

复习思考题：

1. 施工组织设计的作用是什么？
2. 施工组织设计的类型有哪些？
3. 施工组织设计要遵循哪些原则？

4. 施工组织设计的编制有哪些程序？

5. 施工组织设计有哪些主要内容？

6. 如何正确编制园林工程建设施工组织设计的条形图？

7. 如何正确绘制园林工程建设施工组织设计的网络图？

第 五 章

园林工程施工进度管理

1. 掌握进度管理的工作内容。
2. 掌握依次、平行、流水施工方式的特点。
3. 掌握网络进度计划的编制、计算、优化、调整的方法。
4. 掌握实际进度与计划进度的比较方法。

1. 能进行流水施工工期的计算和横道图的绘制。
2. 能进行双代号和单代号网络图的绘制和时间参数的计算。
3. 能进行双代号时标网络计划的绘制和计算。
4. 能进行网络计划的工期优化。
5. 能利用前锋线比较法预测进度偏差对工期的影响。

　　工程建设项目的进度管理是指对工程项目各建设阶段的工作内容、工作程序、持续时间和逻辑关系编制计划,将该计划付诸实施,在实施过程中经常检查实际进度是否按计划要求进行,对出现的偏差分析原因,采取补救措施或调整、修改原计划,直至工程竣工,交付使用。进度管理的最终目标是确保进度目标的实现。

　　在工程进度管理的过程中,承包商、监理工程师和业主的主要任务分别是:承包商编制进度计划;在计划执行过程中,通过实际进度与计划进度的对比,定期检查和调整进度计划。监理工程师审批承包商编制的进度计划;在施工过程中,对计划的执行情况进行监督与控制,并督促承包商按期完成任务。业主的任务是按照合同要求及时提供施工场地和图纸,并尽可能改善施工环境,为工程顺利进行创造条件。

　　进度管理的工作流程可分为两个阶段:进度计划和进度管理。

　　进度计划:承包商在中标函签发日之后,在专用条款规定的时间以监理工程师规定的适当格式和详细程度,向监理工程师递交一份工程进度计划,监理工程师应结合工程的具体特点、承包商的自身情况、工程所在地的环境气候条件等检查进度计划的合理性和可行性。在确定进度计划之后,为确保进度计划能够得到顺利实施,承包商应编制年、季、月度实施分项工程施工计划,及劳动力、机械设备和材料的进场计划、租赁计划和采购计划。

进度管理:监理工程师通过承包商的自检报告、工地会议、现场巡视、驻地监理工程师的记录和报告等途径来充分掌握工程进展的实际情况。通过实际进度与计划进度的对比,分析两者产生差别的原因和对后续工作、项目工期的影响程度。基于分析结果,监理工程师提出建设性意见,并通知承包商采取相应措施且修订进度计划。修订后的进度计划必须仍以原定工期为限制目标。如果在修订计划之前已经获得延期的批准,则可以在批准之后的工期的基础上修订进度计划。

5.1 组织流水施工

5.1.1 施工组织方式

1.施工队组织方式

施工队组织方式一般有依次、平行、流水三种。为说明三种施工方式及其特点,现设某住宅区拟建三幢结构相同的建筑物,其编号分别为Ⅰ、Ⅱ、Ⅲ,各建筑物的基础工艺均分解为挖土方、浇混凝土基础和回填土三个施工过程,分别由相应的专业队按施工工艺要求依次完成,每个专业队在每幢建筑物的施工时间均为五周,各专业队的人数分别为 10 人、16 人和 8 人(表 5-1)。

表 5-1　施工方式比较图

编号	施工过程	人数	施工周期	进度计划(周)									进度计划(周)			进度计划(周)				
				5	10	15	20	25	30	35	40	45	5	10	15	5	10	15	20	25
Ⅰ	挖土方	10	5	▬									▬			▬				
	浇基础	16	5		▬									▬			▬			
	回填土	8	5			▬									▬			▬		
Ⅱ	挖土方	10	5				▬						▬				▬			
	浇基础	16	5					▬						▬				▬		
	回填土	8	5						▬						▬				▬	
Ⅲ	挖土方	10	5							▬			▬					▬		
	浇基础	16	5								▬			▬					▬	
	回填土	8	5									▬			▬					▬
施工组织设计				依次施工									平行施工			流水施工				
工期(周)				$T=3\times(3\times5)=45$									$T=3\times5=15$			$T=(3-1)\times5+3\times5=25$				

三种施工组织方式特点如下:

(1)依次施工。依次施工方式是将拟建工程项目中的每一个施工对象分解为若干个施工过程,按施工工艺要求依次完成每一个施工过程;当一个施工对象完成后,再按同样的顺序完成下一个施工对象。以此类推,直至完成所有施工对象。这种方式的施工进度安排、总工期及劳动力需求曲线如表 5-1 依次施工栏所示。依次施工方式具有以下特点:

①没有充分地利用工作面进行施工,工期长。

②如果按专业成立工作队,则各专业队不能连续作业,有时间间歇,劳动力及施工机具等资源无法均衡使用。

③如果由一个工作队完成全部施工任务,则不能实现专业化施工,不利于提高劳动力生产率和工程质量。

④单位时间内投入劳动力、施工机具、材料等资源量较少,有利于资源供应的组织。

⑤施工现场的组织、管理比较简单。

(2)平行施工。平行施工方式是组织几个劳动组织相同的工作队,在同一时间、不同的空间,按施工工艺要求完成各施工对象。这种方式的施工进度安排、总工期及劳动力需求曲线如表 5-1 平行施工栏所示。平行施工方式具有以下特点:

①充分利用工作面进行施工,工期短。

②如果每一个施工对象均按专业成立工作队,则各专业队不能连续作业,劳动力及施工机具等资源无法均衡使用。

③如果由一个工作队完成一个施工对象的全部施工任务,则不能实现专业化施工,不利于提高劳动生产率和工程质量。

④单位时间内投入的劳动力、施工机具、材料等资源量成倍地增加,不利于资源供应的组织。施工现场的组织、管理比较复杂。

(3)流水施工。流水施工方式是将拟建工程项目中的每一个施工对象分解为若干个施工过程,并按照施工过程成立相应的专业工作队,各专业队按照施工顺序依次完成各个施工对象的各个过程,同时保证施工在时间和空间上连续、均衡和有节奏地进行,使相邻两专业队能最大限度地搭接作业(表 5-2)。流水施工方式具有以下特点:

①尽可能地利用工作面进行施工,工期比较短。

②各工作队实现了专业化施工,有利于提高即时水平和劳动生产率,也有利于提高工程质量。

表 5-2 流水施工横道图表示法

施工过程	施工进度(d)						
	2	4	6	8	10	12	14
挖基槽	①	②	③	④			
作垫层		①	②	③	④		
砌基础			①	②	③	④	
回填土				①	②	③	④

←———————— 流水施工总工期 ————————→

③专业工作队能够连续施工,同时使相邻专业队的开工时间能够最大限度地搭接。

④单位时间内投入的劳动力、施工机具、材料等资源量较为均衡,有利于资源供应的组织,为施工现场的文明施工和科学管理创造有利条件。

5.1.2 流水施工的表达方式

流水施工的表达方式主要用横道图表示。某基础工程流水施工的横道图表示法如表5-2所示。图中的横坐标表示流水施工的继续时间,纵坐标表示施工过程的名称或编号。n条带有编号的水平线段表示 n 个施工过程或专业工作队的施工进度安排,其编号①、②……表示不同的施工段。

横道图表示法的优点是:绘图简单,施工过程及其先后顺序表达清楚,时间和空间状况形象直观,使用方便,因而被广泛用来表达施工进度计划。

5.1.3 流水施工参数

1. 工艺参数

工艺参数主要是指在组织流水施工时,用以表达流水施工在施工工艺方面进展状态的参数,通常包括施工过程和流水强度两个参数。

(1)施工过程。组织建设工程流水施工时,根据施工组织及计划安排需要而将计划任务划分成的子项称为施工过程。施工过程划分的粗细程度由实际需要而定。当编制控制性施工进度计划时,组织流水施工的施工过程可以划分得粗一些,施工过程可以是单位工程,也可以是分部工程;当编织实施性施工进度计划时,施工过程可以划分得细一些,施工过程可以是分项工程,甚至是将分项工程按照专业工种不同分解而成的施工工序。施工过程的数目一般用 n 表示,它是流水施工的主要参数之一。根据其性质和特点不同,施工过程一般分为三类,即建造类施工过程、运输类施工过程和制备类施工过程。

(2)流水强度。流水强度是指流水施工的某施工过程(专业工作队)在单位时间内完成的工程量,也称为流水能力或生产能力。例如,土方开挖过程的流水强度是指每工作班开挖的土方数。流水强度可用下式计算,即

$$V_j = R_j \times S_j$$

式中,V_j——某施工过程(j)流水强度;

R_j——某施工过程的工人数或机械台数;

S_j——某施工过程的计划产量定额。

2. 空间参数

空间参数是指在组织流水施工时,用以表达流水施工在空间布置上开展状态的参数。通常包括工作面和施工段。

(1)工作面。工作面是指供某专业工种的工人或某种施工机械进行施工的活动空间。工作面的大小,表明能安排施工人数或机械台数的多少。每个作业的工人或每台施工机械所需工作面的大小,取决于单位时间内其完成的工程量和安全施工的要求。工作面确定的合理与否直接影响专业工作队的生产效率。因此,必须合理确定工作面。

(2)施工段。将施工对象在平面或空间上划分成若干个劳动量大致相等的施工段落,称为施工段或流水段。施工段的数目一般用 m 表示,它是流水施工的主要参数之一。划分施工段的目的就是为了组织流水施工。由于建设工程体形庞大,可以将其划分成若干个施工段,从而

为组织流水施工提供足够的空间。在组织流水施工时,专业工作队完成一个施工段上的任务后,遵循施工组织顺序又到另一个施工上作业,产生连续施工的效果。在一般情况下,一个施工段在同一时间内只安排一个专业工作组施工,各专业工作队遵循施工工艺顺序依次投入作业,同一时间内在不同的施工段上平行施工,使流水施工均衡地进行。组织流水施工时,可以划分足够数量的施工段,充分利用工作面,避免窝工,尽可能缩短工期。划分工段的原则如下:

①主要专业工种在各个施工段所消耗的劳动量要大致相等,其相差幅度不宜超过 10%~15%。

②在保证专业工作队劳动组合优化的前提下,施工段大小要满足专业工种对工作面的要求。

③施工段数目要满足合理流水施工组织要求,$m \geqslant n$。

④施工段数分界线应该尽可能与结构自然界相吻合,如温度缝、沉降缝或单元界线等处。

⑤多层施工项目既要在平面上划分施工段,又要在竖向上划分施工层,以组织有节奏、均衡、连续的流水施工。

(3)施工层。在组织流水施工时,为满足专业工种对操作高度要求,通常将施工项目在竖向上划分为若干个作业层,这些作业层均称为施工层。如砌砖墙施工层高为 1.2 m,装饰工程施工层多以楼层为准。

3. 时间参数

(1)流水节拍。流水节拍是指在组织流水施工时,某个专业工作队在一个施工段上的施工时间。第 j 个专业工作队在 i 个施工段的流水节拍一般用 t_{ji} 来表示($j=1,2,\cdots,n; i=1,2,\cdots,m$)。流水节拍是流水施工的主要参数之一,表明流水施工的速度和节奏性。流水节拍小,流水速度快,节奏感强;反之则相反。流水节拍决定着单位时间的资源供应量,同时,流水节拍也是区别流水施工组织方式的特征参数。

影响流水节拍数值大小的因素主要有:项目施工时所采取的施工方案,各施工段投入的劳动力人数或施工机械台数,工作班次以及该施工段工程量的多少。为避免工作队转移时浪费工时,流水节拍在数值上最好是半个班的整倍数。其数值的确定可按以下几种方法进行:

①定额计算法。本算法是根据各施工段的工程量、能够投入的资源量(工人数、机械台数和材料量等)按下式进行计算,即

$$T_{ji} = Q_{ji}/S_j \times R_j \times N_j = P_{ji}/R_j \times N_j$$

式中,T_{ji}——专业工作队(j)在某施工段(i)上的流水节拍;

$\qquad Q_{ji}$——专业工作队(j)在某施工段(i)上的工程量;

$\qquad S_j$——专业工作队(j)的计划产量定额;

$\qquad R_j$——专业工作队(j)的工人数或机械台数;

$\qquad N_j$——专业工作队(j)的工作班次;

$\qquad P_{ji}$——专业工作队(j)在某施工段(i)上的劳动量。

②工期计算方法。对某些施工任务在规定日期内必须完成的工程项目,往往采用倒排进度法。其具体步骤如下:

根据工期倒排进度,确定某施工过程的工作持续时间。

确定某施工过程在某施工段上的流水节拍。若同一施工过程的流水节拍不等,则用估算法;若流水节拍相等,则按下式进行计算,即

$$t = T/m$$

式中,t——流水节拍;

T——某施工过程的工作持续时间；

m——某施工过程划分的施工段数。

（2）流水步距。流水步距是指组织流水施工时，相邻两个施工过程（或专业工作队）相继开始施工的最新间隔时间。流水步距一般用 $K_{j,j+1}$ 来表示，其中 $j(j=1,2,\cdots,n-1)$ 为专业工作队或施工过程的编号，它是流水施工的主要参数之一。

流水步距的数目取决于参加流水的施工过程数。如果施工过程数为 n 个，则流水步距的总数为 $n-1$。流水步距的大小取决于相邻两个施工过程（或专业工作队）在各个施工段上的流水节拍及流水施工的组织方式。确定流水步距时，一般应满足以下基本要求：

①各施工过程按各自流水速度施工，始终保持工艺先后顺序；

②各施工过程的专业工作队投入施工后尽可能保持连续作业；

③相邻两个施工过程（或专业工作队）在满足连续施工的条件下，能最大限度地实现合理搭接。

（3）流水施工工期。是指从第一个专业工作队投入流水施工开始，到最后一个专业工作队完成流水施工为止的整个持续时间。流水施工工期用 T 表示。

5.1.4　流水施工的基本组织方式

在流水施工中，流水节拍的规律不同决定了流水步距、流水施工工期的计算方法等也不同，甚至影响到各个施工过程的专业工作队数目。因此，有必要按照流水节拍的特征将流水施工进行分类，其分类情况见图 5-1：

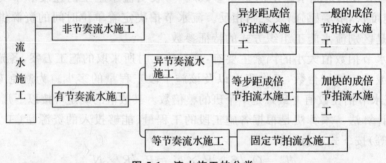

图 5-1　流水施工的分类

1. 固定节拍流水施工

（1）特点

①所有施工过程在各个施工段上的流水节拍均相等；②相邻施工过程的流水步距相等，且等于流水节拍；③专业工作队数等于施工过程数，即每一个施工过程成立一个专业工作队，由该队完成相应施工过程所有段上的任务；④各个专业工作队在各施工段上能够连续作业，施工段之间没有空闲时间。

（2）工期

①有间歇时间的固定节拍流水施工。所谓间隙时间，是指相邻两个施工过程之间由于工艺或组织安排需要而增加的额外等待时间，包括工艺间歇时间（$G_{j,j+1}$）和组织间歇时间（$Z_{j,j+1}$）。对于有间歇时间的固定节拍流水施工，其流水施工工期可按下式计算：

$$T=(n-1)t+G+Z+mt$$
$$=(m+n-1)t+G+Z$$

例如,表 5-3 为某部分工程流水施工计划。

表 5-3　有间歇时间的固定节拍流水施工进度计划

施工过程编号	1	2	3	4	5	6	7	8	9	10	11	12	13	14	15
I		②		③		④									
II	KI,II	①		②		③		④							
III			KII III	CII III	①		②		③		④				
IV					KIII IV		①		②		③		④		

$(n-1)t+\sum G$

$T=15\ \text{d}$

②有提前插入时间的固定节拍流水施工。所谓提前插入时间,是指相邻两个专业工作队在同一施工段上共同作业的时间。在工作面允许和资源有保证的前提下,专业工作队提前插入施工,可以缩短流水施工工期。对于有提前插入时间的固定节拍流水施工,其流水施工工期可按下式计算:

$$T = (n-1)t + \sum G + \sum Z - \sum C + mt = (m+n-1)t + \sum G + \sum Z - \sum C$$

例如,表 5-4 为某分部工程流水施工计划。

表 5-4　有提前插入时间的固定节拍流水施工进度计划

施工过程编号	1	2	3	4	5	6	7	8	9	10	11	12	13	14	15
I		①			②			③							
II	KI,II		①			②			③						
III		KII III		①			②				③				
IV			KIII IV		①			②				③			

$(n-1)t+\sum G$

$T=14\ \text{d}$

2. 成倍节拍流水施工

通常情况下,组织固定节拍的流水施工是比较困难的。因为在任一施工段上,不同的施工过程,其复杂程度不同,影响流水节拍的因素也不相同,很难使得各个施工过程的流水节拍都彼此相等。但是,如果施工段划分得合适,保持同一施工过程各施工段的流水节拍相等是不难实现的。使某些施工过程的流水节拍成为其他施工过程流水节拍的倍数,即形成成倍节拍流水施工。成倍节拍流水工程包括一般的成倍节拍流水施工和加快的成倍节拍流水施工。

(1)加快成倍节拍流水施工的特点

①同一施工过程在其各施工段上的流水节拍均相等,不同施工过程的流水节拍不相等,但其值为倍数关系;

②相邻专业工作队的流水步距相等,且等于流水节拍的最大公约数(K);

③专业工作队数大于施工过程数,即有的施工过程只成立一个专业工作队,而对于流水节拍大的施工过程,可按其倍数增加相应专业工作队数目;

④各专业工作队在施工段上能够连续作业,施工段之间没有空闲的时间。

(2)加快的成倍节拍流水施工工期的计算

可按下式计算:

$$T = (n'-1)K + \sum G + \sum Z - \sum C + mK$$
$$= (m+n'-1)K + \sum G + \sum Z - \sum C$$

式中,n'—专业工作队数目;其余符号同前所述。

3. 非节奏流水施工

在组织流水施工时,经常由于工程结构形式、施工条件不同等原因,使得各施工过程在各施工段上的工程量有较大差异,或因专业工作队的生产效率相差较大,导致各施工过程的流水节拍随施工段的不同而不同,且不同施工过程之间的流水节拍有很大差异。这时,流水节拍虽无任何规律,但仍可利用流水施工原理组织流水施工,使各专业工作队在满足连续施工的条件下,实现最大搭接。这种非节奏流水施工方式是建设工程流水施工的普遍方式。

(1)非节奏流水施工的特点

①各施工过程在各施工段的流水节拍不全相等;

②相邻施工过程的流水步距不尽相等;

③专业工作队数等于施工过程数;

④各专业工作队能够在施工段上连续作业,但有的施工队之间可能有空闲的时间。

(2)流水步距的确定

在非节奏流水施工中,采用累加数列错位相减取大差法计算流水步距。基本步骤如下:

①对每个施工过程在各施工段上的流水节拍一次累加,得各施工过程流水节拍的累加数列;

②将相邻施工过程流水节拍累加数列中的后者错位一位,相减后求得一个差数列;

③在数列中取最大值,即为这两个相邻施工过程的流水步距。

5.2　编制进度网络计划

5.2.1　网络图

1. 网络图的概念

网络图由箭线和节点组成,用来表示工作流程的有向、有序的网状图形。一个网络图表示一项计划任务。网络图中的工作是计划任务按需要程度划分而成的、消耗时间或同时也消耗资源的一个子项目或子任务。工作可以是单位工程也可以是分部分工程、分项工程或一个施工过程。在一般情况下,完成一项工作既需要消耗时间,也需要消耗劳动力、原材料、施工机具等资源。但也有一些工作只消耗时间而不消耗资源,如混凝土浇筑后的养护过程和墙面抹灰的干燥过程等。

网络图有双代号网络图和单代号网络图两种。双代号网络图又称箭线式网络图,它以箭线及其两端节点的编号表示工作;同时,节点表示工作的开始或结束以及工作之间的连接状态。单代号网络图又称节点式网络图,它以节点及其编号表示工作,箭线表示工作之间的逻辑关系(图 5-2、图 5-3)。

图 5-2　双代号网络图中工作的表示方法　　图 5-3　单代号网络图中的表示方法

2. 网络图中工作之间的关系

(1)紧前工作。在网络图中,相对于某工作而言,紧排在该工作之前的工作称为该工作的紧前工作。

(2)紧后工作。在网络图中,相对于某工作而言,紧排在该工作之后的工作称为该工作的紧后工作。

(3)平行工作。在网络图中,相对于某工作而言,可以与该工作同时进行的工作即为该工作的平行工作。

(4)先行工作。相对于某工作而言,从网络图的第 1 个节点(起点节点)开始,顺箭头方向经过一系列箭线与节点到达该工作为止的各条通道上的所有工作,都称为该工作的先行工作。

(5)后续工作。相对于某工作而言,从该工作之后开始,顺箭头方向经过一系列箭线与节点到网络图最后一个节点(终点节点)的各条通道上的所有工作,都为该工作的后续工作。

3. 网络图中的线路、关键路线和关键工作

(1)路线。网络图中从起点节点开始,沿箭头方向顺序通过一系列箭线与节点,最后到达终点节点的通道称为线路。线路既可依次用该线路上的节点编号表示,也可依次用该路线上的工作名称表示。

(2)关键路线。关键路线法(CPM)中,路线上所有工作的持续时间总和称为该线路的总持续时间。总持续时间最长的路线称为关键线路,关键线路的长度就是网络计划的总工期。

(3)关键工作。关键路线上的工作称为关键工作。在网络计划的实施过程中,关键工作的实际进度提前或拖后均会对总工期产生影响。因此,关键工作的实际进度是建设工程进度控制工作中的重点。

5.2.2 网络计划时间参数

所谓网络计划,是指在网络图上加注时间参数的进度计划。网络计划时间参数的计算应在各项工作的持续时间确定之后进行。所谓时间参数,是指网络计划、工作及节点所具有的各种时间值。

1. 工作持续时间

工作持续时间是指一项工作从开始到完成的时间。在双代号网络计划中,工作 i-j 的持续时间用 $D_{i\text{-}j}$ 表示;在单代号网络计划中,工作 i 的持续时间用 D_i 表示。

2. 工期

工期泛指完成一项任务所需要的时间。在网络计划中有三种工期:

(1)计算工期。根据网络计划时间参数计算得到的工期,用 T_c 表示。

(2)要求工期。任务委托人提出的指令性工期,用 T_r 表示。

(3)计划工期。根据要求工期和计算工期所确定的作为实施目标的工期,用 T_p 表示。

当规定了要求工期时,计划工期不应超过要求工期,即 $T_r \geqslant T_p$;

当未规定要求工期时,可令计划工期等于计算工期,即 $T_p = T_c$。

3. 最早开始时间和最早完成时间

工作的最早开始时间是指在其所有紧前工作全部完成后,本工作有可能开始的最早时刻。工作的最早完成时间等于本工作的最早开始时间与其持续时间之和。

在双代号网络计划中,工作 i-j 的最早开始时间和最早完成时间分别用 $ES_{i\text{-}j}$ 和 $EF_{i\text{-}j}$ 表示;在单代号网络计划中,工作 i 的最早开始时间和最早完成时间分别用 ES_i 和 EF_i 表示。

4. 最迟完成时间和最迟开始时间

工作的最迟完成时间是指在不影响整个任务按期完成的前提下,本工作必须完成的最迟时刻。工作的最迟开始时间是指在不影响整个任务按期完成的前提下,本工作必须开始的最迟时刻。工作的最迟开始时间等于本工作的最迟完成时间与其持续时间之差。在双代号网络计划中,工作 i-j 的最迟完成时间和最迟开始时间分别用 $LF_{i\text{-}j}$ 和 $LS_{i\text{-}j}$ 表示。在单代号网络计划中,工作 i 的最迟完成时间和最迟开始时间分别用 LF_i 和 LS_i 表示。

5. 总时差和自由时差

工作的总时差是指在不影响总工期的前提下,本工作可以利用的机动时间。但是在网络计划的执行过程中,如果利用某些工作的总时差,则有可能使该工作后续工作的总时差减小。在双代号网络计划中,工作 i-j 的总时差用 $TF_{i\text{-}j}$ 表示;在单代号网络计划中,工作 i 的总时差用 TF_i 表示。

工作的自由时差是指在不影响其紧后工作最早开始时间的前提下,本工作可以利用的机动时间。在网络计划的执行过程中,工作的自由时差是该工作可以自由使用的时间。在双代号网络中,工作 i-j 的自由时差用 FF_{i-j} 表示;在单代号网络计划中,工作 i 的自由时差用 FF_i 表示。从总时差和自由时差的定义可知,对于同一项工作而言,工作的总时差为零时,其自由时差必然为零。

6. 相邻两项工作之间的时间间隔

相邻两项工作之间的时间间隔是指本工作的最早完成时间与其紧后工作最早开始时间之间可能存在的差值。工作 i 与工作 j 之间的时间间隔用 LAG_{i-j} 表示。

5.3　施工进度的监测

5.3.1　前锋线比较法

1. 前锋线比较法概念

前锋线比较法是通过绘制某检查时刻工程项目实际进度前锋线,进行工程实际进度与计划进度比较的方法,主要适用于时标网络计划。所谓前锋线,是指在原时标网络计划上,从检查时刻的时标点出发,用点画线依次将各项工作实际进展位置连接而成的折线。

2. 前锋线比较法的步骤

前锋线比较法就是通过实际进度前锋线与原进度计划中各工作箭线交点的位置来判断工作实际进度与计划进度的偏差,进而判定该偏差对后续工作及总工期影响程度的一种方法。采用前锋线比较法进行实际进度与计划进度的比较,其步骤如下:

(1)绘制时标网络计划图

工程项目实际进度前锋线在时标网络计划图上标示,为清楚起见,图的上方和下方各设一时间坐标。

(2)绘制实际进度前锋线

从时标网络计划图上方时间坐标的检查日期开始绘制,依次连接相邻工作的实际进展位置点,最后与时标网络计划图下方的检查日期相连接。

(3)进行实际进度与计划进度的比较

前锋线可以直观地反映出检查日期有关实际进度与计划进度之间的关系。对某工作来说,其实际进度与计划进度之间的关系可能存在以下三种情况:

①工作实际进展位置点落在检查日期的左侧,表明该工作实际进度落后,落后的时间为二者之差;

②工作实际进展位置与检查日期重合,表明该工作实际进度与计划进度一致;

③工作实际进展位置点落在检查日期的右侧,表明该工作实际进度超前,超前的时间为二者之差。

5.3.2　建设工程进度监测

对进度计划的执行情况进行跟踪检查是进度分析和调整的依据,也是进度的关键步骤。

跟踪检查的主要工作是定期收集反映工程实际进度的有关数据,收集的数据应当全面、真实、可靠,不完整或不正确的进度数据将导致判断不准确或决策失误。

1. 进度计划执行中的跟踪检查

(1)定期收集进度报表资料。进度报表是反映工程实际进度的主要方式之一。进度计划执行单位应按照监理制度规定的时间和报表内容,定期填写进度报表。

(2)现场实地检查工程进展情况。派监理人员常驻现场,随地检查进度计划的实际执行情况,这样可以加强进度监测工作,掌握工程实际进度的第一手资料,使获取的数据更加及时、准确。

(3)定期召开现场会议。定期召开现场会议,监理工程师通过与进度计划执行单位有关人员面对面交谈,既可以了解工程进度情况,同时也可以协调有关方面的进度关系。

2. 实际进度数据的加工处理

为了进行实际进度与计划进度的比较,必须对收集到的实际进度数据进行加工处理,形成与计划进度具有可比性的数据。

3. 实际进度与计划进度的对比分析

将实际进度数据与计划进度数据进行比较,可以确定建设工程实际执行状况与计划目标之间的差距。为了直观反映实际进度偏差,通常采用表格或图形进行实际进度与计划进度的对比分析,从而得出实际进度与计划进度是超前、滞后还是一致的结论。

4. 分析进度偏差对后续工作及总工期的影响

在工程项目实施过程中,当通过实际进度与计划进度的比较,发现有进度偏差时,需要分析该偏差对后续工作及总工期的影响,从而采取相应的调整措施对原进度计划进行调整,以确保工期目标的顺利实现。进度偏差的大小及其所处的位置不同对后续工作及总工期的影响程度是不同的,分析时需要利用网络计划中工作总时差和自由时差的概念进行判断。分析步骤如下:

(1)分析出现进度偏差的工作是否为关键工作。如果出现进度偏差的工作位于关键线路上,即该工作为关键工作,则无论其偏差有多大,都将对后续工作和总工期产生影响,必须采取相应的调整措施;如果出现偏差的工作是非关键工作,则需要根据进度偏差值与总时差和自由时差的关系作进一步分析。

(2)分析进度偏差是否超过总时差。如果工作的进度偏差大于该工作的总时差,此进度偏差必将影响其后续工作的总时差,则此进度偏差不影响总工期。至于对后续工作的影响程度,还需要根据偏差值与其自由时差的关系作进一步分析。

(3)分析进度偏差是否超过自由时差。如果工作的进度偏差大于该工作的自由时差,则此进度偏差将对其后续工作产生影响,此时应根据后续工作的限制条件确定调整方法;如果工作的进度偏差为超过该工作的自由时差,则此进度偏差不影响后续工作,原进度计划可以不做调整。

5.4 施工进度的调整

5.4.1 进度调整系统过程

在实施进度检测过程中,一旦发现实际进度偏离计划进度,即出现进度偏差时,必须认真分析产生偏差的原因及其对后续工作和总工期的影响,必要时采取合理、有效的进度计划调整措施,确保进度总项目的实现(图 5-4)。

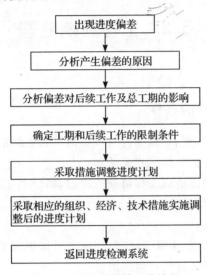

图 5-4　进度调整的系统过程

(1)分析原因。发现进度偏差时,为了采取有效措施调整进度计划,必须深入现场进行调查,分析产生进度偏差的原因。

(2)分析对后续工作和总工期的影响。当查明进度偏差产生的原因之后,要分析进度偏差对后续工作和总工期的影响程度,以确定是否应采取措施调整进度计划。

(3)确定后续工作和总工期的限制条件。当出现的进度偏差影响到后续工作或总工期而需要采取进度调整措施时,应当首先确定可调整进度范围,主要指关键节点、后续工作的限制条件以及总工程允许变化的范围。这些限制条件往往与合作条件有关,需要认真分析后确定。

(4)采取措施调整进度计划。采取进度调整措施,应以后续工作和总工期的限制条件为依据,确保要求的进度目标得以实现。

(5)实施调整后的进度计划。进度计划调整后,应采取相应的组织、经济、技术措施执行它,并继续监测其执行情况。

5.4.2 进度调整方法

当实际进度偏差影响到后续工作、总工期而需要调整进度计划时,调整方法主要有两种:

（1）改变某些工作时间的逻辑关系。当工程项目实施中产生的进度偏差影响到总工期，且有关工作的逻辑关系允许改变时，可以改变关键线路上的有关工作之间的逻辑关系，达到缩短工期的目的。例如，将顺序进行的工作改变为平行作业、搭接作业以及分段组织流水作业等，都可以有效地缩短工期。

（2）缩短某些工作的持续时间。这种方法是不改变工程项目中各项工作之间的逻辑关系，而通过采取增加资源投入、提高劳动效率等措施来缩短某些工作的持续时间，使工程进度加快，以保证按计划工期完成该工程项目。这些被压缩持续时间的工作是位于关键线路和超过计划工期的非关键线路上的工作。同时，这些工作又是其持续时间可被压缩的工作。这种调整方法通常可以在网络图上直接进行。

5.5 工程延期处理

5.5.1 申报工程延期的条件

由于以下原因导致工程拖期，承包单位有权提出延长工期的申请。

（1）监理工程师变更指令而导致工程量增加；

（2）合同所涉及的任何可能造成工程延期的原因，如延期交图、工程暂停、对合格工程的剥离检查及不利的外界条件等；

（3）异常恶劣的气候条件；

（4）由业主造成的任何延误、干扰或障碍，如未及时提供施工场地、未及时付款等；

（5）除承包单位自身以外的其他任何原因。

5.5.2 工程延期的审批程序

当工程延期事件发生后，承包单位应在合同规定的有效期内以书面形式通知监理工程师（即工程延期意向通知），以便于监理工程师尽早了解所发生的事件，及时作出一些减少延期损失的决定。随后，承包单位应在合同规定的有效期内（或监理工程师可能同意的合理期内）向监理工程师提交详细的申诉报告。监理工程师收到该报告后应及时进行调查核实，准确地确定出工程延期时间。

当延期事件具有持续性，承包单位在合同规定的有效期内不能提交最终详细的申述报告时，应先向监理工程师提交阶段性的详情报告。监理工程师应在调查核实阶段性报告的基础上，尽快作出延长工期的临时决定。临时决定的延期时间不宜太长，一般不超过最终批准的延长时间。待延期事件结束后，承包单位应在合同规定的期限内向监理工程师提交最终的详情报告。监理工程师应复查详情报告的全部内容，然后确定该延期事件的延期时间。

如果遇到比较复杂的延期事件，监理工程师可以成立专门小组进行处理。对于一时难以作出结论的延期事件，即使不属于持续性的事件，也可以采用先作出临时延期的决定，然后作出最后决定的办法。这样既可以保证有充足的时间处理延期事件，又可以避免由于处理不及时而造成损失。监理工程师在作出临时工程延期批准或最终工程延期批准之前，均应与业主和承包单位进行协商。

5.5.3 监理工程师在审批工程延期时一般应遵循的原则

1. 合同条件

监理工程师批准的工程延期必须符合合同条件。也就是说,导致工期拖延的原因确实属于承包单位以外的,否则不能批准为工程延期。这是监理工程师审批工程延期的一条根本原则。

2. 影响工期

发生延期事件的工程部位,无论其是否处在施工进度计划的关键路线上,只有当所延长的时间超过其相应的总时差而影响到工期时,才能批准工程延期。如果延期事件发生在非关键线路上,且延长的时间并未超过总时差时,即使符合批准为工程延期的合同条件,也不能批准工程延期。应当说明,建设工程施工进度计划中的关键线路并非固定不变,它会随着工程进展和情况的变化而转移。监理工程师应以承包单位提交的、经自己审核后的施工进度计划(不断调整后)为依据来决定是否批准工程延期。

3. 实际情况

批准的工程延期必须符合实际情况。为此,承包单位应对延期事件发生的所有有关细节进行详细记录,并及时向监理工程师提交详细报告。与此同时,监理工程师也应对施工现场进行详细考察和分析,并做好有关记录,以便为合理确定工程延期时间提供可靠依据。

◀ 案例与分析

某园林工程网络计划中工作 G 的自由时差是 3 天,总时差是 5 天,进度控制人员在检查时发现该工作的实际进度拖延,且影响工程总工期 1 天。由于其他工作都正常,项目经理在听取进度汇报时说:"不错,只有工作 G 的实际进度比计划进度拖延了 1 天。"

分析:

这观点是错误的。只有当工作进度偏差大于其总时差时,才会影响工程总工期。由工作 G 影响工程总工期 1 天,说明该进度偏差已超过时差 1 天,故 G 工作实际进度偏差应该是 5+1=6 天。

复习思考题:

1. 什么叫进度控制? 工程建设过程中,承包商、监理工程师、业主的任务分别是什么?
2. 依次、平行、流水施工各有什么特点?
3. 按流水节拍的不同特征,流水施工分为哪几项?
4. 网络图中的工作是如何确定的?
5. 网络计划的时间参数计算内容有哪些?
6. 如何判断进度偏差对后续工作和总工期的影响?
7. 进程调整方法有哪些?
8. 申报工程延期的条件是什么?

第六章

园林工程施工质量管理

6.1 园林工程施工质量管理概述

质量管理的目的是为了最经济地制作出能充分满足设计图及施工说明书的优良产品。在工程的所有阶段都要应用统计方法进行管理。搞好质量管理必须满足以下两个条件:产品要在一定允许范围内满足设计要求;工程要安定。

6.1.1 园林工程施工质量管理的特点

由于园林项目施工涉及面广,是一个极其复杂的综合过程,再加上项目位置固定、生产流动、结构类型不一、质量要求不一、施工方法不一、体型大、整体性强、建设周期长、受自然条件影响大等特点,因此,园林施工项目的质量比一般工业产品的质量更难以控制,主要表现在以下方面:

(1)影响质量的因素多。如设计、材料、机械、地形、地质、水文、气象、施工工艺、操作方法、技术措施、管理制度等,均直接影响园林施工项目的质量。

（2）容易产生质量变异。因园林工程施工不像工业产品生产有固定的自动性和流水线，有规范化的生产工艺和完善的检测技术，有成套的生产设备和稳定的生产环境，有相同系列规格和相同功能的产品；同时，由于影响园林施工项目质量的偶然性因素和系统性因素都较多，因此，很容易产生质量变异。如材料性能微小的差异、机械设备正常的磨损、微小操作的变化、环境微小的波动等，均会引起偶然性因素的质量变异；当使用材料的规格、品种有误，施工方法不妥，操作不按规程，机械故障，仪表失灵，设计计算错误等，则会引起系统性因素多质量变异，造成工程质量事故。为此，园林施工中要严防出现系统性因素多质量变异，要把质量变异控制在偶然性因素范围内。

（3）容易产生第一、二判断错误。园林施工项目由于工序交接多，中间产品多，隐蔽工程多，若不及时检查实质，事后再看表面，就容易产生第二判断错误。也就是说，容易将不合格的产品认为是合格的产品；反之，若检查不认真，检测仪表不准，读数有误，就会产生第一判断错误，也就是说容易将合格产品认为是不合格的产品。在进行质量检查验收时，应特别注意。

（4）质量检查不能解体、拆卸。园林工程项目建成后，不可能像某些工业产品那样，再拆卸或解体检查内在的质量，或重新更换零件；即使发现质量有问题，也不可能像工业产品那样实现"包换"或"退款"。

（5）质量要受投资、进度的制约。园林施工的质量受投资、进度的制约较大，如一般情况下，投资大，进度慢，质量就好；反之，质量则差。因此，在园林工程施工中，还必须正确处理质量、投资、进度三者之间的关系，使其达到对立的统一。

6.1.2　园林工程施工质量管理的原则

对园林工程施工而言，质量控制，就是为了确保合同、规范所规定的质量标准所采取的一系列检测、监控措施、手段和方法。在进行施工质量控制过程中，应遵循以下几点原则：

（1）坚持"质量第一，用户至上"。商品经营的原则是"质量第一，用户至上"。建筑产品作为一种特殊的商品，使用年限较长，是"百年大计"，直接关系到人民生命财产的安全。所以，园林工程在施工中应始终把"质量第一，用户至上"作为质量控制的基本原则。

（2）以人为核心。人是质量的创造者，质量控制必须"以人为核心"，把人作为控制的动力，调动人的积极性、创造性；增强人的责任感，树立"质量第一"观念；提高人的素质，避免人的失误；以人的工作质量保工序质量，促工程质量。

（3）以预防为主。以预防为主就是要从对质量的事后检查把关，转向对质量的事前控制、事中控制；从对产品质量的检查，转向对工作质量的检查、对工序质量的检查、对中间产品的质量检查。这是确保施工质量的有效措施。

（4）坚持质量标准，严格检查，一切用数据说话。质量标准是评价产品质量的尺度，数据是质量控制的基础和依据。产品质量是否合格，必须通过严格检查，用数据说话。

（5）贯彻科学、公正、守法的职业规范。施工企业的项目经理在处理质量问题过程中，应尊重客观事实，尊重科学，正直、公正，不持偏见；遵纪、守法，杜绝不正之风；既要坚持原则，严格要求，秉公办事，又要谦虚谨慎，实事求是，以理服人，热情帮助。

6.1.3 园林工程施工质量管理的过程

园林工程由分项工程、分部工程和单位工程组成,而园林工程的建设则通过一道道工序来完成。所以,园林工程施工的质量管理是从工序质量到分项工程质量、分部工程质量、单位工程质量的系统控制过程(图 6-1);也是一个由对投入原材料的质量控制开始,直到完成工程质量检验为止的全过程的系统过程(图 6-2)。

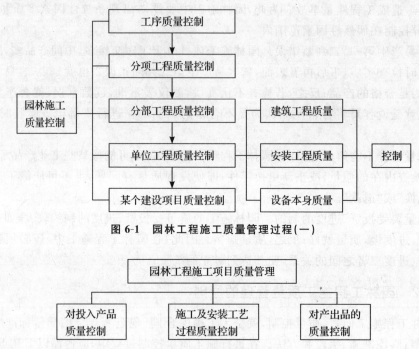

图 6-1　园林工程施工质量管理过程(一)

图 6-2　园林工程施工质量管理过程(二)

6.2　园林工程施工质量责任体系与控制程序

6.2.1　园林工程施工质量责任体系

在园林工程施工建设中,参与工程建设的各方应根据国家颁布的《建设工程质量管理条例》以及合同、协议及有关文件的规定承担相应的质量责任。

1. 建设单位的质量责任

(1)建设单位要根据工程的特点和技术要求,按有关规定选择相应资质等级的勘察、设计单位和施工单位。建设单位对其自行选择的设计、施工单位发生的质量问题承担相应责任。

(2)建设单位应根据工程的特点,配备相应的质量管理人员。对国家规定强制实行监理的工程项目,必须委托有相应资质等级的工程监理单位进行监理。建设单位应与监理单位签订监理合同,明确双方的责任和义务。

(3)建设单位在工程开工前,负责办理有关施工图设计文件审查、工程施工许可证和工程质量监督手续,组织设计和施工单位认真进行设计交底和图纸会审;工程项目竣工后,应及时组织设计、施工、工程监理等有关单位进行施工验收,未经验收备案或验收备案不合格的,不得交付使用。

(4)建设单位按合同的约定负责采购供应的建筑材料、建筑构配件和设备,应符合设计文件和合同要求,对发生的质量问题应承担相应的责任。

2.勘察、设计单位的质量责任

(1)勘察、设计单位必须在其资质等级许可范围内承揽相应的施工任务。("一不许,两不得")

(2)勘察、设计单位必须按照国家现行的有关规定、工程建设强制性技术标准和合同要求进行勘察、设计工作,并对所编制的勘察、设计文件的质量负责。

3.施工单位的质量责任

(1)施工单位必须在其资质等级许可范围内承揽相应的勘察设计任务。("一不许,两不得")

(2)施工单位对所承包的工程项目的施工质量负责。实行总承包的工程,总承包单位应对全部建设工程质量负责。建设工程勘察、设计、施工、设备采购的一项或多项实行总承包的,总承包单位应对其承包的建设工程或采购的设备的质量负责;实行总分包的工程,分包应按照分包合同约定对其分包工程的质量向总承包单位负责,总承包单位与分包单位对分包工程的质量承担连带责任。

(3)施工单位必须按照工程设计图纸和施工技术规范标准组织施工。("两不得":不得擅自修改工程设计,不得偷工减料;"两不使用":不使用不合标准的产品,不使用未经检、试验和检、试验不合格的产品。)

4.工程监理单位的质量责任

(1)工程监理单位应按其资质等级许可范围承担工程监理业务。("两不许":不许超越许可范围,不许其他单位/个人以本单位名义承担监理业务;"一不得":不得转让监理业务。)

(2)工程监理单位应依照法律、法规以及有关技术标准、设计文件和建设工程承包合同,与建设单位签订监理合同,代表建设单位对工程质量实施监理,并对工程质量承担监理责任。监理责任主要有违法责任和违约责任两个方面。如果工程监理单位故意弄虚作假,降低工程质量标准,造成质量事故的,要承担法律责任。若工程监理单位与承包单位串通,谋取非法利益,给建设单位造成损失的,应当与承包单位承担连带赔偿责任。如果监理单位在责任期内,不按照监理合同约定履行监理职责,给建设单位或其他单位造成损失的,属违约责任,应当向建设单位赔偿。

6.2.2　园林工程施工质量管理程序

在进行园林工程施工的全过程中,管理者要对园林工程施工生产进行全过程、全方位的监督、检查与管理。与工程竣工验收不同,它不是对最终产品的检查、验收,而是对施工中各环节或中间产品进行监督、检查与验收。这种全过程、全方位的中间质量管理控制程序如图6-3所示。

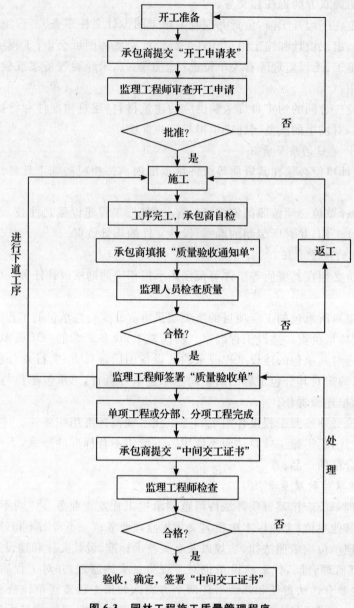

图 6-3　园林工程施工质量管理程序

6.3　园林工程施工质量管理的数理统计方法

工程质量的判断方法很多,目前应用于园林工程施工中的质检方法主要有直方图、因果图、排列图、散布图和控制图五种。

6.3.1 直方图

这是一种通过柱状分布区间判断质量优劣的方法,主要用于材料、基础工程等试验性质量的检测。它以质量特性为横坐标,以试验数据组成的度幅为纵坐标,构成直方图,可与标准分布直方图比较,以确定质量是否正常。图 6-4 是标准分布直方图,它是质量管理的重要曲线。

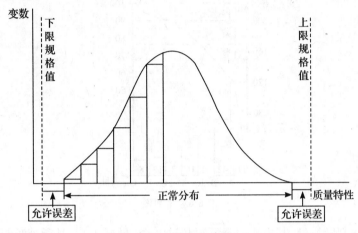

图 6-4 标准直方图

绘制出实际直方图后,与标准直方图比较,凡质量优良者,检测就在上下限规格值之间,分布平均值大致在两规格的中间,且直方图均衡对称。如果与标准管理曲线相差过大,说明存在质量问题,必须及时采取措施清除异常,使曲线恢复正常。

6.3.2 因果图

因果图是通过质量特性和影响原因的相互关系判断质量好坏的方法,也称鱼刺图,可应用于各种工程项目质量检测。绘制因果图的关键是明确施工对象及施工中出现的主要问题,根据问题罗列出可能影响的原因,并通过评分或投票形式确定主要因子。图 6-5 是某喷水池施工中检验发现漏水的因果图。

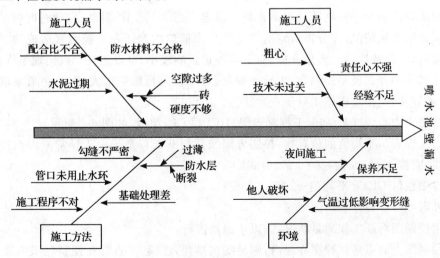

图 6-5 喷水池壁漏水因果图

6.3.3　排列图

排列图是一种常用的分析确定影响质量主要因素的判断图,尤其适于材料检验评定。排列图以判断的质量项目为横坐标,其频数和百分比分别为左右纵坐标,如图6-6所示。

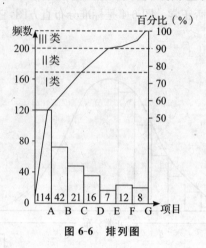

图6-6　排列图

采用排列图判断质量,其主要因素不得超过3个,最好1个,且所列项目不宜过多。实际操作时,按累计百分比作出评定:0%～75%为Ⅰ类(主要因素),75%～90%为Ⅱ类(次要因素),90%～100%为Ⅲ类(一般因素)。此时,应对主要因素采取措施,以保证质量。

6.3.4　散布图

散布图是分析两种质量特性间关系的点状图示方法。这种方法要抽取足够多的样本,按出现次数作雾状分析图,以此和标准散布图对照来确定质量状况。

6.3.5　控制图

利用直方图、因果图、排列图及散布图判断质量简单实用,清晰明了,但难以掌握不同时间的质量状况和工程出现的质量异常情况。

控制图则是用于分析判断工程是否处于稳定状态的工程管理图。它通过时间的变动过程确定质量的变化情况,并分析认定这些变化是由偶然因素还是系统因素造成的。仅存在偶然因素时,质量特性多是典型分析,对工程质量影响较小,可以忽视。当出现系统因素后,质量特性和典型分布极不协调,产生较大偏离,对工程质量影响很大,因而必须采取针对性措施,消除异常,确保工程施工处于正常状态。

控制图由中心线(CL)和上下控制界限(UCL、LCL)组成,如图6-7所示。

中心线即表示平均值的位置线;控制界限线是判断工程是否由于异常原因而产生误差的标准线,它按3δ(标准偏差的3倍)方式确定:

上界限线(UCL)=平均值+3δ

下界限线(LCL)=平均值-3δ

采用控制图判断工程质量状况,按以下原则进行:

凡控制图上的点落在控制界限内,则呈随机排列,连续25点都在控制界限内或连续35

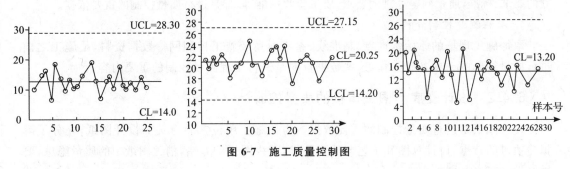

图 6-7　施工质量控制图

点只有一个点超出界限,或连续 100 点中至多两点超界的均视为正常。

当 7 点中连续 7 点排列于 CL 一侧,或 11 点中有 10 点,14 点中有 12 点连续位于 CL 一侧,必须检查原因,采取措施。

控制图中凡点连续上升或下降或呈周期性阶段变动,说明出现异常,要查明原因。

控制图中凡 10 点中有 4 点连续靠近 CL,或连续 30 点中没有一点接近 CL,也说明工程状态不稳。

6.4　园林工程施工准备的质量管理

施工准备阶段的质量控制是指项目正式施工活动开始前,对各项准备工作及影响质量的各因素和有关方面进行的质量控制。施工准备是为保证施工生产正常进行而必须事先做好的工作。施工准备工作不仅在工程开工前要做好,而且贯穿于整个施工过程。施工准备的基本任务就是为施工项目建立一切必要的施工条件,确保施工生产顺利进行,确保工程质量符合要求。

6.4.1　技术资料、文件准备的质量控制

1. 施工项目所在地的自然条件及技术经济条件调查资料

对施工项目所在地的自然条件和技术经济条件的调查,是为选择施工技术与组织方案,收集基础资料,并以此作为施工准备工作的依据。具体收集的资料包括地形与环境条件、地质条件、地震级别、工程水文地质情况、气象条件,以及当地水、电、能源供应条件,交通运输条件、材料供应条件等。

2. 施工组织设计

施工组织设计是指导施工准备和组织施工的全面性技术经济文件。对施工组织设计,要进行两方面的控制:一是选定施工方案,制定施工进度时,必须考虑施工顺序、施工流向,主要分部分项工程的施工方法,特殊项目的施工方法及技术措施能否保证工程质量;二是制定施工方案时,必须进行技术经济比较,使工程项目满足符合性、有效性和可靠性要求,取得施工工期短、成本低、安全生产、效益好的经济质量。

3. 国家及政府有关部门颁布的有关质量管理方面的法律、法规文件及质量验收标准

质量管理方面的法律、法规规定了工程建设参与各方的质量责任和义务,质量管理体系建

立的要求、标准,质量问题处理的要求、质量验收标准等,都是进行质量控制的重要依据。

4. 工程测量控制资料

取得施工现场的原始基准点、基准线、参考标高及施工控制网等数据资料,是施工之前进行质量控制的一项基础工作,这些数据资料是进行工程测量控制的重要内容。

6.4.2 设计交底和图纸审核的质量控制

设计图纸是进行质量控制的重要依据。为使施工单位熟悉有关的设计图纸,充分了解拟建项目的特点、设计意图和工艺与质量要求,减少图纸的差错,消灭图纸中的质量隐患,要做好设计交底和图纸审核工作。

1. 设计交底

工程施工前,由设计单位向施工单位有关人员进行设计交底,其主要内容包括:

(1)地形、地貌、水文气象、工程地质及水文地质等自然条件;

(2)施工图设计依据:初步设计文件,规划、环境等要求,设计规范;

(3)设计意图:设计思想、设计方案比较、基础处理方案、结构设计意图、设备安装和调试要求、施工进度安排等;

(4)施工注意事项:对基础处理的要求,对建筑材料的要求,采用新结构、新工艺的要求,施工组织和技术保证措施等。

交底后,由施工单位提出图纸中的问题和疑点,以及要解决的技术难题。经协商研究,拟定解决办法。

2. 图纸审核

图纸审核是设计单位和施工单位进行质量控制的重要手段,也是使施工单位通过审查熟悉设计图纸,了解设计意图和关键部位的工程质量要求,发现和减少设计差错,保证工程质量的重要方法。图纸审核的主要内容包括:

(1)对设计者的资质进行认定;

(2)设计是否满足抗震、防火、环境卫生等要求;

(3)图纸与说明是否齐全;

(4)图纸中有无遗漏、差错或相互矛盾之处,图纸表示方法是否清楚并符合标准要求;

(5)地质及水文地质等资料是否充分、可靠;

(6)所需材料来源有无保证,能否替代;

(7)施工工艺、方法是否合理,是否切合实际,是否便于施工,能否保证质量要求;

(8)施工图及说明书中涉及的各种标准、图册、规范、规程等,施工单位是否具备。

6.4.3 采购质量控制

采购质量控制主要包括对采购产品及其供方的控制,制定采购要求和验证采购产品。建设项目中的工程分包也应符合规定的采购要求。

1. 物资采购

采购物资应符合设计文件、标准、规范、相关法规及承包合同要求,如果项目部另有附加的质量要求,也应予以满足。

对于重要物资、大批量物资、新型材料以及对工程最终质量有重要影响的物资,可由企业主管部门对可供选用的供方进行逐个评价,并确定合格供方名单。

2. 分包服务

对各种分包服务选用的控制应根据其规模、对它控制的复杂程度区别对待。一般通过分包合同,对分包服务进行动态控制。评价及选择分包方应考虑的原则如下:

(1)有合法的资质,外地单位经本地主管部门核准;

(2)与本组织或其他组织合作的业绩、信誉;

(3)分包方质量管理体系对按要求如期提供稳定质量的产品的保证能力;

(4)对采购物资的样品、说明书或检验、试验结果进行评定。

3. 采购要求

采购要求是对采购产品控制的重要内容。采购要求的形式可以是合同、订单、技术协议、询价单及采购计划等。采购要求包括:

(1)有关产品的质量要求或外包服务要求;

(2)有关产品提供的程序性要求,如供方提交产品的程序、供方生产或服务提供的过程要求、供方设备方面的要求;

(3)对供方人员资格的要求;

(4)对供方质量管理体系的要求。

4. 采购产品验证

对采购产品的验证有多种方式,如在供方现场检验、进货检验、查验供方提供的合格证据等。应根据不同产品或服务的验证要求规定验证的主管部门及验证方式,并严格执行。

当组织或其顾客拟在供方现场实施验证时,应在采购要求中事先作出规定。

6.4.4　员工质量教育与培训

通过教育培训和其他措施提高员工的能力,增强质量意识,使员工满足所从事的质量工作对能力的要求。

项目领导班子应着重进行以下几方面的培训:

(1)质量意识教育;

(2)充分理解和掌握质量方针和目标;

(3)质量管理体系有关方面的内容;

(4)质量保持和持续改进意识。

可以通过面试、笔试、实际操作等方式检查培训的有效性,还应保留员工的教育、培训及技能认可的记录。

6.5　园林工程施工过程的质量管理

施工是形成工程项目实体的过程,也是决定最终产品质量的关键阶段。要提高工程项目的质量,就必须狠抓施工阶段的质量控制。按照施工组织设计总进度计划,应编制具体分项工程施工作业计划和相应的质量计划,对材料、机具设备、施工工艺、操作人员、市场环境等影响质量的因素进行控制,以保证原来建设产品总体质量处于稳定状态。

6.5.1 园林工程施工过程质量控制管理的重要性

园林工程项目施工涉及面广,影响质量的因素很多,如设计、材料、机械、地形、地质、水文、气象、施工工艺、操作方法、技术措施、管理制度等。而且工程项目位置固定,体积大,不同项目地点不同,容易产生质量问题。工程项目建成后,如发现质量问题又不可能像一些工业产品那样拆卸、解体,更换配件,更不能实行"包换"或"退款",因此工程项目施工过程中的质量控制就显得极其重要。

6.5.2 园林工程施工过程质量控制管理的要点

1. 施工建设的物质控制管理

对用于园林工程施工的材料、构配件、设备等,必须把住"四关",即采购关、检测关、运输保险关和使用关。要优选采购及保管人员,提高其政治素质和质量鉴定水平。要掌握信息,优选送货厂家。选择国家认证许可、有一定技术和资金保证的供货厂家,选购有产品合格证,有社会信誉的产品,这样既可控制材料质量,又可降低材料成本。针对材料市场产品质量混杂情况,还要对建材、构配件和设备实行施工全过程的质量监控。

2. 施工工艺的质量控制管理

工程项目施工应编制"施工工艺技术标准",规定各项作业活动和各道工序的操作规程、作业规范要点、工作顺序、质量要求。上述内容应预先向操作者进行交底,并要求认真贯彻执行。对关键环节的质量、工序、材料和环境应进行验证,使施工工艺的质量控制符合标准化、规范化、制度化的要求。

3. 施工工序的质量控制管理

施工工序质量控制包括影响施工质量的五个因素(人、材料、机具、方法、环境),它使工序质量的数据波动处于允许的范围内。通过工序检验的方法,准确判断施工工序质量是否符合规定的标准,以及是否处于稳定状态;在出现偏离标准的情况下,分析产生的原因,并及时采取措施,使之处于允许的范围内。

对于直接影响质量的关键工序、对下道工序有较大影响的上道工序、质量不稳定或容易出现不良的工序、用户反馈和过去有过返工的不良工序,应设立工序质量控制(管理)点。设立工序质量控制点的主要作用,是使工序按规定的质量要求和均匀的操作正常运转,从而获得满足质量要求的最多产品和最大的经济效益。对工序质量管理点要确定合理的质量标准、技术标准和工艺标准,还要确定控制水平和控制方法。

对施工质量有重大影响的工序,应对其操作人员、机具设备、材料、施工工艺、测试手段、环境条件等因素进行分析与验证,并进行必要的控制。同时做好验证记录,以便使建设单位正式工序处于受控状态。工序记录的主要内容为质量特性的实测记录和验证签证。

4. 人员素质的控制管理

要控制施工质量,就要培训、优选施工人员,提高其素质。首先应提高他们的质量意识。按照全面质量管理的观点,施工人员应当树立五大观念:质量第一的观念、预控为主的观念、为用户服务的观念、用数据说话的观念以及社会效益、企业效益(质量、成本、工期相结合)、综合效益观念。

其次是人的技术素质。管理干部、技术人员应有较强的质量规划、目标管理、施工组织和技术指导、质量检查的能力;生产人员应有精湛的技术技能、一丝不苟的工作作风,及严格执行质量标准和操作规程的法制观念;服务人员则应做好技术和生活服务,以出色的工作质量,间接地保证工程质量。提高人的素质,靠质量教育,靠精神和物质激励的有机结合,靠培训和优选。

5. 设计变更与技术复核的控制管理

加强对施工过程中提出的设计变更的控制。重大问题须经建设单位、设计单位、施工单位三方同意,由设计单位负责修改,并向施工单位签发设计变更通知书。对建设规模、投资方案等有较大影响的变更,须经原设计单位同意方可进行修改。所有设计变更资料均应有文字记录,并按要求归档。对重要的或影响全局的技术工作,必须加强复核,避免发生重大差错,影响工程质量和使用。

园林工程项目应建立严密的质量保证体系和质量责任制,明确各自责任。施工过程的各个环节要严格控制,各分部、分项工程均要全面实施到位管理。在实施全过程管理中,首先要根据施工队伍自身情况和工程的特点及质量通病,确定质量目标和攻关内容;再结合质量目标和攻关内容编写施工组织设计,制定具体的质量保证计划和攻关措施,明确实施内容、方法和效果。质量控制的目标管理应抓住目标制定、目标展开和目标实现三个环节。各专业、各工序都应以质量控制为中心进行全方位管理,从各个侧面发挥对工程质量的保证作用,从而使工程质量控制管理目标得以实现。

6.6　园林工程质量问题及质量事故的处理

6.6.1　园林工程质量问题成因

由于建筑工程工期较长,所用材料品种复杂,施工过程中,受社会环境和自然条件方面异常因素的影响,因而生产的工程质量问题表现形式千差万别,类型多种多样。这使得引起工程质量问题的成因也错综复杂,往往一项质量问题由多种原因引起。虽然每次发生质量问题的类型各不相同,但是通过对大量质量问题调查与分析,发现其发生的原因有不少相同之处,归纳其最基本的因素主要有以下几方面:

(1)违背建设程序。建设程序是工程项目建设过程及其客观规律的反映,不按建设程序办事易造成工程质量问题。

(2)违反法规行为。例如,无证设计;无证施工;越级设计;越级施工;工程招、投标中的不公平竞争;超常的低价中标;非法分包;转包、挂靠;擅自修改设计等。

(3)地质勘察失真。诸如,未认真进行地质勘察或勘探时钻孔深度、间距、范围不符合规定要求,地质勘察报告不详细、不准确,不能全面反映实际的地基情况等,从而使得地下情况不清,或对基岩起伏、土层分布误判,或未查清地下软土层、墓穴、孔洞等,它们均会导致采用不恰当或错误的基础方案,造成地基不均匀沉降、失稳,使上部结构或墙体开裂、破坏,或引发建筑物倾斜、倒塌等质量问题。

(4)设计差错。诸如,盲目套用图纸,采用不正确的结构方案,计算简图与实际受力情况不符,荷载取值过小,内力分析有误,沉降缝或变形缝设置不当,悬挑结构未进行抗倾覆验算,以及计算错误等,都是引发质量问题的原因。

(5)施工与管理不到位。不按图施工或未经设计单位同意擅自修改设计。施工组织管理紊乱,不熟悉图纸,盲目施工;施工方案考虑不周,施工顺序颠倒;图纸未经会审,仓促施工;技术交底不清,违章作业;疏于检查、验收等,均可能导致质量问题。

(6)使用不合格的原材料、制品及设备。如建筑材料及制品不合格,建筑设备不合格。

(7)自然环境因素。空气温度、湿度、暴雨、大风、洪水、雷电、日晒和浪潮等均可能成为质量问题的诱因。

(8)使用不当。对建筑物或设施使用不当也易造成质量问题。

由于影响工程质量的因素众多,一个工程质量问题的实际发生,既可能因设计计算和施工图纸中存在错误,也可能因施工中出现不合格或质量问题,还可能因使用不当,或者由于设计、施工甚至使用、管理、社会体制等多种原因的复合作用导致。要分析究竟是哪种原因引起的,必须对质量问题的特征表现,以及其在施工和使用中所处的实际情况和条件进行具体分析。分析方法很多,但其基本步骤和要领可概括如下。

基本步骤:①进行细致的现场研究,观察记录全部实况,充分了解与掌握引发质量问题的现象和特征。②收集调查与问题有关的全部设计和施工资料,分析摸清工程在施工或使用过程中所处的环境及面临的各种条件和情况。③找出可能产生质量问题的所有因素,分析、比较和判断,找出最可能造成质量问题的因素。④进行必要的计算分析或模拟实验予以论证确认。

分析的要领是逻辑推理法,其基本原理是:①确定质量问题的初始点,即所谓原点,它是一系列独立原因集合起来形成的爆发点。因其反映出质量问题的直接原因,而在分析过程中具有关键性作用。②围绕原点对现场各种现象和特征进行分析,区别导致同类质量问题的不同原因,逐步揭示质量问题萌生、发展和最终形成的过程。③综合考虑原因复杂性,确定诱发质量问题的起源点即真正原因。工程质量问题原因分析是对一堆模糊不清的事物、现象客观属性和联系的反映,它的准确性和管理人员的能力学识、经验和态度有极大关系,其结果不单是简单的信息描述,而是逻辑推理的产物,其推理可用于工程质量的事前控制。

6.6.2　工程质量事故处理方案的确定

工程质量事故处理方案是指技术处理方案,其目的是消除质量隐患,以达到建筑物的安全可靠和正常使用各项功能及寿命要求,并保证施工的正常进行。其一般处理原则是:正确确定事故性质,是表面性还是实质性,是结构性还是一般性,是迫切性还是可缓性;正确确定处理范围,除直接发生部位,还应检查处理事故相邻影响作用范围的结构部位或构件。其处理基本要求是:满足设计要求和用户的期望;保证结构安全可靠,不留任何质量隐患;符合经济合理的原则。

1. 质量事故处理方案类型

(1)修补处理

这是最常用的一类处理方案。通常当工程的某个检验批、分项或分部的质量虽未达到规定的规范、标准或设计要求存在一定缺陷,但通过修补或更换器具、设备后可达到要求的标准,又不影响使用功能和外观要求,在此情况下,可以进行修补处理。属于修补处理这类具体方案很多,诸如封闭保护、复位纠偏、结构补强、表面处理等。某些事故造成的结构混凝土表面裂缝,可根据其受力情况,仅作表面封闭保护。某些混凝土结构表面的蜂窝、麻面,经调查分析,可进行剔凿、抹灰等表面处理,一般不会影响其使用和外观。对较严重的问题,可能影响结构的安全性和使用功能,必须按一定的技术方案进行加固补强处理,这样往往会造成一些永久性缺陷,如改变结构外形尺寸,影响一些次要的使用功能等。

(2)返工处理

在工程质量未达到规定的标准和要求,存在着严重质量问题,对结构的使用和安全构成重大影响,且又无法通过修补处理的情况下,可对检验批、分项、分部甚至整个工程返工处理。例如,某防洪堤坝填筑压实后,其实压土的干密度未达到规定值,进行返工处理。又如某公路桥梁工程预应力按规定张力系数为1.3,实际仅为0.8,属于严重的质量缺陷,也无法修补,只有返工处理。对某些存在严重质量缺陷,且无法采用加固补强修补处理或修补处理费用比原工程造价还高的工程,应进行整体拆除,全面返工。

(3)不做处理

某些工程质量问题虽然不符合规定的要求和标准构成质量事故,但视其严重情况,经过分析、论证、法定检测单位鉴定和设计等有关单位认可,对工程或结构使用及安全影响不大,也可不做专门处理。通常不用专门处理的情况有以下几种:①不影响结构安全和正常使用。例如,有的工业建筑物出现放线定位偏差,且严重超过规范标准规定,若要纠正会造成重大经济损失,若经过分析、论证其偏差不影响产生工艺和正常使用,在外观上也无明显影响,可不做处理。又如,某些隐蔽部位结构混凝土表面裂缝,经检查分析,属于表面养护不够的干缩微裂,不影响使用及外观,也可不做处理。②质量问题,经过后续工序可以弥补。例如,混凝土表面轻微麻面,可通过后续的抹灰、喷涂或刷白等工序弥补,可不做专门处理。③法定检测单位鉴定合格。例如,某检验批混凝土试块强度值不满足规范要求,强度不足,在法定检测单位对混凝土实体采用非破损检验等方法测定其实际强度已达规范允许和设计要求值时,可不做处理。对经检测未达要求值,但相差不多,经分析论证,只要使用前经再次检测达到设计强度,也可不做处理,但应严格控制施工荷载。④出现的质量问题,经检测鉴定达不到设计要求,但经原设计单位核算,仍能满足结构安全和使用功能的。

2. 选择最适用工程质量事故处理方案的辅助方法

(1)实验验证

即对某些有严重质量缺陷的项目,可采取合同规定的常规试验方法进一步进行验证,以便确定缺陷的严重程度。例如,混凝土构件的试件强度低于要求的标准不太大(例如10%以下)时,可进行加载实验,以证明其是否满足使用要求。又如,公路工程的沥青面层厚度误差超过了规范允许的范围,可采用弯沉实验,检查路面的整体强度等。

(2)定期观测

有些工程,在发现其质量缺陷时其状态可能尚未达到稳定仍会继续发展,在这种情况下一般不宜过早做出决定,可以对其进行一段时间的观测,然后再根据情况做出决定。属于这类的质量问题如桥墩或其他工程的基础在施工期间发生沉降超过预计或规定的标准;混凝土表面发生裂缝,并处于发展状态等。有些有缺陷的工程,短期内其影响可能不十分明显,需要较长时间的观测才能得出结论。

（3）专家论证

对于某些工程质量问题，可能涉及的技术领域比较广泛，或问题很复杂，有时仅根据合同规定难以决策，这时可提请专家论证。采用这种方法时，应事先做好充分准备，尽早为专家提供尽可能详尽的情况和资料，以便使专家能够进行较充分、全面和细致的分析、研究，提出切实的意见与建议。

（4）方案比较

这是比较常用的一种方法。同类型和同一性质的事故可先设计多种处理方案，然后结合当地的资源情况、施工条件等逐项给出权重，做出对比，从而选择具有较高处理效果又便于施工的处理方案。例如，结构构件承载力达不到设计要求，可采用改变结构构造来减少结构内力、结构卸荷或结构补强等不同处理方案，可将每一方案按经济、工期、效果等指标列项并分配相应权重值进行对比，辅助决策。

6.6.3 工程质量事故处理的鉴定验收

1. 检查验收

工程质量事故处理完成后，应严格按施工验收标准及有关规范的规定，依据质量事故技术处理方案设计要求，通过实际量测，检查各种资料数据进行验收，并应办理交工验收文件，组织各有关单位会签。

2. 必要的鉴定

为确定工程质量事故的处理效果，凡涉及结构承载力等使用安全和其他重要性能的处理工作，常需做必要的实验和检验鉴定工作。或检查密实性和裂缝修补效果，检测实际强度；或进行结构荷载试验，确定其实际承载力；或对池、罐、箱柜工程进行渗漏检验等。检测鉴定必须委托政府批准的有资质的法定检测单位进行。

3. 验收结论

对所有的质量事故无论是经过技术处理，通过检查鉴定验收的，还是不需专门处理的，均应有明确的书面结论。若对后续工程施工有特定要求，或对建筑物使用有一定限制条件，应在结论中提出。

验收结论通常有以下几种：

- 事故已排除，可以继续施工。
- 隐患已消除，结构安全有保证。
- 经修补处理后，完全能够满足使用要求。
- 基本上满足使用要求，但使用时有附加限制条件，例如限制荷载等。
- 对耐久性的结论。
- 对建筑物外观的结论。
- 对短期内难以做出结论的，可提出进一步观测检验意见。

质量问题处理方案应以原因分析为基础，假如某些问题一时熟悉不清，且一时不致产生严重恶化，可以继续进行调查、观测，以便把握更充分的资料和数据，做进一步分析，找出起源点，方可确认处理方案，避免急于求成造成反复处理的不良后果。审核确认处理方案应牢记安全可靠，不留隐患，满足建筑物的功能和使用要求，技术可行，经济合理的原则。针对确认不需专门处理的质量问题，应能保证它不构成对工程安全的危害，且满足安全和使用要求。同时,应总结经验,吸取教训,采取有效措施予以预防。

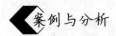**案例与分析**

在公园中实施水景工程,请分析对园林水景工程进行施工质量控制的要点。

分析:

施工前质量控制要点:

设计单位向施工单位交底,除结构构造要求外,主要针对其水形、水的动态及声响等图纸难以表达的内容提出技术、艺术的要求。

对于构成水容器的装饰材料,应按设计要求进行搭配组合试排,研究其颜色、纹理、质感是否协调统一,还要了解其吸水率、反光率等性能,以及表面是否容易被污染。

施工过程中质量检验要点:

以静水为景的池水,重点应放在水池的定位、尺寸是否准确;池体表面材料是否按设计要求选材及施工;给水与排水系统是否完备等方面。

流水水景应注意沟槽大小、坡度、材质等精确性,并要控制好流量。

水池的防水防渗应按照设计要求进行施工,并经验收。

施工过程中要注意给、排水管网,供电管线的预埋(留)。

水池试水:

水池施工所有工序全部完成后,可以进行试水。试水的目的是检验水池结构的安全性及水池的施工质量。

试水时应先封闭排水孔。由池顶放水,一般要分几次进水,每次加水深度视具体情况而定。每次进水都应从水池四周观察记录,无特殊情况可继续灌水直至达到设计水位标高。达到设计水位标高后,要连续观察 7 天,做好水面升降记录,外表面无渗透现象及水位无明显降落说明水池施工合格。

复习思考题:

1. 园林工程施工质量管理有什么特点?

2. 在进行施工质量控制过程中,应遵循什么原则?

3. 讲述园林工程施工质量管理的过程。

4. 阐述园林工程施工质量责任体系。

5. 常用的园林工程施工质量管理数理统计方法有哪些?

6. 从哪些方面对园林工程施工准备阶段进行质量控制?

7. 从哪些方面对园林工程施工过程阶段进行质量控制?

8. 造成园林工程质量问题的主要因素是什么?如何确定园林工程质量事故的处理方案?

第**七**章

园林工程施工成本管理

知识目标

1. 了解园林工程施工项目成本的构成要素。
2. 掌握园林工程施工项目成本控制的内容和方法。
3. 掌握园林工程施工项目成本核算偏差分析和成本分析的方法。
4. 掌握园林工程施工项目成本考核的作用、内容和方法。

能力目标

1. 会初步计算园林工程施工项目的各项成本,并对其成本核算的偏差能进行数量分析。
2. 会根据园林工程施工项目成本的相关资料,对项目成本的形成过程和影响成本升降的因素进行分析。

7.1 园林工程施工项目成本管理概述

7.1.1 园林工程施工项目成本管理的概念

园林工程施工管理中一项重要的任务就是降低工程造价,也就是对项目进行成本管理。园林工程施工成本管理通常是指在项目成本形成过程中,对生产经营所消耗的能力资源、物质资源和费用开支进行指导、监督、调节和限制,力求将成本、费用降到最低,以保证成本目标的实现。

7.1.2 园林工程施工项目成本的构成

施工项目成本是指工程项目的施工成本,是在工程施工过程中所发生的全部生产费用的总和,也就是建筑业企业以施工项目作为核算对象,在施工过程中所耗费的生产资料转移价值和劳动者必要劳动所创造的价值的货币形式。它包括所消耗的主辅材料、构配件费用,周转材料的摊销费或租赁费、施工机械的材料费或租赁费、支付给生产工人的工资和奖金，以及在施工现场进行施工组织与管理所发生的全部费用支出。

按成本的经济性质和国家规定，施工项目成本由直接成本和间接成本组成。

1. 直接成本

直接成本是指施工过程中耗费的构成工程实体或有助于工程实体形成的各项费用支出，包括人工费、材料费、机械使用费和其他直接费等。

（1）人工费。人工费是指直接从事建筑安装工程施工的生产工人开支的各项费用，包括工资、奖金、工资性质的津贴、生产工人辅助工资、职工福利费、生产工人劳动保护费等。

（2）材料费。材料费包括施工过程中耗用的构成工程实体的原材料、辅助材料、构配件、零件、半成品的费用和周转材料的摊销及租赁费用。

（3）机械使用费。机械使用费包括施工过程中使用自有施工机械所发生的机械使用费和租用外单位施工机械的租赁费，以及施工机械安装、拆卸和进出场费。

（4）其他直接费。其他直接费是指直接费以外的在施工过程中发生的具有直接费用性质的其他费用。包括施工过程中发生的材料二次搬运费、临时设施摊销费、生产工具使用费、检验试验费、工程定位复测费、工程点交费、场地清理费，也包括冬雨期施工增加费、仪器仪表使用费、特殊工程培训费、特殊地区施工增加费等。

2. 间接成本

间接成本是指企业内的各项目经理部为施工准备、组织和管理施工生产的全部施工费用的支出。施工项目间接成本，应包括现场管理人员的人工费（基本工资、工资性补贴、职工福利费）、资产使用费、工具用具使用费、保险费、检验试验费、工程保修费、工程排污费以及其他费用等。

（1）工作人员薪金。是指现场项目管理人员的工资、资金、工资性质的津贴等。

（2）劳动保护费。是指现场项目管理人员的按规定标准发放的劳动保护用品的购置费和修理费、防暑降温费，在有碍身体健康环境中施工的保健费用等。

（3）职工福利费。是指按现场项目管理人员工资总额的一定比例提取的福利费。

（4）办公费。是指现场管理办公用的文具、纸张、账表、印刷、邮电、书报、会议、水、电、烧水和集体取暖用煤等费用。

（5）差旅交通费。是指职工因工出差期间的旅费、住勤补助费、市内交通费和误餐补助费，劳动力招募费、职工探亲路费、职工离退休及职工退职一次性路费、工伤人员就医路费、工地转移费，以及现场管理使用的交通工具的油料、燃料、养路费及牌照费等。

（6）固定资产使用费。是指现场管理及试验部门使用的属于固定资产的设备、仪器等折旧、大修理、维修费或租赁费等。

（7）工具用具使用费。是指现场管理使用的不属于固定资产的工具、器具、家具、交通工具和检验、试验、测绘、消防用具等的购置、维修和摊销费等。

（8）保险费。是指财产、车辆的保险，以及高空、井下、海上作业等特殊工种的安全保险等费用。

（9）工程保修费。是指工程施工交付使用后在规定的保修期内的修理费用。

（10）工程排污费。是指施工现场按规定交纳的排污费用。

（11）其他费用。按项目管理要求，凡发生于项目的可控费用，均应划到项目核算，不受层次限制,以便落实施工项目管理的经济责任,所以施工项目成本还应包括下列费用项目。

(12)工会经费。指按现场管理人员工资总额一定比例提取的工会经费。

(13)教育经费。指按现场管理人员工资总额一定比例提取使用的职工教育经费。

(14)业务活动经费。指按"小额、合理、必需"原则使用的业务活动费。

(15)税金。指应由施工项目负担的房产税、车船使用税、土地使用税、印花税等。

(16)劳保统筹费。指按工资总额一定比例交纳的劳保统筹基金。

(17)利息支出。指项目在银行开户的存贷款利息收支净额。

(18)其他财务费用。指汇兑损失、调剂外汇手续费、银行手续费等。

对于企业所发生的经营费用、企业管理费用和财务费用,则按规定计入当期损益,亦即计为期间成本,不得计入施工项目成本。

企业下列支出不仅不得列入施工项目成本,也不能列入企业成本,如:为购置和建造固定资产、无形资产和其他资产的支出;对外投资的支出;被没收的财物、支付的滞纳金;罚款、违约金、赔偿金;企业赞助、捐赠支出;以及国家法律、法规规定以外的各种付费和国家规定不得列入成本费用的其他支出。

7.1.3　园林工程施工项目成本管理的意义和作用

随着园林施工项目管理在广大园林业企业中逐步推广普及,项目成本管理的重要性也日益为人们所认识。项目成本管理成为园林施工项目管理向深层次发展的主要标志和不可缺少的内容,体现了园林施工项目管理的本质特征,具有重要的意义和作用。

园林项目成本管理是在工程质量、工期等合同要求的前提下,对项目实施过程中所发生的费用进行管理,通过计划、组织、控制和协调等措施实现预定的成本目标,并尽可能地降低成本费用的一种科学的管理活动。它主要通过技术(如施工方案的制定评选)、经济(如核算)和管理(如施工组织管理、各项规章制度等)活动达到预定目标,实现盈利的目的。成本是项目施工过程中各种耗费的总和。园林成本管理的内容很广泛,贯穿于项目管理活动的全过程和各方面,例如从项目中标、签约甚至参与投标活动开始到施工准备、现场施工直至竣工验收,以至包括后期的养护管理,每个环节都离不开成本管理工作。

7.2　园林工程施工项目成本计划与成本管理

7.2.1　园林工程施工项目的成本计划

园林工程施工项目成本计划是园林工程施工项目成本管理的一个重要环节,是实现降低施工成本任务的指导性文件。如果对承包项目所编制的成本计划达不到目标成本要求时,就必须组织施工项目管理班子的有关人员重新研究寻找降低成本的途径,再重新编制。同时,编制成本计划的过程也是动员施工项目经理部全体职工挖掘潜力降低成本的过程,也是检验施工技术质量管理、工期管理、物资消耗和劳动力消耗管理等效果的过程。正确编制施工项目成本计划的作用在于:

1. 是对生产消耗进行控制、分析和考核的重要依据

成本计划既体现了社会主义市场经济下对成本核算单位降低成本的客观要求，也反映了核算单位降低产品成本的目标。成本计划可作为对生产耗费进行事前预计、事中检查控制和事后考核评价的重要依据。许多园林工程施工单位仅重视项目成本管理的事中控制及事后考核，而忽视甚至省略至关重要的事前计划，使成本管理从一开始就缺乏目标，对于控制考核无从对比，产生很大的盲目性。施工项目成本计划一经确定，就应层层落实到部门、班组，并应经常将实际生产耗费与成本计划指标进行对比分析，揭示执行过程中存在的问题，及时采取措施，改进和完善成本管理工作，以保证园林工程施工项目成本计划各项指标得以实现。

2. 是编制核算单位其他有关生产经营计划的基础

每一个施工项目都有自己的项目计划，这是一个完整的体系。在这个体系中，成本计划与资金计划、利润计划等有着密切的联系。它们之间既相互独立，又相互依存，相互制约。项目流动资金计划、企业利润计划等都需要成本计划的资料，同时，成本计划也需要以施工方案、物资与价格计划等为基础。因此，正确编制施工成本计划，是综合平衡项目生产经营的重要保证。

3. 动员全体职工深入开展增产节约、降低产品成本的活动

成本计划是全体职工共同奋斗的目标。为了保证成本计划的实现，企业必须加强成本管理责任制，把成本计划的各项指标进行分解，落实到各部门、班组乃至个人，实行归口管理并做到责、权、利相结合，检查评比和奖励惩罚有根有据，使开展增产节约、降低产品成本、执行和完成各项成本计划指标成为上下一致、左右协调、人人自觉努力完成的共同行动。

7.2.2　园林工程施工项目成本管理的内容

园林工程施工项目成本管理的主要内容有以下几个方面。

1. 材料费的控制

材料费的控制按照"量价分离"的原则，一是材料用量的控制，二是材料价格的控制。

(1)材料用量的控制。在保证符合设计规格和质量标准的前提下，合理使用材料和节约使用材料，通过定额管理、计量管理等手段以及施工质量控制，避免返工等，有效控制材料物资的消耗。

(2)材料价格的控制。材料价格主要由材料采购部门在采购中加以控制。由于材料价格由买价、运杂费、运输中的合理损耗等组成，因此控制材料价格主要通过市场信息、询价，应用竞争机制和经济合同手段等控制材料、设备、工程用品的采购价格，包括买价、运费和耗损等。

2. 人工费的控制

人工费的控制采取与材料费控制相同的原则，实行"量价分离"。

人工用工数通过项目经理与施工劳务承包人的承包合同，按照内部施工图预算、钢筋翻样单或模板量计算出定额人工工日，并考虑将安全生产、文明施工及零星用工按定额工日的一定比例(一般为 15%～25%)一起发包。

3. 机械费的控制

机械费用主要由台班数量和台班单价两方面决定。主要从以下几个方面控制台班费

支出：

(1)合理安排施工生产,加强设备租赁计划管理,减少因安排不当引起的设备闲置。

(2)加强机械设备的调度工作,尽量避免窝工,提高现场设备利用率。

(3)加强现场设备的维修保养,避免因不正当使用造成机械设备的停置。

(4)做好上机人员与辅助生产人员的协调与配合,提高机械台班产量。

4. 管理费的控制

现场施工管理费在项目成本中占有一定比例,其控制与核算都较难把握,在使用和开支时弹性较大,主要采取以下控制措施：

(1)根据现场施工管理费占施工项目计划总成本的比重,确定施工项目经理部施工管理费总额。

(2)在施工项目经理的领导下,编制项目经理部施工管理费总额预算和各管理部门、条线的施工管理费预算,作为现场施工管理费的控制根据。

(3)制定施工项目管理开支标准和范围,落实各部门、条线和岗位的控制责任。

(4)制定并严格执行施工项目经理部的施工管理费使用的审批、报销程序。

7.2.3 园林工程施工项目成本管理的原则

1. 开源与节流相结合的原则

降低项目成本,需要一面增加收入,一面节约支出。因此,在成本管理中,也应该坚持开源与节流相结合的原则。要求做到：每发生一笔较大的成本费用,都要查一查有无与其相对应的预算收入,是否支大于收。在经常性的分部分项工程成本核算和月度成本核算中,也要进行实际成本与预算收入的对比分析,以便从中探索成本节超的原因,纠正项目成本的不利偏差,提高项目成本的降低水平。

2. 全面控制原则

(1)项目成本的全员控制。施工项目成本管理仅靠项目经理和专业成本管理人员及少数人的努力是无法收到预期效果的。项目成本的全员控制,应该有一个系统的实质性内容,其中包括各部门、各单位的责任网络和班组经济核算等。

(2)项目成本的全过程控制。施工项目成本的全过程控制,是指在工程项目确定以后,自施工准备开始,经过工程施工,到竣工交付使用后保修期结束,其中每一项经济业务,都要纳入成本管理的轨道。

3. 中间控制原则

中间控制原则即动态控制原则,是把成本的重点放在施工项目各主要施工段上,及时发现偏差,及时纠正偏差,在生产过程中进行动态控制。

4. 目标管理原则

目标管理是贯彻执行计划的一种方法,它把计划的方针、任务、目的和措施等逐一加以分解,提出进一步的具体要求,并分别落实到执行计划的部门、单位甚至个人。

5. 节约原则

节约人力、物力、财力的消耗,是提高经济效益的核心,也是成本管理的一项最主要的基本原则。

6. 例外管理原则

在工程项目建设过程的诸多活动中，有许多活动是例外的，通常通过制度来保证其顺利进行。

7. 责、权、利相结合的原则

要使成本管理真正发挥及时有效的作用，必须严格按照经济责任制的要求，贯彻责、权、利相结合的原则。

7.2.4　园林工程施工项目成本管理的任务

施工项目的成本管理，应伴随项目建设进程渐次展开，同时要注意各个时期的特点和要求。各个阶段的工作内容不同，成本管理的主要任务也不同。

1. 施工前期的成本管理

（1）工程投标阶段

在投标阶段成本管理的主要任务是编制适合本企业施工管理水平和施工能力的报价。

①根据工程概况和招标文件，联系建筑市场和竞争对手的情况，进行成本预测，提出投标决策意见。

②中标以后，应根据项目的建设规模，组建与之相适应的项目经理部，同时以标书为依据确定项目的成本目标，并下达给项目经理部。

（2）施工准备阶段

①根据设计图纸和有关技术资料，对施工方法、施工顺序、作业组织形式、机械设备选型、技术组织措施等进行认真的研究分析，并运用价值工程原理，制定出科学先进、经济合理的施工方案。

②根据企业下达的成本目标，以分部分项工程的实物工程量为基础，联系劳动定额、材料消耗定额和技术组织措施的节约计划，在优化施工方案的指导下，编制明细而具体的成本计划，并按照部门、施工队和班组的分工进行分解，作为部门、施工队和班组的责任成本落实下去，为今后的成本管理做好准备。

③间接费用预算的编制及落实。根据项目建设时间的长短和参加建设人数的多少，编制间接费用预算，并对上述预算进行明细分解，以项目经理部有关部门（或业务人员）责任成本的形式落实下去，为今后的成本管理和绩效考评提供依据。

2. 施工期间的成本管理

施工阶段成本管理的主要任务是确定项目经理部的成本管理目标；在项目经理部建立成本管理体系，将项目经理部各项费用指标进行分解以确定各个部门的成本管理指标；加强成本的过程控制。

（1）加强施工任务单和限额领料单的管理，特别是要做好每一个分部分项工程完成后的验收（包括实际工程量的验收和工作内容、工程质量、文明施工的验收），以及对实耗人工、实耗材料的数量核对，以保证施工任务单和限额领料单的结算资料绝对正确，为成本管理提供真实可靠的数据。

（2）将施工任务单和限额领料单的结算资料与施工预算进行核对，计算分部分项工程的成本差异，分析差异产生的原因，并采取有效的纠偏措施。

（3）做好月度成本原始资料的收集和整理，正确计算月度成本，分析月度预算成本与实际成本的差异。对于一般的成本差异要在充分注意不利差异的基础上,认真分析差异产生的原因,以防对后续作业成本产生不利影响或因质量低劣而造成返工损失;对于盈亏比例异常的现象,要特别重视,并在查明原因的基础上,采取果断措施,尽快加以纠正。

(4)在月度成本核算的基础上,实行责任成本核算。也就是利用原有会计核算的资料,重新按责任部门或责任者归集成本费用,每月结算一次,并与责任成本进行对比,由责任部门或责任者自行分析成本差异和产生差异的原因,自行采取措施纠正差异,为全面实现责任成本创造条件。

(5)经常检查对外经济合同的履约情况,为顺利施工提供物质保证。如遇拖期或质量不符合要求时,应根据合同规定向对方索赔;对缺乏履约能力的单位,要采取果断措施,立即中止合同,并另找可靠的合作单位,以免影响施工,造成经济损失。

(6)定期检查各责任部门和责任者的成本管理情况,检查成本管理责、权、利的落实情况(一般为每月一次)。发现成本差异偏高或偏低的情况,应会同责任部门或责任者分析产生差异的原因,并督促他们采取相应的对策来纠正差异;如有因责、权、利不到位而影响成本管理工作的情况,应针对责、权、利不到位的原因,调整有关各方的关系,落实责、权、利相结合的原则,使成本管理工作得以顺利进行。

3. 竣工验收阶段的成本管理

(1)精心安排,干净利落地完成工程竣工扫尾工作。从现实情况看,很多工程一到竣工扫尾阶段,就把主要施工力量抽调到其他在建工程上,以致扫尾工作拖拖拉拉,战线拉得很长,机械、设备无法转移,成本费用照常发生,使在建阶段取得的经济效益逐步流失。因此,一定要精心安排,把竣工扫尾时间缩短到最低限度。

(2)重视竣工验收工作,顺利交付使用。在验收以前,要准备好验收所需要的各种书面资料(包括竣工图)送甲方备查;对验收中甲方提出的意见,应根据设计要求和合同内容认真处理,如果涉及费用,应请甲方签证,列入工程结算。

(3)及时办理工程结算。一般来说,工程结算造价=原施工图预算±增减账。但在施工过程中,有些按实际结算的经济业务是由财务部门直接支付的,项目预算员不掌握资料,往往在工程结算时遗漏。因此,在办理工程结算以前,要求项目预算员和成本员进行一次认真全面的核对。

(4)在工程保修期间,应由项目经理指定保修工作的责任者,并责成保修责任者根据实际情况提出保修计划(包括费用计划),以此作为控制保修费用的依据。

7.3 施工项目成本核算

7.3.1 园林工程施工项目成本核算概述

园林工程施工项目成本核算是指将园林工程项目施工过程中所发生的各种费用和形成的施工项目成本与计划目标成本,在保持统计口径一致的前提下进行两相对比,找出差异。它包括两个基本环节:一是按照规定的成本开支范围对施工费用进行归集,计算出施工费用的实际发生额;二是根据成本核算对象,采用适当的方法,计算出该施工项目的总成本和单位成本。施工项目成本核算所提供的各种成本信息,是成本预测、成本计划、成本管理、成本分析和成本考核等各个环节的依据。因此,加强施工项目成本核算工作,对降低施工项目成本、提高企业的经济效益有积极的作用。

7.3.2　园林工程施工项目成本核算偏差原因分析

进行园林工程施工项目成本偏差分析的目的,就是要找出引起成本偏差的原因,进而采取针对性的措施,有效地控制施工成本。一般来说,引起偏差的原因是多方面的,既有客观方面的自然因素、社会因素,也有主观方面的人为因素。为了对成本偏差进行综合分析,首先应将各种可能导致偏差的原因一一列举出来,并加以分类,再用因果分析法、因素分析法、ABC分类法、相关分析法、层次分析法等数理统计方法进行统计归纳,找出主要原因。

7.3.3　园林工程施工项目成本核算偏差数量分析

园林工程施工项目的成本分析与预测,是根据统计核算、业务核算和会计核算提供的资料,对项目成本的形成过程和影响成本升降的因素进行分析,以寻求进一步降低成本的途径,包括项目成本中有利偏差的挖掘和不利偏差的纠正;另一方面,通过成本分析,可以透过账簿、报表反映的成本现象看清成本的实质,从而增强项目成本的透明度和可控性,为加强成本管理,实现项目成本目标创造条件。由此可见,施工项目成本分析与预测,也是降低成本、提高项目经济效益的重要手段之一。施工项目成本分析与预测,应该随着项目施工的进展,动态地、多形式地开展,而且要与生产诸要素的经营管理相结合。这是因为成本分析与预测必须为生产经营服务,即通过成本分析与预测,及时发现矛盾,解决矛盾,从而改善生产经营,又可从中找出降低成本的途径。

园林工程成本偏差的数量分析,就是对园林工程项目施工成本偏差进行分析,从预算成本、计划成本和实际成本的相互对比中找差距、找原因,从而加深工程成本分析,提高成本管理水平,以降低成本。

1. 偏差分析

成本间互相对比的结果,分别为计划偏差和实际偏差。

(1)计划偏差。即预算成本与计划成本相比较的差额,它反映成本事前预控制所达到的目标。

$$计划偏差＝预算成本－计划成本$$

这里的预算成本可分别指施工图预算成本、投标书合同预算成本和项目管理责任目标成本三个层次的预算成本。计划成本是指现场目标成本即施工预算。两者的计划偏差也分别反映了计划成本与社会平均成本的差异、计划成本与竞争性标价成本的差异、计划成本与企业预期目标成本的差异。如果计划偏差是正值,反映成本预控制的效益,也反映管理者在计划过程中智慧和经验投入的结果。对项目管理者或企业经营者,通常按以下关系式反映其对成本管理的效益观念:

$$计划成本＝预算成本－计划利润$$

并以此来安排各项计划成本,建立保证措施。

分析计划偏差的目的,在于检验和提高工程成本计划的正确性和可行性,充分发挥工程成本计划指导实际施工的作用。在一般情况下,计划成本应该等于以最经济合理的施工方案和企业内部施工定额所确定的施工预算。

(2)实际偏差。即计划成本与实际成本相比较的差额,它反映施工项目成本管理的实绩,也是反映和考核项目成本管理水平的依据:

$$实际偏差＝计划成本－实际成本$$

分析实际偏差的目的,在于检查计划成本的执行情况。其负差反映计划成本管理中存在缺点和问题,应挖掘成本管理的潜力,缩小和纠正目标偏差,保证计划成本的实现。

2. 人工费偏差分析

实行施工项目管理以后,工程施工的用工一般采用发包形式。它具有的特点是:

(1)按承包的实物工程量和预算定额计算定额人工,作为计算劳务费用的基础。

(2)人工费单价由发承包双方协商确定,一般按技术工种和普通工种或技术等级分别规定工资单价。

(3)定额人工以外的估点工有的按定额人工的一定比例一次包死,有的按实计算,估点工单价由双方协商确定。

(4)对在进度、质量上做出特殊贡献的班组和个人进行奖励,由项目经理根据实际情况具体掌握。

根据上述人工费发包的特点,工程项目在进行人工费分析的时候,应着重分析执行预算定额是否认真,工资单价有无抬高和对估点工数量的控制。

3. 材料费分析

材料费包括主要材料、结构件和周转材料费。由于主要材料是采购来的,结构件是委托加工的,周转材料是租来的,情况各不相同,因而需要采取不同的分析方法。

(1)主要材料费的分析:材料费的高低,既与消耗数量有关,又与采购价格有关。这就是说,在"量价分离"的条件下,既要控制材料的消耗数量,又要控制材料的采购价格,两者不可缺一。在进行材料费分析的时候,也要采取与上述特点相适应的分析方法——差额计算法。

(2)结构件分析:结构件包括钢门窗、木制成品、混凝土构件、金属构件、成型钢筋等,由各加工单位到施工现场的构件场外运费作为构件价格的组成部分向施工单位收取。在加工过程中发生的蒸养费、冷拔费和合钢量调整等,亦可作为构件加工费用向施工单位收取。

(3)周转材料分析:工程施工项目的周转材料,主要是钢模、木模、脚手用钢管和毛竹,临时施工用水、电、料等。周转材料在施工过程中的表现形态是:周转使用,逐步磨损,直至报损报废。周转材料分析的主要内容是周转材料的周转利用率和周转材料的赔损率。周转材料的价值要按规定逐月摊销。

4. 机械使用费分析

影响机械使用费的因素主要是机械利用率。造成机械利用率不高的因素有机械调度不当和机械完好率不高。因此,在机械设备的使用过程中,必须充分发挥机械的效用,加强机械设备的平衡调度,做好机械设备平时的维修保养工作,提高机械的完好率,保证机械的正常运转。此外,施工方案也是影响机械使用费的重要因素。

5. 施工间接费分析

施工间接费就是施工项目经理部为管理施工而发生的现场经费。进行施工间接费的分析,需要应用计划与实际对比的方法。施工间接费实际发生数的资料来源为工程项目的施工间接费明细账。在具体核算中,如果是以单位工程作为成本核算对象的群体工程项目,应将所发生的施工间接费采取"先集合、后分配"的方法,合理分配给有关单位工程。

7.4　园林工程施工项目成本分析

7.4.1　园林工程施工项目成本分析概述

园林工程施工项目的成本分析,就是根据统计核算、业务核算和会计核算提供的资料,对项目成本的形成过程和影响成本升降的因素进行分析,以寻求进一步降低成本的途径(包括项目成本中的有利偏差的挖掘和不利偏差的纠正)。通过成本分析,还能从账簿、报表反映的成本现象看清成本的实质,从而增强项目成本的透明度和可控性,为加强成本管理,实现项目成本目标创造条件。由此可见,园林工程施工项目成本分析,也是降低成本,提高项目经济效益的重要手段之一。

园林工程施工项目成本分析,应该随着项目施工的进展,动态地、多形式地开展,而且要与生产诸要素的经营管理相结合。这是因为成本分析必须为生产经营服务,即通过成本分析,及时发现矛盾,及时解决矛盾,从而改善生产经营,同时又可降低成本。

7.4.2　园林工程施工项目成本分析的具体内容

从成本分析应为生产经营服务的角度出发,园林工程施工项目成本分析的内容应与成本核算对象的划分同步。如果一个施工项目包括若干个单位工程,并以单位工程为成本核算对象,就应对单位工程进行成本分析;与此同时,还要在单位工程成本分析的基础上,进行施工项目的成本分析。施工项目成本分析与单位工程成本分析尽管在内容上有很多相同的地方,但各有不同的侧重点。从总体上说,园林工程施工项目成本分析的内容应该包括以下三个方面:

1. 随着项目施工的进展而进行的成本分析

(1)分部分项工程成本分析;

(2)月(季)度成本分析;

(3)年度成本分析;

(4)竣工成本分析。

2. 按成本项目进行的成本分析

(1)人工费分析;

(2)材料费分析;

(3)机械使用费分析;

(4)其他直接费分析;

(5)间接成本分析。

3. 针对特定问题和与成本有关事项的分析

(1)成本盈亏异常分析;

(2)工期成本分析;

(3)资金成本分析;

(4)技术组织措施节约效果分析;

(5)其他有利因素和不利因素对成本影响的分析。

7.4.3　园林工程施工项目成本分析的原则要求

1. 要实事求是

在成本分析中,必然会涉及一些人和事,也会有表扬和批评。受表扬的当然高兴,受批评的未必都能做到"闻过则喜",因而常常会有一些不愉快的场面出现,乃至影响成本分析的效果。因此,成本分析一定要有充分的事实依据,应用"一分为二"的辩证方法,对事物进行实事求是的评价,并要尽可能做到措辞恰当,能为绝大多数人所接受。

2. 要用数据说话

成本分析要充分利用统计核算、业务核算、会计核算和有关辅助记录(台账)的数据进行定量分析,尽量避免抽象的定性分析。因为定量分析对事物的评价更为精确,更令人信服。

3. 要注重时效

也就是要成本分析及时,发现问题及时,解决问题及时。否则,就有可能贻误解决问题的最好时机,甚至造成问题成堆,积重难返,发生难以挽回的损失。

4. 要为生产经营服务

成本分析不仅要揭露矛盾,而且要分析矛盾产生的原因,并为消除矛盾献计献策,提出积极的有效的解决矛盾的合理化建议。这样的成本分析,必然会深得人心,从而受到项目经理和有关项目管理人员的配合与支持,使园林工程施工项目的成本分析更健康地开展下去。

7.5　园林工程施工项目成本考核

7.5.1　园林工程施工项目成本考核概述

园林工程施工项目成本考核,应该包括两方面的考核,即项目成本目标(降低成本目标)完成情况的考核和成本管理工作业绩的考核。这两方面的考核,都属于企业对施工项目经理部成本监督的范畴。应该说,成本降低水平与成本管理工作之间有着必然的联系,又同受偶然因素的影响,但都是对项目成本评价的一个方面,都是企业对项目成本进行考核和奖罚的依据。

园林工程施工项目成本考核是衡量项目成本降低的实际成果,也是对成本指标完成情况的总结和评价。成本指标是用货币形式表现的生产费用指标,也是反映施工项目全部生产经营活动的一项综合性指标。施工项目成本的高低,在一定程度上反映了项目的经营成果、经济效益和对企业贡献的大小。园林工程施工项目效益评价是指对已完成的施工项目的目标、执行过程、效益和影响所进行的系统、客观的分析、检查和总结,以确定目标是否达到,检验项目是否合理和有效率。通过可靠的、有用的资料信息,为未来的项目管理提供经验和教训。

7.5.2 园林工程施工项目成本考核的作用

园林工程施工项目成本考核的目的,在于贯彻落实责权利相结合的原则,促进成本管理工作的健康发展,更好地完成施工项目的成本目标。在施工项目的成本管理中,项目经理和所属部门、施工队直到生产班组,都有明确的成本管理责任,而且有定量的责任成本目标。通过定期和不定期的成本考核,既可对他们加强督促,又可调动他们成本管理的积极性。

园林工程施工项目成本管理是一个系统过程,而成本考核则是系统的最后一个环节。如果对成本考核工作抓得不紧,或者不按正常的工作要求进行考核,前面的成本预测、成本管理、成本核算、成本分析都将得不到及时正确的评价。这不仅会挫伤有关人员的积极性,而且会给今后的成本管理带来不可估量的损失。

园林工程施工项目的成本考核,特别要强调施工过程中的中间考核(如月度考核、阶段考核)。这对具有一次性特点的施工项目来说尤为重要。因为通过中间考核发现问题,还能"亡羊补牢",而竣工后的成本考核虽然也重要,但对成本管理的不足和由此造成的损失已经无法弥补。

园林工程施工项目的成本考核,可以分为两个层次:一是企业对项目经理的考核;二是项目经理对所属部门、施工队和班组的考核。通过以上层层考核,督促项目经理、责任部门和责任者更好地完成自己的责任成本,从而形成项目成本目标的层层落实和保证关系。

7.5.3 园林工程施工项目成本考核的内容和要求

园林工程施工项目成本考核的内容,应该包括责任成本完成情况的考核和成本管理工作业绩的考核。从理论上讲,成本管理工作扎实,必然能使责任成本落实得更好。但是,影响成本的因素很多,而且有一定的偶然性,可能使成本管理工作得不到预期的效果。为了鼓励有关人员对成本管理的积极性,应该对他们的工作业绩通过考核做出正确的评价。

1. 企业对项目经理考核的内容

(1)责任目标成本的完成情况,包括总目标及其所分解的施工各阶段、各部分或专业工程的子目标完成情况。

(2)项目经理是否认真组织成本管理和核算,对企业所确定的项目管理方针及有关技术组织措施的指导性方案是否认真贯彻实施。

(3)项目经理部的成本管理组织与制度是否健全,在运行机制上是否存在问题。

(4)项目经理是否经常对下属管理人员进行成本效益观念的教育。

(5)项目经理部的核算资料账表等是否正确、规范、完整,成本信息是否能及时反馈,能否主动取得企业有关部门在业务上的指导。

(6)项目经理部的效益审计状况,是否存在实亏虚盈情况,有无弄虚作假情节。

2. 项目经理对各部门及专业条线管理人员的考核

(1)是否认真执行各自的工作职责和业务标准,有无怠慢和失职行为。

(2)在项目管理过程中是否认真执行实施方案和措施的相关管理工作,是否有团队协同工作精神。

(3)本部门、本岗位所承担的成本管理责任目标落实情况和实际结果。

（4）日常管理是否严格，责任心和事业心的表现。

（5）日常工作中成本意识和观念如何，有无合理化建议，被采纳的情况和效果。

3. 园林工程施工项目成本考核的要求

（1）企业对施工项目经理部进行考核时，应以确定的责任目标成本为依据。

（2）项目经理部应以控制过程的考核为重点，控制过程的考核应与竣工考核相结合。

（3）各级成本考核应与进度、质量、安全等指标的完成情况相联系。

（4）项目成本考核的结果应形成文件，为奖罚责任人提供依据。

7.5.4　园林工程施工项目成本考核的方法

1. 园林工程施工项目的成本考核采取评分制

具体方法为：先按考核内容评分，然后按七与三的比例加权平均，即责任成本完成情况的评分为七，成本管理工作业绩的评分为三。这是一个假设的比例，施工项目可以根据自己的具体情况进行调整。

2. 园林工程施工项目的成本考核要与相关指标的完成情况相结合

具体方法是：成本考核的评分是奖罚的依据，相关指标的完成情况为奖罚的条件。也就是在根据评分计奖的同时，还要参考相关指标的完成情况加奖或扣罚。与成本考核相结合的相关指标一般有进度、质量、安全和现场标准化管理。

3. 强调园林工程施工项目成本的中间考核

（1）月度成本考核。一般是在月度成本报表编制以后，根据月度成本报表的内容进行考核。在进行月度成本考核的时候，不能单凭报表数据，还要结合成本分析资料和施工生产、成本管理的实际情况，然后做出正确的评价，带动今后的成本管理工作，保证项目成本目标的实现。

（2）阶段成本考核。项目的施工阶段一般可分为基础、结构、装饰、总体四个阶段。如果是高层建筑，可对结构阶段的成本进行分层考核。阶段成本考核的优点，在于能对施工告一段落后的成本进行考核，可与施工阶段其他指标（如进度、质量等）的考核结合得更好，也更能反映施工项目的管理水平。

4. 正确考核园林工程施工项目的竣工成本

园林工程施工项目的竣工成本，是在工程竣工和工程款结算的基础上编制的，是竣工成本考核的依据。

工程竣工，表示项目建设已经全部完成，并已具备交付使用的条件（即已具有使用价值）。而月度完成的分部分项工程只是建筑产品的局部，并不具有使用价值，也不可能用来进行商品交换，只能作为分期结算工程进度款的依据。因此，真正能够反映全貌而又正确的项目成本，是在工程竣工和工程款结算的基础上编制的。

由此可见，施工项目的竣工成本是项目经济效益的最终反映。它既是上缴利税的依据，又是进行职工分配的依据。由于施工项目的竣工成本关系到企业和职工的利益，必须做到核算正确，考核正确。

5. 施工项目成本的奖罚

施工项目的成本考核，有月度考核、阶段考核和竣工考核三种。对成本完成情况的经济奖罚也应分别在上述三种成本考核的基础上立即兑现，不能只考核不奖罚，或者考核后拖了很久才奖罚。因为员工所担心的,就是领导对贯彻责权利相结合的原则执行不力,忽视群众利益。

由于月度成本和阶段成本都是事前估算的,正确程度有高有低。因此,在进行月度成本和阶段成本奖罚的时候不妨留有余地,然后再按照竣工成本结算的奖金总额进行调整。

施工项目成本奖罚的标准应通过经济合同的形式明确规定。这就是说,经济合同规定的奖罚标准具有法律效力,任何人无权中途变更,或者拒不执行。另外,通过经济合同明确奖罚标准以后,职工群众就有了争取目标,能在实现项目成本目标中发挥更积极的作用。

在确定施工项目成本奖罚标准的时候,必须从本项目的客观情况出发,既要考虑职工的利益,又要考虑项目成本的承受能力。在一般情况下,造价低的项目,奖金水平要定得低一些;造价高的项目,奖金水平可以适当提高。具体的奖罚标准应该经过认真测算再行确定。

此外,企业领导和项目经理还可以对完成项目成本目标有突出贡献的部门、施工队、班组和个人进行奖励。这是项目成本奖励的另一种形式,不属于上述成本奖罚范围。这种奖励形式,往往更能起到立竿见影的效果。

案例与分析

某工程结构现浇混凝土计划工程量为 1 200 m³,使用商品混凝土。实际浇筑工程量为 1 250 m³,计划价格每立方米为 85 元,实际价格每立方米为 82 元;计划损耗量 2%,实际供应混凝土量 1 293.75 m³,实际成本为 106 088 元。试分析成本偏离原因。

分析:

(1)确定成本影响因素

现浇混凝土总成本 C = 工程量(X_1)×每立方米工程混凝土用量(X_2)×混凝土单价(X_3)

从上式可以看出,影响现浇混凝土总成本的因素有 3 个,即

X_1—工程量变更;

X_2—每立方米工程混凝土消耗量变化;

X_3—混凝土价格波动。

(2)确定原预算浇筑混凝土材料费用

预算成本 C_p = 1 200×1.02×85 = 104 040(元)

(3)确定三个因素对成本的影响程度

①用实际工程量替换计划工程量,这时 X_1 = 1 250 m³,X_2 和 X_3 不变,则有

$$C_1 = 1\ 250×1.02×85 = 108\ 375(元)$$

用 C_1 减 C_p 得 4 335 元,即由于工程量变更使成本支出增加 4 335 元。

②用实际每立方米工程混凝土消耗量替换计划每立方米工程混凝土用量,这时 X_2 = 1 293.75/1 250 = 1.035,X_1 和 X_3 不变,则有

$$C_2 = 1\ 250×1.035×85 = 109\ 969(元)$$

　　用 C_2 减 C_1 得 1 594 元，即由于现场损耗加大而使每立方米工程混凝土消耗增大，造成成本支出增加了 1 594 元。

　　③用混凝土实际单价替换预算价格，这时 $X_3=82$ 元/m³，X_1 和 X_2 不变，则有

$$C_3 = 1\,250 \times 1.035 \times 82 = 106\,088 (元) .$$

　　用 C_3 减 C_2 得 -3 881 元，即由于混凝土价格降低使成本支出减少 3 881 元。

　　从以上三步替换分析看出各因素对成本的影响方向及影响程度，所有因素的影响额相加就是该成本的总偏差（实际成本与预算成本之差），可由下式确定

$$C_a - C_p = \sum_{i=1}^{n} C_i$$

　　式中，C_a——实际成本；

　　　　　C_p——预算成本；

　　　　　C_i——某一影响因素的影响额，$i=1,2,3,\cdots$

　　对于本例则有 106 088－104 040：4 335＋1 594－3 881＝2 048(元)。

　　上式分析结果表明，该项费用的工程量计算有误差，混凝土的充分利用存在问题，而在选择混凝土供应单位和比质比价上做得较好。项目施工管理人员可参照以上分析的结果，采取相应对策来降低成本。如属于工程量变更引起的超支可向业主索赔，如因管理混乱引起的材料浪费现象应加以纠正。

复习思考题：

1. 园林工程施工项目成本的构成要素有哪些？
2. 园林工程施工项目成本管理的主要内容是什么？其要遵循哪些原则？
3. 怎样根据园林工程施工项目的成本对其成本核算偏差进行定性分析和定量分析？
4. 园林工程施工项目经理对各部门及专业条线管理人员考核的内容有哪些？
5. 园林工程施工企业对其项目经理考核的内容有哪些？
6. 园林工程施工项目成本考核常用什么方法？

第八章

园林工程施工安全管理

8.1 园林工程施工安全管理主要内容

在园林工程施工过程中,安全管理的内容主要包括对实际投入的生产要素及作业、管理活动的实施状态和结果所进行的管理和控制,具体包括作业技术活动的安全管理、施工现场文明施工管理、劳动保护管理、职业卫生管理、消防安全管理和季节施工安全管理等。

8.1.1 作业技术活动的安全管理

园林工程的施工过程体现在一系列的现场施工作业和管理活动中,作业和管理活动的效果将直接影响施工过程的施工安全。为确保园林建设工程项目施工安全,工程项目管理人员要对施工过程进行全过程、全方位的动态管理。作业技术活动的安全管理主要内容如下:

1. 从业人员的资格、持证上岗和现场劳动组织的管理

园林施工单位施工现场管理人员和操作人员必须具备相应的执业资格、上岗资格和任职能力,符合政府有关部门的规定。现场劳动组织的管理包括从事作业活动的操作者、管理者,以及相应的各种管理制度,操作人员数量必须满足作业活动的需要,工种配置合理,管理人员到位,管理制度健全,并能保证其落实和执行。

2. 从业人员施工中安全教育培训的管理

园林工程施工企业施工现场项目负责人应按安全教育培训制度的要求,对进入施工现场的从业人员进行安全教育培训。安全教育培训的内容主要包括新工人"三级安全教育"、变换工种安全教育、转场安全教育、特种作业安全教育、班前安全活动交底、周一安全活动、季节性施工安全教育、节假日安全教育等。施工企业项目经理部应落实安全教育培训制度的实施,定期检查考核实施情况及实际效果,保存教育培训实施记录、检查与考核记录等。

3. 作业安全技术交底的管理

安全技术交底由园林工程施工企业技术管理人员根据工程的具体要求、特点和危险因素编写,是操作者的指令性文件。其内容主要包括该园林工程施工项目的施工作业特点和危险点,针对该园林工程危险点的具体预防措施,园林工程施工中应注意的安全事项,相应

的安全操作规程和标准,以及发生事故后应及时采取的避难和急救措施。

作业安全技术交底的管理重点内容主要体现在两点上:首先,应按安全技术交底的规定实施和落实;其次,应针对不同工种、不同施工对象,或分阶段、分部、分项、分工种进行安全交底。

4. 对施工现场危险部位安全警示标志的管理

在园林工程施工现场入口处、起重设备、临时用电设施、脚手架、出入通道口、楼梯口、孔洞口、桥梁口、基坑边沿、爆破物及危险气体和液体存放处等危险部位应设置明显的安全警示标志。安全警示标志必须符合《安全标志》(GB 2894-2008)、《安全标志及其使用导则》(GB 2894-2008)的规定。

5. 对施工机具、施工设施使用的管理

施工机械在使用前,必须由园林施工企业机械管理部门对安全保险、传动保护装置及使用性能进行检查、验收,填写验收记录,合格后方可使用。使用中应对施工机具、施工设施进行检查、维护、保养和调整等。

6. 对施工现场临时用电的管理

园林工程施工现场临时用电的变配电装置、架空线路或电缆干线的铺设、分配电箱等用电设备,在组装完毕通电投入使用前,必须由施工企业安全部门与专业技术人员共同按临时用电组织设计的规定检查验收,对不符合要求处需整改,待复查合格后,填写验收记录。使用中由专职电工负责日常检查、维护和保养。

7. 对施工现场及毗邻区域地下管线、建(构)筑物等专项防护的管理

园林施工企业应对施工现场及毗邻区域地下管线,如供水、供电、供气、供热、通信、光缆等地下管线,及相邻建(构)筑物、地下工程等采取专项防护措施,特别是在城市市区施工的工程,为确保其不受损,施工中应组织专人进行监控。

8. 安全验收的管理

安全验收必须严格遵照国家标准、规定,按照施工方案或安全技术措施的设计要求,严格把关,并办理书面签字手续,验收人员对方案、设备、设施的安全保证性能负责。

9. 安全记录资料的管理

安全记录资料应在园林工程施工前,根据建设单位的要求及工程竣工验收资料组卷归档的有关规定,研究列出各施工对象的安全资料清单。随着园林工程施工的进展,园林施工单位应不断补充和填写关于材料、设备及施工作业活动的有关内容,记录新的情况。当每一阶段施工或安装工作完成,相应的安全记录资料也应随之完成,并整理组卷。施工安全资料应真实、齐全、完整,相关各方人员的签字齐备,字迹清楚,结论明确,与园林施工过程的进展同步。

8.1.2 文明施工管理

文明施工可以保持良好的作业环境和秩序,对促进建设工程安全生产、加快施工进度、保证工程质量、降低工程成本、提高经济和社会效益起到重要作用。园林工程施工项目必须严格遵守《建筑施工安全检查标准》(JGJ 59-1999)的文明施工要求,保证施工项目的顺利进行。文明施工的管理内容主要包括以下几点:

1. 组织和制度管理

园林工程施工现场应成立以施工总承包单位项目经理为第一责任人的文明施工管理组织。分包单位应服从总包单位的文明施工管理组织的统一管理,并接受监督检查。各项施工现场管理制度应有文明施工的规定,包括个人岗位责任制、经济责任制、安全检查责任制、持证上岗制度、奖惩制度、竞赛制度和各项专业管理制度等。同时,应加强和落实现场文明检查、考核及奖惩管理,以促进施工文明管理工作的实施。检查范围和内容应全面周到,包括生产区、生活区、场容场貌、环境文明及制度落实等内容,对检查发现的问题应采取整改措施。

2. 建立收集文明施工的资料及其保存的措施

文明施工的资料包括:关于文明施工的法律法规和标准规定等资料,施工组织设计(方案)中对文明施工的管理规定,各阶段施工现场文明施工的措施,文明施工自检资料,文明施工教育、培训、考核计划的资料,以及文明施工活动各项记录资料等。

3. 文明施工的宣传和教育

通过短期培训、上技术课、听广播、看录像等方法对作业人员进行文明施工教育,特别要注意对临时工的岗前教育。

8.1.3　职业卫生管理

园林工程施工的职业危害相对于其他建筑业的职业危害要轻微一些,但其职业危害的类型是大同小异的,主要包括粉尘、毒物、噪声、振动危害以及高温伤害等。在具体工程施工过程中,必须采取相应的卫生防治技术措施。这些技术措施主要包括防尘技术措施、防毒技术措施、防噪技术措施、防振技术措施、防暑降温措施等。

8.1.4　劳动保护管理

劳动保护管理的内容主要包括劳动防护用品的发放和劳动保健管理两方面。劳动防护用品必须严格遵守国家经贸委《劳动防护用品配备标准》的规定和1996年4月23日劳动部颁发的《劳动防护用品管理规定》等相关法规,并按照工种的要求进行发放、使用和管理。

8.1.5　施工现场消防安全管理

我国消防工作坚持"以防为主,防消结合"的方针。"以防为主"就是要把预防火灾的工作放在首要位置,开展防火安全教育,提高人群对火灾的警惕性,健全防火组织,严密防火制度,进行防火检查,消除火灾隐患,贯彻建筑防火措施等。"防消结合"就是在积极做好防火工作的同时,在组织上、思想上、物质上和技术上做好灭火战斗的准备。一旦发生火灾,就能及时有效地将火扑灭。

园林工程施工现场的火灾隐患明显小于一般建筑工地,但火灾隐患还是存在的,如一些易燃材料的堆放场地、仓库、临时性的建(构)筑物、作业棚等。

8.1.6　季节性施工安全管理

季节性施工主要指雨季施工或冬季施工及夏季施工。雨季施工,应当采取措施防雨、防雷击,组织好排水,同时应做好防止触电、防坑槽坍塌,沿河流域的工地还应做好防洪准备,傍山施工现场应做好防滑塌方措施,脚手架、塔式起重机等应做好防强风措施。冬季施工,应采取防滑、防冻措施,生活办公场所应当采取防火和防煤气中毒措施。夏季施工,应有防暑降温的措施,防止中暑。

8.2 园林工程施工安全管理制度

园林工程施工安全管理制度主要包括安全目标管理、安全生产责任制、安全生产资金保障制度、安全教育培训制度、安全检查制度、三类人员考核任职制和特种人员持证上岗制度、安全技术管理制度、生产安全事故报告制度、设备安全管理制度、安全设施和防护管理制度、特种设备管理制度、消防安全责任制度等。建立健全工程施工安全管理制度是实现安全生产目标的保证。

8.2.1 安全目标管理

安全目标管理是建设工程施工安全管理的重要举措之一。园林工程施工过程中,为了使现场安全管理实行目标管理,要制定总的安全目标(如伤亡事故控制目标、安全达标、文明施工),以便制定年、月达标计划,进行目标分解到人,责任落实,考核到人。推行安全生产目标管理不仅能优化企业安全生产责任制,强化安全生产管理,体现"安全生产,人人有责"的原则,而且能使安全生产工作实现全员管理,有利于提高园林施工企业全体员工的安全素质。安全目标管理的基本内容应包括目标体系的确定、目标责任的分解及目标成果的考核。

8.2.2 安全生产责任制度

安全生产责任制度是各项安全管理制度中一项最基本的制度。安全生产责任制度作为保障安全生产的重要组织手段,通过明确规定领导、各职能部门和各类人员在施工生产活动中应负的安全职责,把"管生产必须管安全"的原则从制度上固定下来,把安全与生产从组织上统一起来,从而强化园林施工企业各级安全生产责任,增强所有管理人员的安全生产责任意识,使安全管理做到责任明确、协调配合,使园林工程施工企业井然有序地进行安全生产。

1. 安全生产责任制度的制定

安全生产责任制度是企业岗位责任制度一个主要组成部分,是企业安全管理中一项最基本的制度。安全生产责任制度是根据"管生产必须管安全"、"安全生产,人人有责"的原则,明确规定各级领导、各职能部门和各类人员在生产活动中应负的安全职责。

2. 各级安全生产责任制度的基本要求

(1)园林施工企业经理对本企业的安全生产负总的责任,各副经理对分管部门安全生产工作负责任。

(2)园林施工企业总工程师(主任工程师或技术负责人)对本企业安全生产的技术工作负总的责任。在组织编制和审批园林施工组织设计(施工方案)和采用新技术、新工艺、新设备、新材料时,必须制定相应的安全技术措施;对职工进行安全技术教育;及时解决施工中的安全技术问题。

(3)施工队长应对本单位安全生产工作负具体领导责任,认真执行安全生产规章制度,制止违章作业。

(4)安全机构和专职人员应做好安全管理工作和监督检查工作。

(5)在几个园林施工企业联合施工时,应由总包单位统一组织现场的安全生产工作,分包单位必须服从总包单位的指挥。对分包施工企业的工程,承包合同要明确安全责任,对不具备安全生产条件的单位,不得分包工程。

3. 安全生产责任制度的贯彻

(1)园林施工企业必须自觉遵守和执行安全生产的各项规章制度,提高安全生产思想认识。

(2)园林施工企业必须建立完善的安全生产检查制度,企业的各级领导和职能部门必须经常和定期检查安全生产责任制度的贯彻执行情况,视结果不同给予不同程度的肯定、表扬或批评、处分。

(3)园林施工企业必须强调安全生产责任制度和经济效益结合。为了安全生产责任制度的进一步巩固和执行,应与国家利益、企业经济效益和个人利益结合起来,与个人的荣誉、职称升级和奖金等紧密挂钩。

(4)园林工程在施工过程中要发动和依靠群众监督。在制定安全生产责任制度时,要充分发动群众参加讨论,广泛听取群众意见;制度制定后,要全面发动群众监督,"群众的眼睛是雪亮的",只有群众参与的监督才是完善的、有深度的。

(5)各级经济承包责任制必须包含安全承包内容。

4. 建立和健全安全档案资料

安全档案资料是安全基础工作之一,也是检查考核落实安全责任制度的资料依据,同时为安全管理工作提供分析、研究资料,从而便于掌握安全动态,方便对每个时期的安全工作进行目标管理,达到预测、预报、预防事故的目的。

根据建设部《建筑施工安全检查标准》(JGJ 59-1999)等要求,施工企业应建立的安全管理基础资料包括如下内容:

(1)安全组织机构;

(2)安全生产规章制度;

(3)安全生产宣传教育、培训;

(4)安全技术资料(计划、措施、交底、验收);

(5)安全检查考核(包括隐患整改);

(6)班组安全活动;

(7)奖罚资料;

(8)伤亡事故档案;

(9)有关文件、会议记录;

(10)总、分包工程安全文件资料。

园林工程施工必须认真收集安全档案资料,定期对资料进行整理和鉴定,保证资料的真实性、完整性,并将档案资料分类、编号、装订归档。

8.2.3　安全生产资金保障制度

安全生产资金是指建设单位在编制建设工程概算时，为保障安全施工确定的资金。园林建设单位根据工程项目的特点和实际需要，在工程概算中要确定安全生产资金，并全部、及时地将这笔资金划转给园林工程施工企业。安全生产资金保障制度是指施工企业对列入建设工程概算的安全作业环境及安全施工措施所需费用，应当用于施工安全防护用具及设施的采购和更新、安全施工措施的落实、安全生产条件的改善，不得挪作他用。

安全生产资金保障制度是有计划、有步骤地改善劳动条件，防止工伤事故，消除职业病和职业中毒等危害，保障从业人员生命安全和身体健康，确保正常安全生产措施的需要，是促进施工生产发展的一项重要措施。

安全生产资金保障制度应对安全生产资金的计划编制、支付使用、监督管理和验收报告的管理要求、职责权限和工作程序作出具体规定，形成文件组织实施。

安全生产资金计划应包括安全技术措施计划和劳动保护经费计划，与企业年度各级生产财务计划同步编制，由企业各级相关负责人组织，并纳入企业财务计划管理，必要时及时修订调整。安全生产资金计划内容还应明确资金使用审批权限、项目资金限额、实施企业及责任者、完成期限等内容。

企业各级财务、审计、安全部门和工会组织，应对资金计划的实施情况进行监督审查，并及时向上级负责人和工会报告。

1. 安全生产资金计划编制的依据和内容

(1)适用的安全生产、劳动保护法律法规和标准规范。

(2)针对可能造成安全事故的主要原因和尚未解决的问题需采取的安全技术、劳动卫生、辅助房屋及设施的改进措施和预防措施要求。

(3)个人防护用品等劳保开支需要。

(4)安全宣传教育培训开支需要。

2. 安全生产资金保障制度的管理要求

(1)建立安全生产资金保障制度。项目经理部必须建立安全生产资金保障制度，从而有计划、有步骤地改善劳动条件，防止工伤事故，消除职业病和职业中毒等危害，保障从业人员生命安全和身体健康，确保正常施工安全生产。

(2)安全生产资金保障制度内容应完备、齐全。安全生产资金保障制度应对安全生产资金的计划编制、支付使用、监督管理和验收报告的管理要求、职责权限和工作程序作出具体规定。

(3)制定劳保用品资金、安全教育培训转向资金、保障安全生产技术措施资金的支付使用、监督和验收报告的规定。

安全生产资金的支付使用应由项目负责人在其管辖范围内按计划予以落实，即做到专款专用，按时支付，不能擅自更改，不得挪作他用，并建立分类使用台账，同时根据企业规定，统计上报相关资料和报表。施工现场项目负责人应将安全生产资金计划列入议事日程，经常关心计划的执行情况和效果。

8.2.4　安全教育培训制度

安全教育培训是安全管理的重要环节,是提高从业人员安全素质的基础性工作。按建设部《建筑业企业职工安全培训教育暂行规定》,施工企业从业人员必须定期接受安全培训教育,坚持先培训、后上岗制度。通过安全培训提高企业各层次从业人员搞好安全生产的责任感和自觉性,增强安全意识;掌握安全生产科学知识,不断提高安全管理业务水平和安全操作技术水平,增强安全防护能力,减少伤亡事故的发生。实行总分包的工程项目,总包单位负责统一管理分包单位从业人员的安全教育培训工作,分包单位要服从总包单位的统一领导。

安全教育培训制度应明确各层次、各类从业人员教育培训的类型、对象、时间和内容,应对安全教育培训的计划编制、实施和记录,证书的管理要求、职责权限和工作程序作出具体规定,形成文件并组织实施。

安全教育培训的主要内容包括安全生产思想、安全知识、安全技能、安全规程标准、安全法规、劳动保护和典型事例分析等。施工现场安全教育主要有以下几种形式:

1. 新工人"三级安全教育"

三级安全教育是企业必须坚持的安全生产基本教育制度。对新工人,包括新招收的合同工、临时工、农民工、实习和待培人员等,必须进行公司、项目、作业班组三级安全教育,时间不得少于40学时。经教育考试合格者才准许进入生产岗位,不合格者必须补课、补考。对新工人的三级安全教育情况,要建立档案。新工人工作一个阶段后还应进行重复性的安全再教育,加深对安全感性、理性知识的认识。

2. 变换工种安全教育

凡变换工种或调换工作岗位的工人必须进行变换工种安全教育。变换工种安全教育时间不得少于4学时,教育考核合格后方可上岗。变换工种安全教育内容包括:新工作岗位或生产班组安全生产概况、工作性质和职责;新工作岗位必要的安全知识、各种机具设备及安全防护设施的性能和作用;新工作岗位、新工种的安全技术操作规程;新工作岗位容易发生事故及有毒有害的地方;新工作岗位个人防护用品的使用和保管等。

3. 转场安全教育

新转入施工现场的工人必须进行转场安全教育,教育实践不得少于8学时。转场安全教育内容包括:本工程项目安全生产状况及施工条件;施工现场中危险部位的防护措施及典型事故案例;本工程项目的安全管理体系、规定及制度等。

4. 特种作业安全教育

从事特种作业的人员必须经过专门的安全技术培训,经考试合格取得上岗操作证后方可独立作业。对特种作业人员的培训、取证及复审等工作严格执行国家、地方政府的有关规定。

对从事特种作业的人员进行经常性的安全教育,时间为每月一次,每次教育4学时。特种作业安全教育内容包括:特种作业人员所在岗位的工作特点,可能存在的危险、隐患和安全注意事项;特种作业岗位的安全技术要领及个人防护用品的正确使用方法;本岗位曾发生的事故案例及经验教训等。

5. 班前安全活动交底

班前安全活动交底作为施工队伍经常性安全教育活动之一,各作业班组长于每班工作开始前(包括夜间工作前)必须对本班组全体人员进行不少于 15 min 的班前安全活动交底。班组长要将安全活动交底内容记录在专用的记录本上,各成员在记录本上签名。班前安全活动交底的内容包括:本班组安全生产须知;本班工作中危险源(点)和应采取的对策;上一班工作中存在的安全问题和应采取的对策等。

6. 周一安全活动

周一安全活动作为施工项目经常性安全活动之一,每周一开始工作前对全体在岗工人开展至少 1 h 的安全生产及法制教育活动。工程项目主要负责人要进行安全讲话,主要内容包括:上周安全生产形势、存在问题及对策;最新安全生产信息;本周安全生产工作的重点、难点和危险点;本周安全生产工作的目标和要求等。

8.2.5 安全检查制度

园林施工企业施工现场项目经理部必须建立完善安全检查制度。安全检查时发现并消除施工过程中存在的不安全因素,宣传落实安全法律法规与规章制度,纠正违章指挥和违章作业,提高各级负责人与从业人员安全生产自觉性与责任感,掌握安全生产状态。

安全检查制度应对检查形式、方法、时间、内容,组织的管理要求、职责权限,以及对检查中发现的隐患整改、处理和复查的工作程序及要求作出具体规定,形成文件并组织实施。

园林施工企业项目经理部安全检查应配备必要的设备或器具,确定检查负责人和检查人员,并明确检查内容及要求。安全检查人员应对检查结果进行分析,找出安全隐患部位,确定危险程度。施工企业项目经理部应编写安全检查报告。

园林施工企业项目经理部应根据施工过程的特点和安全目标的要求,确定安全检查内容,其内容应包括:安全生产责任制、安全生产保证计划、安全组织机构、安全保证措施、安全技术交底、安全教育、安全持证上岗、安全设施、安全标识、操作行为、违规管理、安全记录等。

园林施工企业项目经理部安全检查的方法应采取随机取样、现场观察、实地检测相结合的方式,并记录检测结果。安全检查主要有以下类型:

(1)日常安全检查,如班组的班前、班后岗位安全检查,各级安全员及安全值日人员巡回安全检查,各级管理人员检查生产的同时检查安全。

(2)定期安全检查,如园林施工企业每季度组织一次以上的安全检查,企业的分支机构每月组织一次以上的安全检查,项目经理每周组织一次以上的安全检查。

(3)专业性安全检查,如施工机械、临时用电、脚手架、安全防护措施、消防等专业安全问题检查,安全教育培训、安全技术措施等施工中存在的普遍性安全问题检查。

(4)季节性安全检查,如针对冬季、高温期间、雨季、台风季节等气候特点的安全检查。

(5)节假日前后安全检查,如元旦、春节、劳动节、国庆节等节假日前后的安全检查。

园林施工企业项目经理应根据施工生产的特点、法律法规、标准规范和企业规章制度的要求,以及安全检查的目的,确定安全检查的内容,并根据安全检查的内容确定具体的检查项目、标准和检查评分方法,同时可编制相应的安全检查评分表,按检查评分表的规定逐项对照评分,并做好具体的记录,特别是不安全的因素和扣分原因。

8.2.6　安全生产事故报告制度

安全生产事故报告制度是安全管理的一项重要内容,其目的是防止事故扩大,减少与之有关的伤害与损失,吸取教训,防止同类事故的再次发生。园林施工企业和施工现场项目经理部均应编制事故应急救援预案。园林施工企业应根据承包工程的类型、共性特征,规定企业内部具有通用性和指导性的事故应急救援的各项基本要求;单位项目经理部应按企业内部事故应急救援的要求,编制符合工程项目特点的,具体、细化的事故应急救援预案,直到施工现场的具体操作。

生产安全事故报告制度管理要求建立内容具体、齐全的生产安全事故报告制度,明确生产安全事故报告和处理的"四不放过"原则要求,即事故原因不查清楚不放过,事故责任者和职工未受到教育不放过,事故责任未受到处理不放过,没有采取防范措施、事故隐患不整改不放过的原则,对生产安全事故进行调查和处理。

生产安全事故报告制度管理要求办理意外伤害保险,制定具体、可行的生产安全事故应急救援预案,同时应建立应急救援小组,确定应急救援人员。

8.2.7　安全技术管理制度

安全技术管理是施工安全管理的三大对策之一。工程项目施工前必须在编制施工组织设计(专项施工方案)或工程施工安全计划的同时,编制安全技术措施计划或安全专项施工方案。

安全技术措施是指为防止工伤事故和职业病的危害,从技术上采取的措施。在工程施工中,是指针对工程特点、环境条件、劳力组织、作业方法、施工机械、供电设施等制定的确保安全施工的措施。安全技术措施也是建设工程项目管理实施规划或施工组织设计的重要组成部分。

1. 安全技术措施编制的依据

(1)国家和地方有关安全生产的法律、法规和有关规定;

(2)国家和地方建设工程安全生产的法律法规和标准规程;

(3)建设工程安全技术标准、规范、规程;

(4)企业的安全管理规章制度。

2. 安全技术措施编制的要求

(1)及时性;

(2)针对性;

(3)可行性;

(4)具体性。

3. 安全技术管理制度的管理要求

(1)园林施工企业的技术负责人以及工程项目技术负责人对施工安全负技术责任。

(2)园林工程施工组织设计(方案)必须有针对工程项目危险源而编制的安全技术措施。

(3)经过批准的园林工程施工组织设计(方案)不准随意变更修改。

(4)安全专项施工方案的编制必须符合工程实际,针对不同的工程特点,从施工技术上采取措施保证安全;针对不同的施工方法、施工环境,从防护技术上采取措施保证安全;针对所使用的各种机械设备,从安全保险的有效设置方面采取措施保证安全。

8.2.8　设备安全管理制度

设备安全管理制度是施工企业管理的一项基本制度。企业应当根据国家、住房和城乡建设部、地方建设行政主管部门有关机械设备管理规定、要求,建立健全设备(包括应急救援设备、器材)安装和拆卸、设备验收、设备检测、设备使用、设备保养和维修、设备改造和报废等各项设备管理制度,制度应明确相应管理的要求、职责、权限及工作程序,确定监督检查、实施考核的办法,形成文件并组织实施。

对于承租的设备,除按各级建设行政主管部门的有关要求确认相应企业具有相应资质以外,园林施工企业与出租企业在租赁前应签订书面租赁合同,或签订安全协议书,约定各自的安全生产管理职责。

8.2.9　安全设施和防护管理制度

《建设工程安全生产管理条例》规定:"施工单位应当在施工现场危险部位设置明显的安全警示标志。"安全警示标志包括安全色和安全标志,进入工地的人员通过安全色和安全标志能提高对安全保护的警觉,以防发生事故。园林工程施工企业应当建立施工现场正确使用安全警示标志和安全色的相应规定,对使用部位、内容作具体要求,明确相应管理的要求、职责和权限,确定监督检查的方法,形成文件并组织实施。

安全设施和防护管理的要求是制定施工现场正确使用安全警示标志和安全色的统一规定。

8.2.10　消防安全责任制度

1. 消防安全责任制度的主要内容

消防安全责任制度是指施工企业应确定消防安全负责人,制定用火、用电、使用易燃易爆材料等各项消防安全管理制度和操作规程,施工现场设置消防通道、消防水源,配备消防设施和灭火器材,并在施工现场入口处设置明显标志。

2. 消防安全责任制度的管理要求

(1)应建立消防安全责任制度,并确定消防安全负责人。园林施工企业各部门、各班组负责人及每个岗位的人员应当对自己管辖工作范围内的消防安全负责,切实做到"谁主管,谁负责,谁在岗,谁负责",保证消防法律法规的贯彻执行,保证消防安全措施落到实处。

(2)应建立各项消防安全管理制度和操作规程。园林施工现场应建立各项消防安全管理制度和操作规程,如制定用火用电制度、易燃易爆危险物品管理制度、消防安全检查制度、消防设施维护保养制度等,并结合实际,制定预防火灾的操作规程,确保消防安全。

(3)应设置消防通道、消防水源,配备消防设施和灭火器材。园林施工现场应设置消防通道、消防水源,配备消防设施和灭火器材,并定期组织人员对消防设施、器材进行检查、维修,确保其完好、有效。

(4)施工现场入口处应设置明显标志。

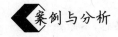

某施工企业施工现场安全管理方案

在工程施工中，保障施工人员的人身安全，以及避免工程施工对周围环境的干扰，加强环境保护，是我们对用户服务的一贯宗旨。在施工中，我们严格遵守国家的安全生产法规和环境保护法令，建立以项目经理为主的安全管理网络，保护劳动者生命安全，保护自然生态环境，力争展现一个良好的企业形象，展示我们生产管理的综合现代化水平，争创文明工地。我公司的安全目标为"安全第一，预防为主"，施工期间不发生重大责任事故，不发生"三违"作业。针对目标，我们具体做好以下几点：

1. 保证道路畅通，安全施工

(1)在施工地段一定距离设置明显的施工路段预警标志，做到时时有专人指挥从施工路段经过的车辆。

(2)施工人员必须穿着明显的施工服。

(3)注意行人安全，对堆放材料或深挖地段要通宵照明预警。

(4)专职安全员签订道路交通责任状。

2. 工程项目的安全与环境管理

(1)工程项目施工的安全管理。加强现场管理，搞好工程的保卫、防盗，搞好永久工程和临时工程安全，防止发生安全事故。

(2)加强安全生产教育和预防措施

①对于施工现场及周围的高压电线、变压器等设立醒目的安全标志。

②结构工程施工中，高空或河上作业，应绑好安全网，戴好安全帽，系好安全带，防止落人落物，对架板等设计注意起吊的安全与平稳。

③对材料和设备储存的库房或堆放点，及施工人员生活区，特别注意防火安全，配备一定数量的灭火器具，以备急用。

④项目经理亲自抓安全生产和安全教育，定期召开安全生产会议，检查安全生产规章执行落实情况；建立安全生产奖罚制度，促使人人重视安全检查；安全生产有奖，使安全生产教育落到实处，得到好的成绩。

(3)加强工程中的环境保护管理，促使安全生产。随时清除施工场地不必要的障碍物，设备、材料及各类存储物品安全堆放，井然有序，即要保持施工现场环境的整齐，以对安全生产有利。

自觉遵守有关机构对卫生及劳动保护的要求，及时清洁工地上的废物、垃圾、水泥袋、废弃的模板等，在全部工程竣工移交之前，将任何场地或地表面恢复原状，减少由于不合环境规定而导致的罚款和经济损失，创造良好的文明施工环境。

(4)各主要交叉道口均设置安全警告标志、标牌以提醒过往行人及车辆注意安全。

3. 保证安全的主要措施

为杜绝重大事故和人身伤亡事故的发生，把一般事故降到最低限度，确保施工的顺利进展，特制定如下安全措施：

(1)建立安全保证体系，项目部设专职安全员，在项目经理的领导下，履行保证安全的一切工作。

（2）利用各种宣传工具，采用多种教育形式，使职工树立安全第一的思想，不断强化安全意识，建立安全保证体系，使安全管理制度化，教育经常化。

（3）施工中临时结构必须向员工进行安全技术交底。对临时结构必须进行安全设计和技术鉴定，合格方可使用。

（4）架板、起重、高空作业的技术工人上岗前要进行身体检查和技术考核，合格后方可操作。高空作业必须按安全规范设置安全网，拴好安全绳，戴好安全帽，并按规定戴防护用品。

（5）工地修建的临时房及架设的照明线路、库房都必须符合防水、防电、防爆炸的要求，配置足够的消防设施和安全避雷设备。

4. 文明生产、文明施工措施

（1）现场布置

根据场地实际情况进行合理布置，设施、设备按现场布置图规定设置和堆放，并随施工不同阶段进行场地布置和调整，最大限度减少耕地占用。

（2）道路和场地

施工区内临时道路畅通、平坦、整洁，不乱堆放，无散落物；结构物周围应捣散水坡，四周保持清洁；场地平整不积水，无散落的杂物及散物；场地排水成系统，并畅通不堵；施工废料集中堆放，及时处理。

（3）班组场地清理

班组必须做好操作后场地清理，随做随清，物尽其用。在施工作业中，应有防止泥浆横流、混凝土洒漏、车辆沾带泥土运行等措施。

（4）材料堆放

砂石分类堆放成方，砌体料成垛，堆放整齐。

钢模、机具、器材等集中堆放整齐。专用钢模及零配件、脚手扣件分类分规格集中存放。

（5）水泥库

袋装、散装水泥不混放，分清标号，堆放整齐，目能成数。设专人管理，限额发放，杜绝材料外流浪费。所有材料分类插标挂牌，记载齐全而正确。牌物账相符，库容整洁，无"上漏下渗"。

（6）构配件及特殊材料

混凝土构件和钢材分类、分型、分规格堆放整齐。

复习思考题：

1. 作业安全管理有哪些主要内容？
2. 文明施工包括哪些方面？
3. 什么是安全管理制度？
4. 安全技术管理制度的管理要求是什么？

第九章

园林工程施工资料管理

知识目标

1. 掌握施工过程中各种表格的制作和相关内容。
2. 掌握施工过程中各种图形的制作和相关内容。

能力目标

1. 学会施工资料管理的各种流程和内容。
2. 学会表格的具体制作。
3. 学会图形文件的制作。

9.1 园林工程施工资料的主要内容

9.1.1 工程项目开工报告

表 9-1 开工报告

施工单位：　　　　　　　　　　　　　　　　　　　　　　　　　报告日期：

工程编号		开工日期	
工程名称		结构类型	
建设单位		建筑面积	
施工单位		建筑造价	
设计单位		建设单位联系人	
监理单位		总监理工程师	
项目经理		制表人	

续表

说明		
施工单位意见： 签名(盖章)： 年　月　日	监理单位意见： 签名(盖章)： 年　月　日	建设单位意见： 签名(盖章)： 年　月　日

注：本表一式 4 份，施工单位、监理单位、建设单位盖章后各一份，开工 3 天内报主管部门一份。

9.1.2　中标通知书和园林工程承包合同

略。

9.1.3　工程项目竣工报告

表 9-2　工程竣工报告

工程名称		绿化面积		地　点	
建设单位		结构类型		造　价	
施工员		计划工期		实际工期	
开工日期		竣工日期			
技术资料齐全情况					
竣工标准达到情况					
甩项项目和原因					

本工程已于　年　月　日 全部竣工,请于　年　月　日 在现场派人验收。 技术负责人： 项目经理： 签名(盖章)： 年　月　日	监理单位意见： 签名(盖章)： 年　月　日	建设单位意见： 签名(盖章)： 年　月　日

9.1.4 工程开工/复工报审表

表 9-3 工程开工/复工报审表

工程名称： 编号：

致：

　　我方承担的＿＿＿＿＿＿＿＿工程，已完成以下各项工程，具备了开工/复工条件，特此申请施工，请核查并签发开工/复工指令。

　　附：1. 开工报告

　　　　2.（证明文件）

承包单位（章）

项目经理

日　　期

审查意见：

项目监理机构

总监理工程师

日　　期

9.1.5 园林工程联系单

表 9-4 ××园林工程公司工程联系单

编号 绿字第 号 联系日期：

工程名称	
建设单位	
抄送单位	
联系内容	
	提出者： 主管： （盖章）
建设单位	签字： （盖章）
监理单位	签字： （盖章）

9.1.6 设计图样交底会议纪要

表 9-5 设计图样交底会议纪要

建设单位： 设计单位：

施工单位： 工程名称： 交底日期：

出席单位	出席会议人员名单
建设单位	
设计单位	
施工单位	
监理单位	

注：交底内容在纪要后附报告纸。

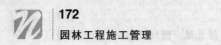

9.1.7 园林工程变更单

表 9-6 园林工程变更单

工程名称：　　　　　　　　　　　　编号：

致：＿＿＿＿＿＿＿＿（监理单位）

由于＿＿＿＿＿＿＿＿＿＿＿＿＿＿＿＿＿＿＿＿＿＿＿＿＿＿＿＿＿＿＿＿原
因，兹提出工程变更(内容见附件)，请予以审批。

附件

提出单位：＿＿＿＿＿＿＿

代 表 人：＿＿＿＿＿＿＿

日　　期：＿＿＿＿＿＿＿

一致意见：

建设单位代表　　　　　　设计单位代表　　　　　　项目监理机构

签字：　　　　　　　　　　签字：　　　　　　　　　　签字：

日期：　　　　　　　　　　日期：　　　　　　　　　　日期：

9.1.8 技术变更核定单

表 9-7 技术变更核定单

第　页　共　页　　　　　　　　　　　　　　编号：

建设单位		设计单位	
工程名称		分项部位	
施工单位		工程编号	
项　　次		核定内容	
主送或抄送单位	会　签		签　发

9.1.9 工程质量事故发生后调查和处理资料

表 9-8 工程质量一般事故报告表

工程名称：　　　　　　　填报单位：　　　　　　　填报日期：

分部分项工程名称		事故性质	
部　位		发生日期	
事故情况			
事故原因			
事故处理			

返工损失		事故工程量			
	事故费用	材料费（元）		合计	元
		人工费（元）			
		其他费用（元）			
		耽误工作日			
备注					

质监负责人：　　　　　　　　　　　制表人：

表 9-9 重大工程质量事故报告表

填报单位：（盖章）

工程名称		设计单位	
建设单位		施工单位	
工程地点		事故发生时间	
损失金额（元）		人员伤亡	
工程概况、事故情况及主要原因			
备　注			

填表人：　　　　　　　报表日期：　　　　　　　年　月　日

9.1.10 水准点位置、定位测量记录、沉降及位移观测记录

表 9-10 测量复核记录

工程名称		施工单位	
复核部位		日 期	
原施测人签字		复核测量人签字	
测量复核 情况（草图）			
备注			

9.1.11 材料、设备、构件的质量合格证明资料

表 9-11 进场设备报验表

工程名称		表号	
施工合同编号		编号	

致：＿＿＿＿＿＿＿＿＿（监理单位）

下列施工设备已按合同规定进场，请查验签证，准予使用。

设备名称	规格型号	数 量	生产单位	进场日期	技术状况	拟用何处	备 注

项目经理　　　　　日期　　　承包商（盖章）

监理单位审定意见：

监理工程师：

日 期：

监理单位（盖章）

注：本表由承包商呈报 3 份，查验后监理方、建设单位、承包商各持 1 份。

这些证明材料必须如实地反映实际情况，不得擅自修改、伪造和事后补制。对有些重要材料，应附有关资质证明材料、质量及性能资料的复印件。

9.1.12 试验、检验报告及各种材料试验、检验资料

必须根据规范要求试件或取样，进行规定数量的试验，若施工单位对某种材料的检验缺乏相应的设备，可送具有权威性、法定性的有关机构检验。植物材料必须要附有当地植物检疫部门开出的植物检疫证书（见表 9-13 至表 9-15）。试验检验的结论只有符合设计要求才能用于工程施工。

表 9-12　工程材料报验表

工程名称		表号	
施工合同编号		编号	

致：＿＿＿＿＿＿＿＿＿（监理单位）

下列建筑材料经自检试验，符合技术规范及设计要求，报请验证，并准予进场使用。

附件：1. 材料清单（材料名称、产地、厂家、用途、规格、准用证号、数量）

2. 材料出厂合格证

3. 材料复试报告

4. 准用证

　　　　　　　　　　　　　项目经理　　　　日期　　　　承包商（盖章）

监理单位审定意见：

　　　　　　　　　　　　　　　　　　　　　监理工程师：

　　　　　　　　　　　　　　　　　　　　　日　期：

　　　　　　　　　　　　　　　　　　　　　监理单位（盖章）

注：本表由承包商呈报 3 份，审批后监理方、建设单位、承包商各持 1 份。

表 9-13　植物检疫证书（省内）

　　　　　　　　　　　　　　　　　　　　　　　　　林（　　）检字

产　　　地			
运输工具		包　装	
运输起讫	自	至	
发货单位（人）及地址			
收货单位（人）及地址			
有效期限	自　年　月　日至　年　月　日		
植物名称	品名（材种）	单　位	数　量
合　计			

签发意见：上列植物或植物产品,经＿＿＿＿检疫未发现森林植物检疫对象及本省（区、市）补充检疫对象,同意调运。

签发机关（森林植物检疫专用章）　　　　　　　　检疫员

　　　　　　　　　　　　　　　　　　　　　签证日期：　年　月　日

注：1. 本证无调出地森林植物检疫专用章和检疫员签字（盖章）无效。

2. 本证转让、涂改和重复使用无效。

3. 一车（船）一证,全程有效。

表 9-14　植物检疫证书(出省)

林(　　)检字

产　　地				
运输工具			包	
运输起讫	自		至	
发货单位(人)及地址				
收货单位(人)及地址				
有效期限	自　　年　　月　　日至　　年　　月　　日			
植物名称	品名(材种)	单　位		数　量
合　　计				

签发意见:上列植物或植物产品,经_____检疫未发现森林植物检疫对象,本省(区、市)及调入省
(区、市)补充检疫对象,调入省(区、市)要求检疫的其他植物病虫,同意调运。

委托机关(森林植物检疫专用章)　　　　　　　　签发机关(森林植物检疫专用章)

　　　　　　　　　　　　　　　　　　　　　　检疫员

签证日期:　年　月　日

注:1. 本证无调出地省级森林植物检疫专用章(委托办理本证的需再加盖承办签发机关的森林植物检
　　疫专用章)和检疫员签字(盖章)无效。

　　2. 本证转让、涂改和重复使用无效。

　　3. 一车(船)一证,全程有效。

表 9-15　植物材料进场报验单

工程名称:　　　　　　　　　　　　　　　　　　　合同号:

致:

　　下列园林工程植物材料,经自查符合设计、植物检疫及苗木出圃要求,报请验证进场。

植物名称	植物产地	规　　格	数量(株)	植物检疫证	进场日期

监理意见:

日　期:

9.1.13 隐蔽检查与验收记录及施工日志

表 9-16 隐蔽工程检查记录

年　月　日　　　　　　　　　　　　　　　　　　编号

工程名称			施工单位	
隐检项目			隐检部位	
隐检内容				
检查情况				
处理意见				
签字	施工单位	监理单位	建设单位	设计单位

注:本表一式 4 份,建设单位、监理单位、设计单位、施工单位各 1 份。

表 9-17 隐蔽工程验收记录

编号:　　　　　　　　　　　　　　　　　　　　　　　　　年　月　日

单位工程名称		建设单位		施工单位
隐蔽工程内容	分部分项工程名称	单位	数量	图样编号
验收意见	施工负责人			
	专职质量员			
建设单位		监理单位	施工单位	施工负责人
				质量员
				验收日期

表 9-18 施工日志

年　　月　　日　　　　气温　　　　　　　　气候

　　　　　　　　　　最高　　　　　　　上午(晴、多云、阴、小雨、大雨、雪)

星期　　　　　　　　最低　　　　　　　下午(晴、多云、阴、小雨、大雨、雪)

工种					
人数					
专业	施工情况				记录人

存在问题(包括工程进度与质量):

　　　　　　　　　　　　　　　　　　　　　　　　记录人:＿＿＿＿＿＿

处理情况:

　　　　　　　　　　　　　　　　　　　　　　　　记录人:＿＿＿＿＿＿

其他(包括安全与停工等情况):

　　　　　　　　　　　　　　　　　　　　　　　　记录人:＿＿＿＿＿＿

　　　　　　　　　　　　　　　　　　　　　　　　项目经理:＿＿＿＿＿＿

9.1.14　竣工图

略。

9.1.15 质量检验评定资料

表 9-19 园林单位工程质量综合评定表

工程名称： 施工单位： 开工日期： 年 月 日

工程面积： 绿化类型： 竣工日期： 年 月 日

项　次	项　　目	评定情况	核定情况
1	分部工程评定汇总	共：　　　　　分部 其中:优良　　　　分部 优良率　　　　　% 土方造型分部质量等级 绿化种植分部质量等级 建筑小品分部质量等级 其他分部质量等级	
2	质量保证资料	共核查　　　　　项 其中:符合要求　　　项 经鉴定符合要求　　　项	
3	观感评定	应得　　　　　分 实得　　　　　分 得分率　　　　%	

企业评定等级：　　　　　　　　　　　　园林绿化工程质量监督站：

　　　　　　　　　　　　　　　　　　　部门负责人：

　　　　　　　　　　　　　　　　　　　建设单位或主管：

企业经理：　　　　　　　　　　　　　　站长或主管：

企业技术负责人：　　　　　　　　　　　部门负责人：

　　　　　　　公章　　　　　　　　　　　　　　　　公章

　　　　　　　　年　月　日　　　　　　　　　　　　年　月　日

制表人：　　　　　　　　　　　　　　　　　　　　　　年　月　日

表 9-20 栽植土分项工程质量检验评定表

工程名称： 编号

保证项目	项目												质量情况	
	栽植土壤及下水位深度必须符合栽植植物的生长要求,严禁在栽植土层下有不透水层													

基本项目	项目		质量情况										等级
			1	2	3	4	5	6	7	8	9	10	
	1	土地平整											
	2	石砾、瓦砾等杂物含量											

允许偏差项目	项目			允许偏差(cm)	实测值(cm)									
					1	2	3	4	5	6	7	8	9	10
	1	栽植土深度和地下水位深度	大、中乔木	>100										
			小乔木和大、中灌木	>80										
			小灌木、宿根花卉	>60										
			草木地被,草坪,一、二年生草花	>40										
	2	栽植土块块径	大、中乔木	<8										
			小乔木和大、中灌木	<6										
			小灌木、宿根花卉	<4										
	3	石砾、瓦砾等杂物块径	树木	<5										
			草坪、地被(草木、木本)、花卉	<1										
	4	地形标准	全高 <1 m	±5										
			全高 1~3 m	±20										
			全高 >3 m	±50										

检查结果	保证项目	合格		
	基本项目	检查 项,其中优良	项,优良率	%
	允许偏差项目	实测 点,其中合格	点,合格率	%

评定等级	项目经理: 工长: 班组长: 承包商(公章):	监理单位核定意见: 签名公章:
	年 月 日	年 月 日

表 9-21 植物材料分项工程质量检验评定表

工程名称：　　　　　　　　　　　　　　　　　　　　　　　编号

保证项目	项 目								质 量 情 况			
	植物材料的品种必须符合设计要求,严禁带有重要病、虫、草害											

基本项目	项 目			质 量 情 况										等级
				1	2	3	4	5	6	7	8	9	10	
	1	树木	姿态和生长势											
			病虫害											
			土球和裸根树根系											
	2	草块和草根茎												
	3	花苗、草木地被												

允许偏差项目	项 目			允许偏差(cm)	实测值(cm)									
					1	2	3	4	5	6	7	8	9	10
	1	乔木	胸径	<10 cm	−1									
				10~20 cm	−2									
				>20 cm	−3									
			高度	+50,−20										
			蓬径	−20										
	2	灌木	高度	+50,−20										
			蓬径	−10										
			地径	−1										
	3	球类	冠径和高度	<100 cm	−10									
				100~200 cm	−20									
				>200 cm	−30									
	4	土根、裸根树木根	直径	+0.2										
			深度	+0.2D										

检查结果	保证项目	
	基本项目	检查　项,其中优良　项,优良率　%
	允许偏差项目	实测　点,其中合格　点,合格率　%

评定等级	项目经理: 工长: 班组长: 承包商(公章): 　　　　　　　　年　月　日	监理单位核定意见: 　　　　　　　　签名公章: 　　　　　　　　年　月　日

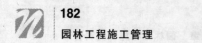

9.1.16 工程竣工验收资料

表 9-22 工程竣工报验单

工程名称：   编号

致：＿＿＿＿＿＿＿＿＿＿＿＿＿（监理公司）
    我方已按合同要求完成了＿＿＿＿＿＿＿＿工程，经自检合格，请予以检查和验收。
附件

承包单位（章）
项目经理
日 期

审查意见：
经初步验收，该工程
1. 符合/不符合我国现行法律法规要求
2. 符合/不符合我国现行工程建设标准
3. 符合/不符合设计文件要求
4. 符合/不符合施工合同要求
综上所述，该工程初步验收合格/不合格，可以/不可以组织正式验收。

项目监理机构
总监理工程师
日 期

表 9-23 绿化工程初验收单

工程名称		工程性质		绿地面积(m²)	
		工程类别		园建面积(m²)	
具体地段		水体面积(m²)			
建设单位		设计单位		施工单位	
监理单位		质监单位			
开工日期	完成日期		实际日期		
工程完成情况					
确认意见	本工程确认于 年 月 日完工，并进行初验。				
初验意见					
施 工 单 位		建 设 单 位		设 计 单 位	
参加验收人员（签名）：		参加验收人员（签名）：		参加验收人员（签名）：	
监 理 单 位		质 监 单 位		接 收 单 位	
参加验收人员（签名）：		参加验收人员（签名）：		参加验收人员（签名）：	

注：1. 初检意见中应包含苗木的密度数量查验评定结果。

2. 工程性质为新增或改造。

3. 工程类别为道路绿化或庭院绿化。

表 9-24　绿化工程交接单

工程名称					
具体地段					
交接时间					
移交内容	绿地面积(m²)			工程类别	
	园建面积(m²)			工程性质	
	水体面积(m²)				
参加交接	建设单位		施工单位		接管单位
参加人员	单位名称			姓名	
备注					

表 9-25　绿化施工过程检查表

工程项目名称：　　　　　　　　　　　　　　　　　地点：

序号	项目负责人　　　　检查项目	检查部门/检查　　　质量情况
1	□种植土壤	
2	□种植地形	
3	□种植穴	
4	□施肥	
5	□苗木形态(规格、球径、病虫害、根系、枝叶)	
6	□苗木种植(覆土、浇水、支撑)	
7	□修剪	
8	□养护	
9	□其他	
	检查结论	被检查人：　　　　　　检查人：

记录：　　　　　　总包负责人：　　　　　　分包负责人：　　　　　日期：

注：在检查项□中打√。

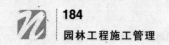

表 9-26　绿化养护过程(检查)记录

工程项目名称：　　　　　　　　　　　　　编号：

日期	养护内容记录								
	灌溉	排水	除草	施肥 品种、用量(kg)	修剪整形	支撑	围护	补植	说明
结论					项目负责人：　　年　月　日				

检查记录人：　　　　　　　　　　　　　日期：　　年　月　日

　　注:对实施的内容打√。

9.2　施工阶段的资料管理

9.2.1　施工资料管理规定

(1)施工资料应实行报验、报审管理。施工过程中形成的资料应按报验、报审程序,通过相关施工单位审核后,方可报建设(监理)单位。

(2)施工资料的报验、报审应有时限要求。工程相关各单位宜在合同中约定报验、报审资料的申报时间及审批时间,并约定应承担的责任。当无约定时,施工资料的申报、审批不得影响正常施工。

(3)建筑工程实行总承包的,应在与分包单位签订施工合同中明确施工资料的移交套数、移交时间、质量要求及验收标准等。分包工程完工后,应将有关施工资料按约定移交。

承包单位提交的竣工资料必须由监理工程师审查完之后,认为符合工程合同及有关规定,且准确、完整、真实,便可签证同意竣工验收的意见。

9.2.2　施工资料管理流程

(1)工程技术报审资料管理流程(图 9-1)。

(2)工程物资选样资料管理流程(图 9-2)。

(3)物资进场报验资料管理流程(图 9-3)。

(4)工序施工报验资料管理流程(图 9-4)。

(5)部位工程报验资料管理流程(图 9-5)。

(6)竣工报验资料管理流程(图 9-6)。

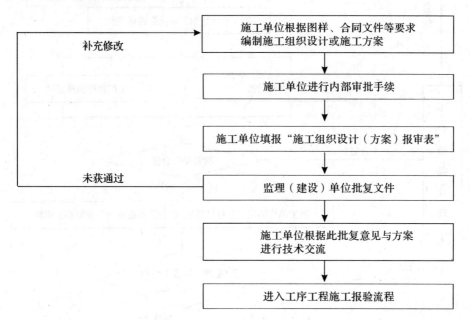

图 9-1 工程技术报审资料管理流程

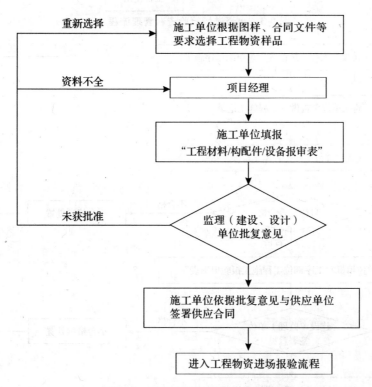

图 9-2 工程物资选样资料管理流程

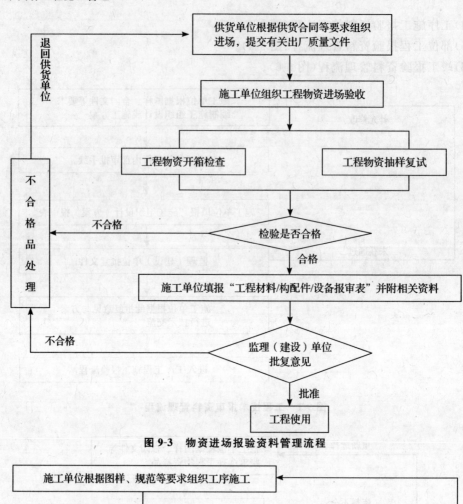

图 9-3　物资进场报验资料管理流程

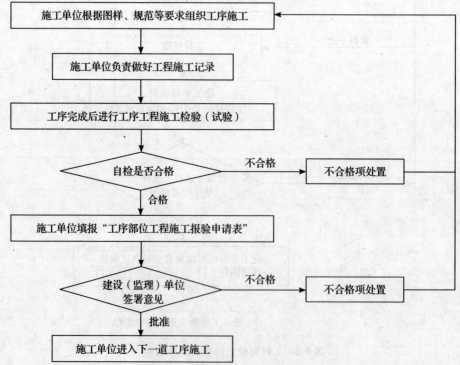

图 9-4　工序施工报验资料管理流程

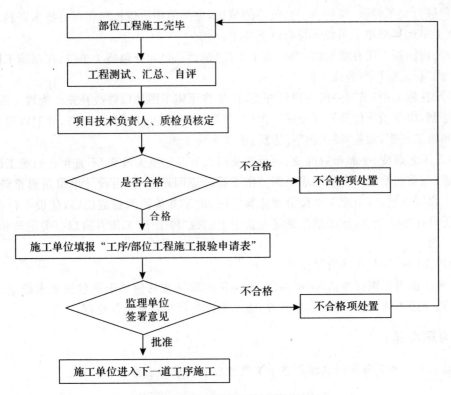

图 9-5 部位工程报验资料管理流程

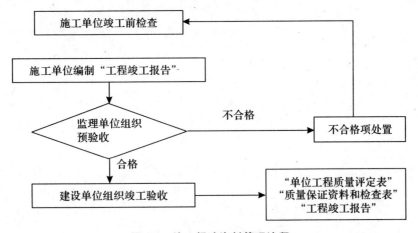

图 9-6 竣工报验资料管理流程

9.3 园林工程竣工图资料管理

园林工程项目竣工图是真实记录各种地下、地上园林景观要素等详细情况的技术文件，是对工程进行交工验收、维护、扩建、改建的依据,也是使用单位长期保存的技术资料。一般规定,施工单位提交竣工图必须符合以下要求:

(1)凡按图施工没有变动的,则由施工单位(包括总包和分包施工单位)在原施工图上加盖"竣工图"标志后即作为竣工图。

(2)凡在施工中,虽有一般性设计变更,但能将原施工图加以修改补充作为竣工图的,可不重新绘制,由施工单位负责在原施工图(必须是新蓝图)上注明修改部分,并附以设计变更通知单和施工说明,加盖"竣工图"标志后,即作为竣工图。

(3)凡工艺改变、平面布置改变、项目改变以及有其他重大改变,不宜再在原施工图上修改补充者,应重新绘制改变后的竣工图。由于设计原因造成的,由设计单位负责重新绘图;由于施工原因造成的,由施工单位负责重新绘图;由于其他原因造成的,由建设单位自行绘图或委托设计单位绘图,施工单位负责在新图上加盖"竣工图"标志并附以有关记录和说明,作为竣工图。

(4)竣工图必须与实际情况相符。

(5)竣工图要求图面整洁,字迹清楚,不得用圆珠笔或其他易于褪色的墨水绘制。若图面不整洁,字迹不清,使用圆珠笔绘制等,施工单位必须按要求重新绘制。

复习思考题:

利用某个园林工程案例试编制整个工程流程资料管理表格及流程图。

第十章

园林工程施工生产要素管理

1. 了解生产要素管理的基本内涵。
2. 掌握人力资源管理的基本方法。
3. 掌握机械设备管理的基本方法。
4. 掌握技术管理的基本方法。
5. 掌握材料管理的基本方法。

1. 能用所学知识进行园林工程项目的生产要素管理。
2. 能用所学知识分析身边的生产管理实际。

园林工程项目生产要素是指施工中使用的人力资源、材料、机械设备、技术和资金等。园林工程项目生产要素管理是指对施工中使用的生产要素资源的计划、供应、使用、控制、检查、分析和改进等过程。

生产要素管理的目的是满足项目需要,优化资源配置,降低消耗,减少支出,节约物化劳动和活劳动。在园林企业管理中,生产要素的供应权应主要集中在企业的管理层,企业应建立生产要素专业管理部门,健全生产要素配置机制;而生产要素的使用权应掌握在项目管理团队手中,项目管理团队应及时编制资源需要量计划,报企业管理层批准,并做好生产要素使用中的考核和优化工作,实施动态管理,降低项目成本。

10.1　人力资源管理概述

10.1.1　人力资源的概念

关于人力资源的定义,学术界存在不同的说法。对于园林项目而言,人们趋向于把人力资源定义为所有与项目有关的人,一部分为园林项目的生产者,即设计单位、监理单位、承包单位等的员工,包括生产人员、技术人员及各级领导;一部分为园林项目的消费者,即建设单位的人员和业主,他们是订购、购买服务或产品的人。

项目人力资源管理就是不断地获得人力资源并整合到项目中,通过采取有效措施最大限度地提高人员素质,最充分地发挥人的作用的劳动人事管理过程。它包括对人力资源外在和内在因素的管理。所谓外在因素的管理,主要是指量的管理,即根据项目进展情况及时进行人员调配,使人力资源能及时地满足项目的实际需要而又不造成浪费。所谓内在因素的管理,主要是指运用科学的方法对人力资源进行心理和行为的管理,以充分调动人力资源的主观能动性、积极性和创造性。

较之传统的人事管理,项目人力资源管理具有全过程性、全员性、综合性、科学性的特点;较之一般企业或事业单位的人力资源管理,项目人力资源管理具有项目生命周期内各阶段任务变化大、人员变化大的特点。

10.1.2 人力资源的特点

1. 人力资源是可再生的生物性资源

人力资源以人为天然载体,是一种"活"的资源,并与人的自身生理特征相联系。这一特点决定了在人力资源使用过程中必须考虑工作环境、工作风险、时间弹性等非经济和非货币因素。

2. 人力资源是在经济活动中居于主导地位的能动性资源

人类能够根据外部可能性和自身条件、愿望,有目的地确定经济活动的方向,并根据这一方向具体选择、运用外部资源或主动地适应外部资源。人力资源与其他被动性生产要素相比,是最积极、最活跃的生产要素,居于主导地位。这一特点决定了人力资源的潜能能否发挥和在多大程度上发挥,更依赖于管理人员的管理水平、有效激励。

3. 人力资源是有时效性的资源

即人力资源的形成、开发、使用都具有时间方面的制约性。

10.1.3 项目人力资源管理的内容

项目人力资源管理是项目经理的职责,在项目运转过程中,项目内部汇集了一批技术、财务、工程等方面的精英,项目经理必须将项目中的这些成员分别组建到一个个有效的团队中去,使组织发挥整体远大于局部之和的效果。为此,开展协调就显得非常重要,项目经理必须解决冲突,弱化矛盾,必须高屋建瓴地策划全局。

人力资源管理可以分为宏观、微观两个层次。宏观人力资源管理指的是对于全社会人力资源的管理,微观人力资源的管理是指对于企业、事业单位的人力资源管理。项目人力资源管理属于微观人力资源管理的范畴。项目人力资源管理可以理解为针对人力资源的取得、培训、保持和利用等方面所进行的计划、组织、指挥和控制活动。具体而言,项目人力资源管理包括如下内容:

1. 人力资源规划

它是指为了实现项目目标而对所需人力资源进行预测,并预先进行系统安排的过程。

2. 岗位群分析

它是指收集、分析和整理关于某种特定工作信息的一个系统性程序。岗位群分析要具体说明为成功完成某项工作,岗位的工作内容、必需的工作条件和员工必须具备的资格。

3. 员工招聘

它是根据项目任务的需要和岗位群分析的结果,为实际或潜在的职位空缺寻找合适的候选人的过程。

4. 员工培训和开发

它是指为了使员工获得或提高与工作有关的知识、技能、动机、态度和行为,为了提高员工的工作绩效以及员工对项目目标的贡献,所做的有计划、有系统的各种努力。培训着眼于目前的工作,而开发则为员工准备可能的未来工作。

5. 报酬

它是指通过建立公平合理的薪水系统和福利制度,吸引、保持和激励员工很好地完成其工作。

6. 绩效评估

它是指通过对员工工作行为的测量,用制定的标准来比较工作绩效的记录以及将绩效评估的结果反馈给员工的过程。

10.1.4 人力资源管理基本理论

1. 人性理论

人性理论主要有 X 理论、Y 理论和四种人性假设。

(1)X 理论。麦格雷戈认为,X 理论主要体现了集权型领导者对人性的基本判断。该理论认为,一般人天性好逸恶劳,只要有可能就会逃避工作;人生来就以自我为中心,漠视组织的要求;人缺乏进取心,逃避责任,甘愿听从指挥,安于现状,没有创造性;人们通常容易受骗,易受人煽动;人们天生反对改革。

持此种观点的领导者往往认为,在领导工作中必须对员工采用强制、惩罚、解雇等手段来迫使他们工作,对员工应当严格监督和控制,在领导行为上应当实行高度控制和集中管理,在领导模式上采取集权的领导方式。

(2)Y 理论。Y 理论对人性的假设与 X 理论完全相反。该理论认为,一般人天生并不是好逸恶劳的,他们热爱工作,从工作中可获得满足感和成就感;外来的控制和处罚不是促使人们为组织而努力实现目标的有效方法,下属能够自我确定目标,自我指挥和自我控制;在适当的条件下,人们愿意主动承担责任;大多数人具有一定的想象力和创造力;在现代社会中,人们的智慧和潜能只是部分地得到发挥。

持此种观点的领导者往往认为,领导者应该采取民主型和放任自由型的领导方式,在领导行为上必须遵循以人为中心、宽容、放权的领导原则,要使下属目标和组织目标很好地结合,为人的智慧和能力的发挥创造有利的条件。

(3)有关人类特性的四种假设。美国心理学家和行为科学家对前人和自己的各种假设加以归纳分类,认为人共有四类,即理性经济人、社会人、自我实现人和复杂人。"理性经济人"假设认为人是由经济诱因来引发工作动机的,其目的在于获得最大的经济利益;"社会人"假设认为人的主要工作动机是社会需要,人们通过与同事之间的工作关系可以获得基本的认同感,人们必须从工作的社会关系中去寻求工作的意义;"自我实现人"假设认为人的需要有低级与高级的区别,人的最终目的是满足自我实现的需要;"复杂人"假设认为人有着复杂的动机,不能简单地归结为某一种,而且也不可能把所有的人都归结为同一类人。人的动机是由生理的、心理的、社会的、经济的多方面因素,加上不同的环境因素和时间因素而形成的。

2. 激励理论

激励理论研究的主要问题是项目管理人员如何正确地开展激励工作,如何根据人们的需要、人类自身的规律,选择正确的激励方法。

激励理论总是与人的需要理论联系在一起,解释人的需要的主要理论有马斯洛的需要层次理论、赫茨伯格的双因素理论、麦克利兰的成就需要理论等。人本主义心理学家马斯洛假设每个人都存在着由低到高的五个层次的需要,即生理的需要、安全的需要、社交的需要、尊重的需要和自我实现的需要,这五种需要组成了一个金字塔,生理的需要是人最基础的需要。

管理中的具体激励方式很多,有信仰激励、目标激励、参与激励、竞争激励、考评激励、业绩激励、奖惩激励、信任激励、关怀激励、反馈激励、情感激励等。

3. 强化理论

美国心理学家斯金纳提出的强化理论认为,人的行为是对其所获刺激的函数。如果刺激对他有利,他的行为就有可能重复出现;若刺激对他不利,则他的行为就可能减弱,甚至消失。因此,管理人员要通过强化的手段,营造一种有利于组织目标实现的环境和氛围,以使组织成员的行为符合组织的目标。

强化可分为正强化和负强化两大类型。正强化是指通过奖励那些符合组织目标的行为,以使这些行为得以进一步加强,重复地出现,从而有利于组织目标的实现。奖励包括物质奖励和精神奖励。负强化是指惩罚那些不符合组织目标的行为,以使这些行为得到削弱,甚至消失,从而保证组织目标的实现。惩罚包括物质惩罚和精神处罚,如减少薪金和奖金、罚款、批评、降级等。

10.2 人力资源的优化配置

10.2.1 施工劳动力现状

随着国家用工制度的改革,园林企业逐步形成了多种形式的用工制度,包括固定工、合同工和临时工等形式。人工已经形成了弹性供求结构。当施工任务增大时,可通过多用合同工或农民工来加快工程进度;当任务减少时,可以减少使用合同工或农民工,以免窝工。由于可以从农村招用年轻力壮的劳动力,劳动力招工难和不稳定的问题基本得到解决,同时队伍结构也得到改善,提高了施工项目的用工质量,促进了劳动生产率的提高。农民工到园林企业中来,并不增加企业的负担,适应了园林工程项目施工中用工弹性和流动性的要求,同时也为农村富余劳动力转移和贫困地区脱贫致富提供了机会。

在建筑业企业中,国家规定设置劳务分包企业序列,序列分专业设立了13类劳务分包企业,并进行分级,确定了等级和作业分包范围,要求大部分技术工人持证上岗,这就给施工总承包企业和专业承包企业提供了可靠的作业人员来源保证。园林企业可以按合同向劳务分包公司要求提供作业人员,并依靠劳务分包公司进行劳动力管理,园林项目经理部只是协助管理,这一举措必将大大提高劳动力的管理水平和管理效果。

10.2.2　劳动力计划的编制

　　劳动力综合需要计划是确定暂设工程规模和组织劳动力进场的依据。编制时首先应根据工种工程量汇总表中列出的各专业工种的工程量,查相应定额得到各主要工种的劳动量,再根据总进度计划表中各单位工程工种的持续时间,求得某单位工程在某段时间里的平均劳动力数,然后用同样方法计算出各主要工种在各个时期的平均工人数。将总进度计划表纵坐标方向上各单位工程同工种的人数叠加在一起并连成一条曲线,即可得出某工种的劳动力动态曲线图和计划表。劳动力需要量计划表如表10-1所示。该表中的工种名称除生产人员外,还应该包括附属辅助用工(如机修、运输、构件加工、材料保管等)以及服务和管理用工;劳动力需要量计划表应附有分季度的劳动力动态曲线,曲线图中纵轴表示人数,横轴表示时间。

表 10-1　劳动力需要计划表

序号	工种名称	施工高峰需要人数	年		年		现有人数	多余(＋)或不足(－)人数

10.2.3　劳动力的优化配置

　　一个项目所需劳动力以及种类、数量、时间、来源等问题,应就项目的具体状况做出具体的安排,安排得合理与否将直接影响项目的实现。劳动力的合理安排需要通过对劳动力优化配置才能实现。

　　1. 劳动力管理思路

　　园林施工项目中,劳动力管理的正确思路是:劳动力的关键在使用,使用的关键在提高效率,提高效率的关键是调动员工的积极性,调动积极性的最好办法是加强思想政治工作和运用行为科学的观点进行恰当的激励。

　　2. 优化配置的依据

　　(1)项目。不同的项目所需劳动力的种类、数量是不同的,所以劳动力优化配置的依据首先是不同特点的项目,应根据项目的具体情况以及项目的分解结构来加以确定。

　　(2)项目的进度计划。劳动力资源的时间安排主要取决于项目进度计划。例如,在某个时间段,需要什么样的劳动力,需要多少,应根据在该时间段所进行的工作活动情况确定。同时,还要考虑劳动力的优化配置和进度计划之间的综合平衡问题。

　　(3)项目的劳动力资源供应环境。项目不同,其劳动力资源供应环境也不相同,项目所需劳动力取自何处,应在分析项目劳动力资源供应环境的基础上加以正确选择。

3. 优化配置的程序和方法

劳动力的优化配置，首先，应根据项目分解结构，按照充分利用、提高效率、降低成本的原则确定每项工作或活动所需劳动力的种类和数量；其次，根据项目的初步进度计划进行劳动力配置的时间安排；再次，在考虑劳动力资源来源基础上进行劳动力资源的平衡和优化；最后，形成劳动力优化配置计划。具体方法是：

(1)劳动力需要量计划应进一步具体化，以防止漏配。必要时可根据实际情况对劳动力计划进行调整。

(2)配置劳动力应积极而稳妥，使其有超额完成任务、获得奖励的可能，从而激发其劳动积极性。

(3)应尽量保持劳动力和劳动组织的稳定，防止频繁变动。但是，劳动力或劳动组织不能适应施工任务需要时，应敢于调整，改变原建制，实行优化组合。

(4)工种组合、技术工种和一般工种的比例等应适当、配套。

(5)劳动力配置要均匀，力争使劳动力资源强度适当，以达到节约的目的。

(6)要实行劳动力的动态优化配置。要根据生产任务和施工条件的变化对劳动力进行跟踪、平衡和协调，以解决施工要求与劳动力数量、工种、技术能力、相互配合中存在的矛盾。其目的是实现劳动力的动态优化组合。

10.3 人力资源的激励与培训、开发

10.3.1 人力资源的激励

在园林工程项目人力资源管理中，项目管理人员要充分利用人力资源，就必须充分了解每一个下属的行为动机，学会用激励的方法去调动每个项目成员的积极性，激发他们的潜能。

所谓动机，就是激励人去行为的主观原因，通常以愿望、兴趣、理想等形式表现出来。动机的产生通常有两个原因：一是需要，包括生理需要和社会需要；二是刺激，包括内部刺激和外部刺激。在同一时刻，人的动机可能有若干个，但真正影响人的行为的动机只有一个，这时人就需进行思想斗争，使其中一种动机占优势，这种占优势的动机通常称为优势动机。了解人的动机形成机理以后，就应有效地将人的动机和项目所提供的工作机会、工作条件和工作报酬紧密地结合起来，采取如下的激励方法和技巧进行人力资源的激励。

1. 根据不同对象采取不同激励手段

对于低收入人群，要注重奖金的激励作用；对高收入人群，特别是知识分子和管理干部，则要注重晋升职务、评聘职称以及尊重人格、鼓励创新、充分信任等措施的激励作用；对于从事危、重、脏、累等体力劳动的员工，要注重做好劳动保护、改善劳动条件、增加岗位津贴等措施的激励作用。

2. 奖励效价差与员工贡献差相匹配

效价差过小，易形成平均主义而失去激励作用；但效价差过大，超过了贡献的差距，会走

向反面,使员工感到不公平。项目管理者应该采用适当的奖励效价差,使先进者有动力,后进者有压力。

3. 注重期望心理的疏导

每次评奖活动,希望评上奖的员工人数总是大大多于实际评上奖的人数。当获奖名单公布时,一些人可能出现挫折感、失落感,及时对员工的期望心理进行疏导是非常必要的。疏导的主要方法是将员工的目标及时转移到"下一次"或"下一个年度"中去,鼓励员工树立新的目标,淡化过去,着眼未来。对"末班车"心理要特别注意及时消除,以防止不当争名次、争荣誉、争奖金等行为的发生。

4. 注重公平心理的疏导

根据亚当斯的公平理论,每位员工都是用主观判断来看待周围事物是否公平的,他们不仅关注奖励的绝对值,还关注奖励的相对值。因此,尽管客观上奖励很公平,但仍会有人通过与别人的比较,主观上觉得不公平。项目管理者必须注意对员工公平心理的疏导,要积极引导全体员工树立正确的公平观。正确的公平观包括三个内容:一是应认识到"绝对的公平是不存在的";二是不要盲目地进行攀比;三是不能"按酬付劳"、消极对抗,在员工中形成恶性循环。

5. 科学树立奖励目标

这包括两层含义:一是在树立奖励目标时,要坚持"跳起来摘桃子"的原则,既不可过高,又不可过低。过高会使期望概率过低,过低则使目标效价下降。二是对于一个长期目标,可采用目标分解的办法,树立一系列阶段目标,一旦达到阶段目标,就及时给予奖励,即大目标与小步子相结合。这样可以使员工的期望概率提高,从而维持团队较高的士气,收到满意的激励效果。

6. 科学设置奖励时机、频率和强度

奖励时机直接影响激励效果,又与奖励频率、强度密切相关。对于目标任务不明确,需长期方可见效的工作,奖励频率宜低;对于目标任务明确,短期可见成效的工作,奖励频率宜高。对于较多关注眼前利益的人,奖励频率宜高;对于需求层次较高、事业心很强的人,奖励频率宜低。在劳动条件和人事环境较差、工作满意度不高的单位,奖励频率宜高;劳动条件和人事环境较好,工作满意度较高的单位,奖励频率宜低。奖励频率与奖励强度应恰当配合,一般两者应呈负相关关系。

10.3.2 人力资源的培训与开发

园林工程项目人力资源的培训与开发是指为提高员工的技能和知识,增进员工工作能力,促进员工现在和未来工作业绩所做的努力。培训集中于员工现在工作能力的提高,开发着眼于员工对未来工作的准备。人力资源的培训和开发实践能够确保组织获得并留住所需要的人才,减少员工的挫折感,提高组织的凝聚力和战斗力,形成企业的核心竞争力,在整个人力资源管理过程中起重要作用。

在提高员工能力方面,培训与开发的实践针对新员工和在职员工应有不同侧重。为满足新员工培养的需要,人力资源管理部门一般提供三种类型的培训,即技术培训、取向培训和文化培训。新员工通过培训可熟悉公司的政策、工作的程序、管理的流程,还可学习到基本的工作技能,包括写作、基础算术、听懂并遵循口头指令、说话以及理解手册、图表和日程表等。对在职员工的能力培训可分为纠正性培训、与变革有关的培训和开发性培训三类。纠正性培训主要是针对员工从事新工作前在某些技能上的欠缺所进行的培训;与变革有关的培训主要是指为使员工跟上技术进步、新的法律或新的程序变更以及组织战略计划的变革步伐等而进行的培训;开发性培训主要是指组织对有潜力提拔到更高层次职位的员工所提供的必需的岗位技能培训。

10.4　人力资源绩效评估

绩效是个体或群体工作表现、直接成绩、最终效益的统一体。绩效评估就是以工作目标为导向,以工作标准为依据,通过对员工行为的测量和分析来确认员工工作成就、改进员工工作方式的综合管理。其目的是提高组织的工作效率和经营效益。

绩效评估一般包括三个层次,即组织整体的、项目团队或项目小组的、员工个体的绩效评估。其中,员工个体的绩效评估是项目人力资源管理的基本内容。

现代人力资源管理系统包括人力资源的获得、选聘、培训与提高、激励与报酬、绩效评估等几个方面。其中,绩效评估是最重要的,因为绩效评估给人力资源管理的各个方面提供反馈信息,为确定员工的薪资报酬、决定员工的升降调配、进行员工的培训开发、建立组织与员工的共同愿望等提供决策依据。绩效评估是整个系统必不可少的部分,并与各个部分紧密联系在一起,一直被人们称为组织内人力资源管理最强有力的方法之一。

10.5　材料管理

10.5.1　材料管理概述

园林工程项目材料管理是指对园林生产过程中的主要材料、辅助材料和其他材料的计划、订购、保管、使用所进行的一系列组织和管理活动。主要材料是指施工过程中被直接加工、能构成工程实体的各种材料,如各种乔、灌、草本植物以及钢材、水泥、沙、石等;辅助材料指的是在施工过程中有助于产品的形成,但不构成工程实体的材料,如粘贴剂、促凝剂、润滑剂、肥料等;其他材料则是指不构成工程实体,但又是施工中必需的非辅助材料,如燃料、油料、砂纸、棉纱等。

园林工程实行材料管理的目的,一方面是为了保证施工材料适时、适地、按质、按量、成套齐备地供应,以确保园林工程质量和提高劳动生产率;另一方面是为了加速材料的周转,监督和促进材料的合理节约使用,以降低材料成本,改善项目的各项技术经济指标,提高项目未来的经济收益水平。

材料管理的任务可简单归纳为全面规划、计划进场、严格验收、合理存放、妥善保管、控制领发、监督使用、准确核算。

10.5.2　材料采购管理

在园林工程项目的建设过程中,采购是项目执行的一个重要环节,一般指物资供应人员或实体基于生产、转售、消耗等目的,购买商品或劳务的交易行为。

1. 采购的一般流程

采购管理工作是一个系统工程。其主要流程包括:

(1)提出采购申请。由需求单位根据施工需要提出拟采购材料的申请。

(2)编制采购计划。采购部门从最好地满足项目需求的角度出发,在项目范围说明书基础上确定是否采购、怎样采购、采购什么、采购多少以及何时采购。范围说明书是在项目干系人之间确认或建立的对项目范围的共识,是供未来项目决策的基准文档。范围说明书说明了项目目前的界限范围,它提供了在采购计划编制中必须考虑的有关项目需求和策略的重要信息。

(3)编制询价计划。编制支持询价工作中所需的文档,形成产品采购文档,同时确定可能的供方。

(4)询价。获取报价单或在适当的时候取得建议书。

(5)供方的选择。包括投标书或建议书的接受以及用于选择供应商评价标准的应用,并从可能的卖主中选择产品的供方。

(6)合同管理。确保卖方履行合同。

(7)合同收尾工作。包括任何未解决事项的决议、产品核实和管理收尾,如更新记录以反映最终结果,并对这些信息归档等。

2. 采购方式的选择

对某些重大工程的采购,业主为了确保工程的质量,以合同的形式要求承包商对特定物资的采购必须采取招标方式,或者直接指定某家采购单位等。如果在承包合同中没有这些限制条件,承包商可以根据实际情况来决定有效的采购方式。通常情况下,承包方可选择的采购方式主要有以下几种:

(1)竞争性招标

竞争性招标有利于降低采购的造价,确保所采购产品的质量和缩短工期。但采购的工作量较大,因而成本可能较高。

(2)有限竞争性招标

有限竞争性招标又称为邀请招标,是招标单位根据自己积累的资料或工程咨询机构提供的信息,选择若干有实力的合格单位并向它们发出邀请,应邀单位(一般在3家以上)在规定的时间内向招标单位提交意向书,购买招标文件进行投标。有限竞争性招标方式有利于双方的沟通,能保证招标目标的顺利完成,同时节省了资格评审工作的时间和费用,但可能使得一些更具有竞争优势的单位失去机会。

(3)询价采购

询价采购也称为比质比价法,根据几家供应商(一般至少3家)的报价、产品质量以及供货时间等进行比较分析,目的是确保价格的合理性。它不需要正式的招标文件,只需获得各家的报价单,然后结合相关因素进行综合考虑,从而最终决定采购的单位。这种方式一般适用于现货采购或价值较小的标准规格设备,有时也用于小型、简单的土建工程。

（4）直接采购或直接签订合同

直接采购就是不进行竞争而直接与某单位签订合同的采购方式。这种方式一般在特定的采购环境中进行。例如，所需设备具有专营性，只能从一家供应商处购买；承包合同中指定了采购单位；在采用竞争性招标方式时，未能找到一家供应商以合理价格来承担所需工程的施工或提供货物等。

3. 供应商的选择

供应商的选择是采购流程中的重要环节，它关系到对高质量材料供应来源的确定和评价，以及通过采购合同在销售完成之前或之后及时获得所需的产品或服务的可能性。一个合格的供应商应具备许多条件，如能提供合适的品质、充分的数量、准时的交货、合理的价格及热诚的服务等。因此，对供应商的选择，不能草率从事，需遵循一定的规则和程序。一般选择供应商的程序包括供应商认证准备、供应商初选、与供应商试合作、对供应商评估等步骤。

（1）供应商认证准备

在与供应商接触之前，项目采购部门应做好供应商认证准备工作，这是做好整个供应商选择的基础，同时也为进一步与供应商合作做好铺垫。认证准备工作的全过程如图 10-1 所示。

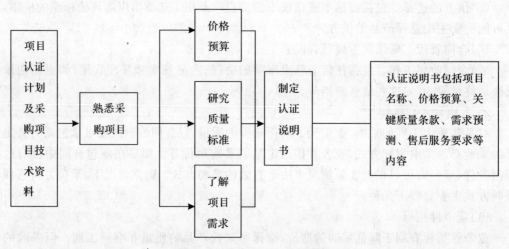

图 10-1　供应商认证准备过程

（2）供应商初选

有了供应商认证说明书，采购人员就可以有针对性地寻找供应商，搜集有关供应信息。一般信息来源有商品目录、行业期刊、各类广告、供应商和商店介绍、网络、业务往来、采购部门原有的记录等。为确定参加项目竞标的供应商，采购人员应首先对有意向的供应商提供的介绍资料进行研究筛选，然后根据认证说明书要求对供应商进行书面调查或实地考察。考察的内容包括供应商的一般经营情况、制造能力、技术能力、管理情况、品质认证情况等。

通过以上环节，采购人员可以缩短供应商名单，确定参加项目竞标的供应商，然后向他们发放认证说明书；供应商可根据自己的情况向采购方提交项目供应报告，主要包括项目价格、可达到的质量、能提供的月/年供应量、售后服务情况等。

（3）与供应商试合作

初选供应商后，采购人员可与其签订试用合同，目的是检测供应商的实际供应能力。试用合同中应就交货时间、质量、价格、服务等指标对供应商提出要求,在合同履行中要对合同执行情况进行监督控制,并不断地进行评价,看是否能够实现预期绩效。通过试合作阶段,可以甄选出合适的供应商,进而签署正式的采购合同。

(4)对供应商评估

与供应商签署正式的采购合同并不意味着对其评价的结束,在以后的供应过程中,还要对供应商的绩效从质量、价格、交付、服务等方面进行追踪考察和评价。采购方对于供应商的服务评价指标主要有物料维修配合、物料更换配合、设计方案更改配合、合理化建议数量、上门服务程度、竞争公正性表现等。

由于植物、石料、装饰品等材料的艺术性要求和部分园林产品非标准化的特点,在园林工程项目的材料采购中,要特别强调在供应商选择和管理评估的基础上与供应商建立密切、长期、彼此信任的良好合作关系,要把供应商视为企业的外部延伸和良好的战略合作伙伴,使供应商尽早介入项目采购活动,以及时、足量、质优地完成项目的材料采购任务。

10.5.3 材料的库存管理

库存就是为了预期的需要将一部分资源暂时闲置起来。材料库存一般包括经常库存和安全库存两部分。经常库存是指在正常情况下,在前后两批材料到达的供应间隔内,为满足施工生产的连续性而建立起来的库存。它的数量一般呈周期性变化,在一批材料入库之后达到最高额,然后随着施工过程的消耗逐渐减少,到下一批材料入库之前达到最低点。安全库存则是为了预防某些不确定因素的发生而建立的库存,正常情况下是一经确定就固定不变的库存量。

库存量的确定对材料的管理具有关键的意义,必须经济合理,不宜过多也不宜过少。如果库存材料的数量过少,会影响到施工的正常进行,造成损失;如果库存量过多,则势必造成资源的闲置,增加各种各样的额外开支。因此,有必要对库存量进行严格管理。

1. ABC分类法

对于各种工程材料,由于它们在施工中所占的比重各不相同,彼此的价值也有差异,在管理的过程中不可能面面俱到,可以实行重点控制,抓大放小。大量的调查表明,材料的库存价值和品种的数量之间存在一定的比例关系。通常占品种数约15%的物资占有大约75%的库存资金,称为A类物资;占品种数约30%的物资占有大约20%的库存资金,称为B类物资;而占品种数约55%的物资只占有大约5%的库存资金,称为C类物资。对这些不同的分类物资可以采取不同的控制方法。例如,A类物资应该是重点管理的材料,一般由企业物资部门采购,要进行严格的控制,确定经济的库存量,并对库存量随时进行盘点;对B类物资进行一般控制,可由项目经理部采购,适当管理;C类物资则可稍加控制或不加控制,简化其管理方法。

2. 供应商管理库存(VMI)

供应商管理库存是一种用户和供应商之间的合作性策略,是在一个相互同意的目标框架下的新库存管理模式。它以对双方来说都是最低的成本来优化产品的可获性,以系统的、集成的管理思想进行库存管理,使供需方之间能够获得同步化运作,体现了供应链的集成化管理思想。

传统的库存管理是由库存的拥有者对库存进行管理,物流的各个环节、各个部门都有各自的库存和库存控制策略。由于各自的库存控制策略不同,势必会造成需求信息的扭曲,使库存既不能满足用户的需求,又占用了企业的资源。采用传统的库存管理模式,具有采购提前期长、交易成本高、生产柔性差、人员配置多、工作流程复杂的缺陷。而 VMI 库存管理系统则突破了传统的条块分割的库存管理模式,它通过选择材料供应商,与选定的供应商签订框架协议,确定合作关系。对项目部而言,材料的供应管理工作主要是编制材料使用计划;对供应商而言,则是根据项目的材料使用计划合理安排生产和运输,保证既不出现缺货现象,也不使现场有较大的库存。采用 VMI 策略,将库存交由供应商管理,不仅可以使项目部把精力集中在工程的核心业务上,还具有减少项目人员、降低项目成本、提高服务水平的优点。

10.5.4 材料的现场管理

材料的现场管理是材料管理的重要环节,直接影响着工程的安全、进度、成本控制等内容。下面从操作层面加以介绍。

1. 材料现场管理的基本内容

(1)材料计划管理

项目开工前,向企业物资部门提出材料需用量计划,作为供应备料依据;在施工中,根据工程变更及调整的施工预算,及时向企业材料部门提出调整供料月计划,作为动态供料的依据;根据施工图纸、施工进度,在加工周期允许时间内提出加工制品计划,作为供应部门组织加工和向现场送货的依据;根据施工平面图对现场设施的设计,按使用期提出施工设施用料计划,报供应部门作为送料的依据;按月对材料计划的执行情况进行检查,不断改进材料供应。

(2)材料验收管理

为了把住材料的质量和数量关,在材料进场时必须进行材料的品种、规格、型号、质量、数量、证件等内容的验收,验收的依据是材料的进料计划、送样凭证、质量保证书或产品合格证。验收工作应按质量验收规范和计量检测规定进行,要做好验收记录,办理验收手续,对不符合计划要求或质量不合格的材料应拒绝验收或让步接收(即降级使用)。要求复检的材料要有取样送检证明报告;新材料必须经过试验鉴定并合格后才能用于施工中;现场配制的材料应经过试配,使用前应经认证。

(3)材料的储存与保管

进库的材料应验收入库,建立台账。材料的放置要按平面布置图实施,做到位置正确,保管处置得当,堆放符合保管制度,施工现场的材料必须防火、防盗、防雨、防变质、防损坏,并尽量减少二次搬运;材料保管要日清、月结、期盘点,要账实相符。

(4)材料的领发

凡有定额的工程用料,凭限额领料单领发材料。工程中,限额用料的方式主要有三种,即分项限额用料、分层分段限额用料、部位限额用料。超限额的用料,用料前应办理手续,填写限额领料单,注明超耗原因,经项目部材料管理人员签发批准后实施。材料领发应建立台账,记录领发状况和节约、超支状况。

(5)材料的使用监督

现场材料管理责任者应对现场材料的使用进行分工监督。监督的内容包括:是否合理用料,是否严格执行配合比,是否认真执行领发料手续,是否做到谁用谁清、随清随用、工完料退场地清,是否按规定进行用料交底和工序交接,是否做到按平面图堆料,是否按要求保护材料等。检查是监督的手段,检查要做到"四有",即情况有记录、原因有分析、责任有明确、处理有结果。

(6)材料回收

班组施工余料必须回收,及时办理退料手续,并在限额领料单中登记扣除。余料要造表上报,按供应部门的安排办理调拨或退料。设施用料、包装物及容器在使用周期结束后应组织回收,并建立回收台账,处理好相应经济关系。

(7)周转材料的现场管理

各种周转材料(如模板、脚手架等)均应按规格分别码放,阳面朝上,垛位见方;露天存放的周转材料应夯实场地,垫高30 cm,有排水措施,按规定限制高度,垛间应留通道;零配件要装入容器保管,按合同发放;按退库验收标准回收,做好记录;建立维修制度,按周转材料报废规定进行报废处理。

2. 竣工收尾阶段材料管理方法

(1)估计未完工程用料,在平衡的基础上,调整原用料计划,控制进场,防止剩余积压,为完工清场创造条件。

(2)提前拆除不再使用的临时设施,充分利用可以利用的旧料,节约费用,降低成本。

(3)及时清理、利用和处理各种破、碎、旧、残料和料底及建筑垃圾等。

(4)及时组织回收退库。对设计变更造成的多余材料,以及不再使用的周转材料,抓紧作价回收,以利于竣工后迅速转移。

(5)做好施工现场材料的收、发、存和定额消耗的业务核算,办理各种材料核销手续,正确核算实际耗料状况,在认真分析的基础上找出经验与教训,在新开工程上加以改进。

3. 节约材料成本的主要途径

节约材料成本的途径非常多,但总体可归纳为两个方面,即降低材料费用和减少材料消耗量。

(1)合理确定材料管理重点。一般而言,占成本比重大的材料、使用量大的材料、采购价格高的材料应重点管理,此类材料最具节约潜力。

(2)合理选择材料采购和供应方式。材料成本占工程成本的绝大部分,而构成工程项目材料成本的主要成分就是材料采购价格。材料管理部门应拓宽材料供应渠道,优选材料供应厂商,加强采购业务管理,多方降低材料采购成本。

(3)合理订购和存储材料。材料订购和存储量过低,容易造成材料供应不足,影响正常施工,同时增加采购工作与采购费用;材料订购和存储量过高,将造成资金积压,增加存储费用,增加仓库和材料堆场的面积。

(4)合理采用节约材料的技术措施和组织措施。施工规划(施工组织设计)要特别重视对材料节约技术、组织措施的设计,并在月度技术、组织措施计划中予以贯彻执行。

(5)合理使用材料。既要防止使用不合格材料,也要防止大材小用、优材劣用。可以利用价值工程等现代管理工具,在不降低功能和质量的前提下,寻找成本较低的代用材料。

(6)合理提高材料周转率。模板、脚手架等周转材料的成本不仅取决于材料单价,而且与材料的周转次数有关。提高周转率可以减少周转材料的占用,减少周转材料的成本分摊,有效地降低周转材料的成本。

(7)合理制定并执行材料领发管理制度。要凭限额领料单领发材料,建立领发料台账,记录领发状况和节约、超支状况,加强材料节约与浪费的考核和奖惩。

(8)合理做好材料回收。班组余料必须回收,同时要做好废料回收和修旧利废工作。工程完工后,要及时清理现场,回收残旧材料。

(9)大力研究和推广节材新技术、新材料、新工艺。

◤案例与分析

某建设单位与施工单位签订了大型水景工程施工承包合同,并委托监理单位负责施工阶段的监理。施工承包合同中规定管材由建设单位指定厂家,施工单位负责采购,厂家负责运输到工地,当管材运到工地后,施工单位认为由建设单位指定的管材可直接用于工程,如有质量问题均由建设单位负责;监理工程师则认为必须有产品合格证、质量保证书,并要进行材质检验,而建设单位现场项目管理代表却认为这是多此一举。后来监理工程师按规定进行了抽检,检验结果达不到设计要求,于是提出对该批管材进行处理。建设方现场项目管理代表认为监理工程师故意刁难,要求监理单位赔偿材料损失,支付试验费用。

分析:

施工方和建设单位现场项目管理代表的行为都不对。因为施工方对到场的材料有责任且必须进行抽样检查;监理工程师的行为属于由建设单位授权、为维护建设单位权益而进行的职责行为,建设单位现场项目管理代表横加干涉是不对的。因此,材料处理的损失应由厂家自己承担,试验费用则由施工单位承担。

若该批材料用于工程后造成质量问题,施工方和监理方均有责任。因为施工单位对用于工程的材料必须确保质量,而监理方对进场材料必须进行检查,不合格的材料不准用于工程。建设单位只是指定厂家,不负责任。

复习思考题:

1. 试述人力资源概念与特点。
2. 试述材料采购的一般流程。
3. 试述材料成本节约的主要途径。

第十一章

园林工程施工现场管理

11.1 园林工程施工现场管理概述

11.1.1 园林工程施工现场管理的概念、目的和意义

1. 施工现场管理的概念与目的

施工现场是指从事工程施工活动的施工场地(经批准占用)。该场地既包括红线以内占用的建筑用地和施工用地,又包括红线以外现场附近经批准占用的临时施工用地。它的管理是指对这些场地如何科学安排、合理使用,并与各自环境保持协调关系。

"规范场容、文明施工、安全有序、整洁卫生、不扰民、不损害公共利益",是施工现场管理的目的。

2. 施工现场管理的意义

(1)施工现场管理的好坏首先关系到施工活动能否正常进行。施工现场是施工的"枢纽站",大量的物资进场后"停站"于施工现场。活动在现场的大量劳动力、机械设备和管理人员,通过施工活动将这些物资一步步地转变成项目产品。这个"枢纽站"管理的好坏关系到人流、物流和财流是否畅通,施工生产活动能否顺利进行。

(2)施工现场是一个"绳结",把各专业管理工作联系在一起。在施工现场,各项专业管

理工作按合理分工分头进行,而又密切协作,相互影响,相互制约,很难截然分开。施工现场管理的好坏,直接关系到各项专业管理的技术经济效果。

(3)工程施工现场管理是一面"镜子",能照出施工企业的面貌。一个文明的施工现场有着重要的社会效益,会赢得很好的社会信誉。反之,则会损害施工企业的社会信誉。

(4)工程施工现场管理是贯彻执行有关法规的"焦点"。施工现场与许多城市管理法规有关,每一个与施工现场管理发生联系的单位都聚焦于工程施工现场管理。因此,施工现场管理是一个严肃的社会问题和政治问题,不能有半点疏忽。

11.1.2 园林工程项目施工现场管理的特点

1. 工程的艺术性

园林工程的最大特点在于它是一个艺术品,融科学性、技术性和艺术性于一体。园林艺术是一门综合艺术,涉及造型艺术、建筑艺术等诸多艺术领域,要求竣工的项目符合设计要求,达到预定功能。这就要求在施工时要注意园林工程的艺术性。

2. 材料的多样性

构成园林的山、水、石、路、建筑等要素的多样性,也使园林工程施工材料具有多样性。一方面要为植物的多样性创造适宜的生态条件,另一方面又要考虑各种造园材料,如片石、卵石、砖等,形成不同的路面变化。现代塑山工艺材料以及防水材料更是各式各样。

3. 工程的复杂性

工程的复杂性主要表现在工程规模日趋大型化,要求协同作业日益增多,加之新技术、新材料的广泛应用,对施工管理提出了更高要求。园林工程是内容广泛的建设工程,施工中涉及地形处理、建筑基础、驳岸护坡、园路假山、铺草植树等多方面,这就要求施工有全盘观念,环环相扣。

4. 施工的安全性

园林设施多为人们直接利用和欣赏,必须具有足够的安全性。

11.1.3 园林工程项目施工现场管理的内容

1. 合理规划施工用地

首先要保证施工场内占地的合理使用。当场内空间不充足时,应会同建设单位、规划部门向公安交通部门申请,经批准后才能使用场外临时施工用地。

2. 在施工组织设计中,科学地进行施工总平面设计

施工组织设计是园林工程施工现场管理的重要内容和依据,尤其是施工总平面设计。做好施工总平面设计目的就是对施工场地进行科学规划,以便合理利用空间。在施工平面布置图上,临时设施、大型机械、材料堆场、物资仓库、构件堆场、消防设施、道路及进出口、水电管线、周转使用场地等,都应各得其所,位置关系合理合法,从而使施工现场文明,有利于安全和环境保护,有利于节约,便于工程施工。

3. 根据施工进展的具体需要,按阶段调整施工现场的平面布置

不同的施工阶段,施工的需要不同,现场的平面布置也应进行调整。当然,施工内容变化是主要原因。另外分包单位也随之变化,他们也对施工现场提出了新的要求。因此,不应把施工现场当成一个固定不变的空间组合,而应当对它进行动态的管理和控制,但是调整也不能太频繁,以免造成浪费。

4. 加强对施工现场使用的检查

现场管理人员应经常检查现场布置是否按平面布置图进行,是否符合各项规定,是否满足施工需要,还有哪些薄弱环节,从而为调整施工现场布置提供有用的信息,也使施工现场保持相对稳定,不被复杂的施工过程打乱或破坏。

5. 建立文明的施工现场

文明的施工现场是指按照有关法规的要求,使施工现场和临时占地范围内秩序井然,文明安全,环境得到保持,绿地树木不被破坏,交通畅达,文物得以保存,防火设施完备,居民不受干扰,场容和环境卫生均符合要求。建立文明的施工现场有利于提高工程质量和工作质量,提高企业信誉。为此,应当做到主管挂帅、系统把关、普遍检查、建章建制、责任到人、落实整改、严明奖惩。

(1)主管挂帅。公司和工区均成立主要领导挂帅,各部门主要负责人参加的施工现场管理领导小组,在企业范围内建立以项目管理班子为核心的现场管理组织体系。

(2)系统把关。各管理、业务系统对现场的管理进行分口负责,每月组织检查,发现问题及时整改。

(3)普遍检查。对现场管理的检查内容,按达标要求逐项检查,填写检查报告,评定现场管理先进单位。

(4)建章建制。建立施工现场管理规章制度和实施办法,按法办事,不得违背。

(5)责任到人。管理责任不但明确到部门,而且各部门要明确到人,以便落实管理工作。

(6)落实整改。针对各种问题,一旦发现,必须采取措施纠正,避免再度发生。无论涉及哪一级、哪一部门、哪一个人,都不能姑息迁就,必须落实整改。

(7)严明奖惩。如果成绩突出,便应按奖惩办法予以奖励;如果有问题,要按规定给予必要的处罚。

6. 及时清场转移

施工结束后,项目管理班子应及时组织清场,将临时设施拆除,剩余物资退场,组织向新工程转移,以便整治规划场地,恢复临时占用土地,不留后患。

11.1.4　园林工程项目施工现场管理的方法

现场施工组织就是现场施工过程的管理,它是根据施工计划和施工组织设计,对拟建工程项目在施工过程中的进度、质量、安全、节约和现场平面布置等方面进行指挥、协调和控制,以达到施工过程中不断提高经济效益的目的。

1. 组织施工

组织施工是依据施工方案对施工现场进行有计划、有组织的均衡施工活动。必须做好以下三方面的工作。

(1)施工中要有全局意识。园林工程是综合性艺术工程,工种复杂,材料繁多,施工技术要求高,这就要求现场施工管理全面到位,统筹安排。在注重关键工序施工的同时,不得忽视非关键工序的施工;各工序施工任务必须清楚衔接,材料、机具供应到位,从而使整个施工过程顺利进行。

(2)组织施工要科学、合理和实际。施工组织设计中拟定的施工方案、施工进度、施工方法是科学合理组织施工的基础,应认真执行。施工中还要密切注意不同工作的时间要求,合理组织资源,保证施工进度。

(3)施工过程要做到全面监控。由于施工过程是繁杂的工程实施活动,各个环节都有可能出现一些在施工组织上、设计中未加考虑的问题,这要根据现场情况及时调整和解决,以保证施工质量。

2.施工作业计划的编制

施工作业计划和季度计划是对其基层施工组织在特定时间内以月度施工计划的形式下达施工任务的一种管理方式,虽然下达的施工期限很短,但对保证年度计划的完成意义重大。

(1)施工作业计划的编制依据

①工程项目施工期与作业量;

②企业多年来基层施工管理的经验;

③上个月计划完成状况;

④各种先进合理的定额指标;

⑤工程投标文件、施工承包合同和资金准备情况。

(2)施工作业计划编制的方法

施工作业计划的编制因工程条件和施工企业的管理习惯不同而有所差异,计划的内容也有繁简之分。在编写的方法上,大多采用定额控制法、经验估算法和重要指标控制法三种。

定额控制法是利用工期定额、材料消耗定额、机械台班定额和劳动力定额等测算各项计划指标的完成情况,编制出计划表。经验估算法是参考上年度计划完成的情况及施工经验估算当前的各项指标。重要指标控制法则是先确定施工过程中哪几个工序为重点控制指标,从而制定出重点指标计划,再编制其他计划指标。实际工作中可结合这几种方法进行编制。施工作业计划一般都要有以下几方面的内容:

①年度计划和季度计划总表;

②根据季度计划编制出月份工程计划汇总表;

③按月工程计划汇总表中的本月计划进度确定各单项工程(或工序)的本月日程进度,用横道图表示,并计算出用工数量;

④利用施工日进度计划确定月份的劳动力计划,填写园林工程项目表;

⑤技术组织措施与降低成本计划表;

⑥月工程计划汇总表和施工日程进度表,制定必要的材料、机具月计划表。

在编制计划时,应将法定休息日和节假日扣除,即每月的所有天数不能连续算成工作日。另外,还要注意雨天或冰冻等天气影响,留有适当余地,一般可多留总工作天数的5%～8%。

3.施工任务单

施工任务单是由园林施工企业按季度施工计划给施工队所属班组下达施工任务的一种管理方式。通过施工任务单,基层施工班组对施工任务和工程范围更加明确,对工程的工期、安全、质量、技术、节约等要求更能全面把握。这有利于对工人进行考核,有利于施工组织。

（1）施工任务单使用要求

①施工任务单是下达给施工班组的，因此任务单所规定的任务、指标要明了具体。

②施工任务单的制定要以作业计划为依据，要实事求是，符合基层作业。

③施工任务单中所拟定的质量、安全、工作要求、技术与节约措施应具体化，易操作。

④施工任务单工期以半个月到一个月为宜，下达、回收要及时。班组的填写要细致认真并及时总结分析。所有单据均要妥善保管。

（2）施工任务单的执行

基层班组接到施工任务单后，要详细分析任务要求，了解工程范围，做好实地调查工作。同时，班组负责人要召集施工人员，讲解施工任务单中规定的主要指标及各种安全、质量、技术措施，明确具体任务。在施工中要经常检查、监督，对出现的问题要及时汇报并采取应急措施。各种原始数据和资料要认真记录和保管，为工程竣工验收做好准备。

4. 施工平面图管理

施工平面图管理是指根据施工现场布置图对施工现场水平工作面的全面控制活动，其目的是充分发挥施工场地的工作面特性，合理组织劳动资源，按进度计划有序施工。园林工程施工范围广，工序多，工作面分散，因此要做好施工平面的管理。

（1）现场平面布置图是施工总平面管理的依据，应认真予以落实。

（2）实际工作中若发现现场平面布置图有不符合施工现场的情况，要根据具体的施工条件提出修改意见。

（3）平面管理的实质是水平工作面的合理组织，因此，要视施工进度、材料供应、季节条件等作出劳动力安排。

（4）在现有的游览景区内施工，要注意园内的秩序和环境。材料堆放、运输应有一定的限制，以避免景区混乱。

（5）平面管理要注意灵活性与机动性。对不同的工序或不同的施工阶段要采取相应的措施，如夜间施工可调整供电线路，雨季施工要组织临时排水，突击施工要增加劳动力等。

（6）必须重视生产安全。施工人员要有足够的安全意识，注意检查、掌握现场动态，消除安全隐患，加强消防意识，确保施工安全。

5. 施工调度

施工调度是保证合理工作面上的资源优化，是有效地使用机械、合理组织劳动力的一种施工管理手段。

进行施工合理调度是十分重要的管理环节，要着重把握以下几点：

（1）减少频繁的劳动力资源调配，施工组织设计必须切合实际，科学合理，并将调度工作建立在计划管理的基础之上。

（2）施工调度重点在于劳动力及机械设备的调配上，为此要对劳动力技术水平、操作能力、机械的性能和效率等有准确的把握。

（3）施工调度时要确保关键工序的施工，有效抽调关键线路的施工力量。

（4）施工调度要密切配合时间进度，结合具体的施工条件，因地因时制宜，做到时间与空间的优化组合。

（5）调度工作要有及时性、准确性、预防性。

6. 施工过程的检查与监督

园林工程是游人直接使用和接触的，不能存在丝毫的隐患，因此，应重视施工过程的检查与监督工作，要把它视为保证工程质量必不可少的环节，并贯穿于整个施工过程中。

（1）检查的种类

根据检查对象的不同可将施工检查分为材料检查和中间作业检查两类。材料检查是指对施工所需的材料、设备的质量和数量的确认过程。中间作业检查是施工过程中作业结果的检查验收，分施工阶段检查和隐蔽工程验收两种。

（2）检查方法

①材料检查。检查材料时，要出示检查申请、材料入库记录、抽样指定申请、试验填报表和证明书等。不得购买假冒伪劣产品及材料；所购材料必须有合格证、质量检查证、厂家名称和有效使用日期；做好材料进出库的检查登记工作；要选派有经验的人员做仓库保管员，搞好材料验收、保管、发放和清点工作，做到"三把关，四拒收"，即把好数量关、质量关、单据关，拒收凭证不全、手续不整、数量不符、质量不合格的材料；绿化材料要根据苗木质量标准验收，保证成活率。

②中间作业检查。对一般的工序可按时间或施工阶段进行检查。检查时要准备好施工合同、施工说明书、施工图、施工现场照片、各种质量证明材料和试验结果等。园林景观的艺术效果是重要的评价标准，应对其加以检验确认，主要通过形状、尺寸、质地、色彩等加以检测。对园林绿化材料的检查，要以成活率和生长状况为主，并做到多次检查验收；对于隐蔽工程，要及时申请检查验收，待验收合格后方可进行下道工序。在检查中如发现问题，要尽快提出处理意见。

11.2　施工现场管理规章制度

11.2.1　基本要求

（1）园林工程施工现场门头应设置企业标志。项目经理部应负责施工现场场容、文明形象管理的总体策划和部署。各分包人应在项目经理部的指导和协调下，按照分区划块原则，搞好分包人施工用地区域内的场容文明形象管理规划并严格执行。

（2）项目经理部应在现场入口的醒目位置，公示以下标牌：

①工程概况牌，包括工程规模、性质、用途、发包人、设计人、承包人、监理单位的名称和施工起止年月等。

②安全纪律牌；

③防火须知牌；

④安全无重大事故计时牌；

⑤安全生产、文明施工牌；

⑥施工平面布置图；

⑦施工项目经理部组织架构及主要管理人员名单图。

（3）项目经理部应把施工现场管理列入经常性的巡视检查内容，并与日常管理有机结合，认真听取邻近单位、社会公众的意见和反映，及时整改。

11.2.2　规范场容的要求

（1）施工现场场容规范化应建立在施工平面图设计的科学合理化和物料器具管理标准化的基础上。承包人应根据本企业的管理水平，建立和健全施工平面图管理标准和现场物料器具管理标准，为项目经理部提供场容管理策划的依据。

（2）项目经理必须结合施工条件，按照施工技术方案和施工进度计划的要求，认真进行施工平面图的规划、设计、布置、使用和管理。

①施工平面图宜按指定的施工用地范围和布置的内容，分为施工平面布置图和单位工程施工平面图，分别进行布置和管理。

②单位工程施工平面图宜根据不同施工阶段的需要，分别设计成阶段性施工平面图，并在阶段性进度目标开始实施前，经施工协调会议确认后实施。

（3）应严格按照已审批的施工平面布置图或相关的单位工程施工平面图划定的位置，布置施工项目的主要机械设备、脚手架、模具，施工临时道路，供水、供电、供气管道或线路，施工材料制品堆场及仓库，土方及建筑垃圾，变配电间，消防栓，警卫室，现场办公、生产、生活临时设施等。

（4）施工物料器具除应按施工平面图指定位置布置外，还应根据不同特点和性质，规范布置方式与要求，包括执行码放整齐、限宽限高、上架入箱、规格分类、挂牌标志等管理标准。砖、砂、石和其他散料应随用随清，不留料底。

（5）施工现场应设垃圾站，及时集中分拣、回收、利用、清运，垃圾清运出现场必须到批准的垃圾消纳场地倾倒，严禁乱倒乱卸。

（6）施工现场剩余料具、包装容器应及时回收，堆放整齐并及时清退。

（7）在施工现场周边应设置临时围护设施。市区工地的周边围护设施应不低于 1.8 m。临街脚手架、高压电缆、起重把杆回转半径伸至街道的，均应设置安全隔离棚。危险品库附近应有明显标志及围挡措施。

（8）施工现场应设置畅通的排水沟渠系统，场地不积水，不积泥浆，保持道路干燥坚实，工地地面宜做硬化处理。

11.2.3　施工现场环境保护

由于城市里缺乏生态系统中的生产者——绿色植物，所以，大力搞好园林工程建设，提高城市绿化覆盖率，为城市增加自然因素，是最根本、最积极的措施。做好园林工程建设是维护城市生态平衡，美化、净化城市环境的根本手段，是协调人与自然的基本途径。我国政府对城市园林绿化事业十分重视。历年来国家颁布的法律法规、条例都对城市绿化事业的发展做出了明确的规定，要求城市规划必须切实保护和改善城市生态环境，防止污染和其他公害，保护城市绿地，搞好绿化建设；并且规定，禁止任何组织和个人侵占风景名胜区、文物古迹、公共绿地进行其他建设项目，或者改变其使用性质。这对园林工程建设者，在施工现场管理方面，对环境保护提出了更高的要求。

1. 园林工程建设环境保护遵循的原则

(1)实行经济与环境协调发展的原则。既要搞好园林工程建设,又要切合实际地保护环境,既要经济效益,又要环境效益。

(2)实行以防为主、防治结合的原则。这是一条积极有效的途径,避免重蹈"先破坏,后治理"的覆辙。

(3)自然资源综合利用的原则。园林工程建设中实现废弃物处理后再利用,实现"化害为利,变废为宝"。

(4)园林工程建设中采取减少污染的新工艺、新技术、新设备,这是防治污染、保护环境的重要途径。

(5)注意全面规划、合理布局。通过全面的施工现场管理,充分利用自然条件,合理布局,来控制环境污染的发生。

2. 园林工程建设环境保护的评价和审批程序

(1)工程建设项目的环境影响评价工作,由取得相应资格证书的单位承担。

(2)园林工程建设项目在编制环境影响报告书时,应当依照有关法律规定,征求建设项目所在地有关单位和居民的意见。

(3)园林工程建设环境影响的报告书,应当包括下列内容:

①园林工程建设项目概述;

②园林工程建设项目周围环境现状;

③园林工程建设项目对环境可造成影响的分析与预测;

④园林工程建设项目环境保护措施及其经济、技术论证;

⑤环境影响经济损益分析;

⑥对园林工程建设项目实施环境监测的建议;

⑦环境影响评价结论。

(4)园林工程建设项目的环境影响报告书,由建设单位报有审批权的环境保护行政主管部门审批。工程建设项目有行业主管部门的,其环境影响报告书应当经行业主管部门预审后,报有审批权的环境保护行政主管部门审批。

(5)园林工程建设项目施工由于受技术、经济条件限制,对环境的污染不能控制在规定范围内的,建设单位应当会同施工单位事先报请当地人民政府建设行政主管部门和环境保护行政主管部门批准。

3. 园林工程建设环境保护的内容

(1)制定园林工程建设项目规划,应当确定保护和改善环境的目标和任务。

(2)园林工程建设应当结合当地自然环境的特点,保护植被、水域和自然景观,加强园林工程建设管理。

(3)园林工程建设施工应当遵守国家有关环境保护的法律规定,采取措施控制施工现场的各种粉尘、废气、废水、固体废弃物以及噪声、振动对环境的污染和危害。

(4)一切对环境保护造成污染和破坏的园林工程建设和自然资源开发利用项目,必须严格执行国家有关建设项目环境管理的规定,实行环境影响报告书审批制度。

4. 园林工程建设施工对环境保护和防止污染的具体措施

(1)施工现场泥浆和污水未经处理不得直接排入城市排水设施和河流、湖泊、池塘。

（2）禁止将有毒有害废物用作土方回填。

（3）建筑垃圾、渣土应在指定地点堆放，每日进行清理。装载建筑材料、垃圾或渣土的车辆应有防止尘土飞扬、撒落或流溢的有效措施。施工现场应根据需要设置机动车辆冲洗设施，冲洗污水应及时处理。

（4）对施工机械的噪声与振动扰民，应有相应措施予以控制。

（5）凡在居民稠密区进行强噪声作业的，必须严格控制作业时间，一般不得超过 22 时。

（6）经过施工现场的地下管线，应由发包人在施工前通知承包人，标出位置加以保护。施工时发现文物、古迹、爆炸物、电缆等，应当停止施工，保护好现场，及时向有关部门报告，按照有关规定处理后方可继续施工。

（7）施工中需要停水、停电、封路而影响周边环境时，必须经过有关部门批准，事先告示。在行人、车辆通行的地方施工，应当设置沟、井、坎、穴覆盖物和标志。

11.2.4　施工现场安全防护管理

1. 料具存放安全要求

（1）大模板存放必须将地脚螺栓提上去，使自稳角成 70°～80°。长期存放的大模板必须用拉杆连接绑牢。没有支撑或自稳角不足的大模板要存放在专用的堆放架内。

（2）砖、加气块、小钢模码放稳固，高度不超过 1.5 m。脚手架上放砖的高度不准超过 3 层侧砖。

（3）存放水泥等袋装材料严禁靠墙码垛，存放砂、土、石料严禁靠墙堆放。

2. 临时用电安全防护

（1）临时用电必须按部颁规范的要求作施工组织设计（方案），建立必需的内业档案资料。

（2）临时用电必须建立对现场线路、设施的定期检查制度，并将检查、检验记录存档备查。

（3）临时配电线路必须按规范架设整齐，架空线必须采用绝缘导线，不得采用塑胶软线，不得成束架空铺设，也不得沿地面明铺设。

施工机具、车辆及人员应与内、外电线路保持安全距离，达不到规范规定的最小距离时，必须采取可靠的防护措施。

（4）配电系统必须施行分级配电。各类配电箱、开关箱的安装和内部设置必须符合有关规定，箱内电气必须可靠完好，其选型、定值要符合规定，开关电器应标明用途。

各类配电箱、开关箱的外观应完整、牢固、防雨、防尘，箱体应外涂安全色标，统一编号，箱内无杂物。停止使用的配电箱应切断电源，箱门上锁。

（5）独立的配电系统必须按部颁标准采用三相四线制的接零保护系统，非独立系统可根据现场实际情况采取相应的接零、接地保护方式。各种电气设备和电力施工机械的金属外壳、金属支架和底座必须按规定采取可靠的接零或接地保护措施。

（6）手持电动工具的使用应符合国家标准的有关规定。工具的电源线、插头和插座应完好。电源线不得任意接长和调换，工具的外绝缘应完好无损，维修和保护应由专人负责。

（7）凡在一般场所采用 220 V 电源照明的，必须按规定布线和装设灯具，并在电源一侧加装漏电保护器。特殊场所必须按国家标准规定使用安全电压照明器。

(8)电焊机应单设开关。电焊机外壳应采取接零或接地保护措施。一次线长度应小于5 m,二次线长度应小于 30 m,两侧接线应压接牢固,并安装可靠防护罩。

3.施工机械安全防护

(1)施工组织设计应有施工机械使用过程中的定期检测方案。

(2)施工现场应有施工机械安装、使用、检测、自检记录。

(3)搅拌机应搭防砸、防雨操作棚,使用前应固定,不得用轮胎代替支撑。移动时必须先切断电源。启动装置、离合器、制动器、保险链、防护罩应齐全完好,使用安全可靠。搅拌机停止使用料斗升起时,必须挂好上料斗的保险链。维修、保养、清理时必须切断电源,设专人监护。

(4)机动翻斗车时速不超过 5 km,方向机构、制动器、灯光等应灵敏有效。行车中严禁带人。往槽、坑、沟卸料时,应保持安全距离并设挡墩。

(5)蛙式打夯机必须两人操作,操作人员必须戴绝缘手套和穿绝缘胶鞋。操作手柄应采取绝缘措施。打夯机使用后应切断电源,严禁在打夯机运转时清除积土。

(6)钢丝绳应根据用途保证足够的安全系数。凡表面磨损、腐蚀、断丝超过标准的,以及打死弯、断胶、油芯外露的不得使用。

4.操作人员个人防护

(1)进入施工区域的所有人员必须戴安全帽。

(2)凡从事 2 m 以上、无法采取可靠防护设施的高处作业人员必须系安全带。

(3)从事电气焊、剔凿、磨削作业人员应使用面罩或护目镜。

(4)特种作业人员必须持证上岗,并佩戴相应的劳保用品。

11.2.5　施工现场的保卫、消防管理

(1)应做好施工现场保卫工作,采取必要的防盗措施。现场应设立门卫,根据需要设置警卫。施工现场的主要管理人员在施工现场应当佩戴证明其身份的证卡,应采用现场施工人员标志。有条件的可对进出场人员使用磁卡管理。

(2)承包人必须严格按照《中华人民共和国消防条例》的规定,在施工现场建立和执行防火管理制度,现场必须安排消防车出入口和消防道路,设置符合要求的消防设施,保持完好的备用状态。现场严禁吸烟,必要时设吸烟室。

(3)施工现场的通道、消防入口、紧急疏散楼道等均应有明显标志或指示牌。有高度限制的地点应有限高标志。

(4)施工现场的材料保管,应依据材料性能采取必要的防雨、防潮、防晒、防冻、防火、防爆、防损坏等措施。植物材料应该采取假植的形式加以保管。

(5)更衣室、财会室及职工宿舍等易发案场所要指定专人管理,制定防范措施,防止发生盗窃案件。严禁赌博、酗酒、传播淫秽物品和打架斗殴。

(6)料场、库房的设置应符合治安消防要求,并配备必要的防范设施。职工携物出现场,要开出门证。

(7)施工现场要配备足够的消防器材,并做到布局合理,经常维护、保养,采取防冻保温措施,保证消防器材灵敏有效。

(8)施工现场进水干管直径不小于 100 mm。消火栓处昼夜要设有明显标志,配备足够

的水龙头,周围 3 m 内不准存放任何物品。

11.2.6 施工现场环境卫生和卫生防疫

(1)施工现场应保持整洁卫生。运输车辆不带泥沙出现场,并做到沿途不遗撒。

(2)施工现场不宜设置职工宿舍,必须设置时应尽量和施工场地分开。现场应准备必要的医务设施。在办公室内显著地点张贴急救车和有关医院电话号码,根据需要制定防暑降温措施,进行消毒、防毒处理。施工作业区与办公区应明显划分。生活区周围应保持清洁,保证无污染和污水。生活垃圾应集中堆放,及时清理。

(3)承包人应考虑施工过程中必要的投保。应明确施工保险及第三者责任险的投保人和投保范围。

(4)冬季取暖炉的防煤气中毒设施必须齐全有效。应建立验收合格证制度,经验收合格发证后方准使用。

(5)食堂、伙房要有一名工地领导主管食品卫生工作,并设有兼职或专职的卫生管理人员。食堂、伙房的设置需经当地卫生防疫部门审查、批准,要严格执行食品卫生法和食品卫生有关管理规定。建立食品卫生管理制度,要办理食品卫生许可证、炊事人员身体健康证和卫生知识培训证。

(6)伙房内外要整洁,炊具用具必须干净,无腐烂变质食品。操作人员上岗必须穿戴整洁的工作服并保持个人卫生。食堂、操作间、仓库要做到生熟分开操作和保管,有灭鼠、防蝇措施,做到无蝇、无鼠、无蛛网。

(7)应进行现场节能管理。有条件的现场应下达能源使用规定。

(8)施工现场应有开水,饮水器具要卫生。

(9)厕所要符合卫生要求,施工现场内的厕所应有专人保洁,按规定采取冲水或加盖措施,及时打药,防止蚊蝇滋生。市区及远郊城镇内施工现场厕所的墙壁、屋顶要严密,门窗要齐全。

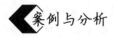案例与分析

施工现场火灾事故应急预案

园林在线 11 月 17 日消息:建筑工地是一个多工种、立体交叉作业的施工场地,在施工过程中存在着火灾隐患。特别是在工程装饰施工的高峰期,明火作业增多,易燃材料增多,极易发生建筑工地火灾。为了提高消防应急能力,全力、及时、迅速、高效地控制火灾事故,最大限度减少火灾事故损失和事故造成的负面影响,保障国家、企业财产和人员的安全,针对施工现场实际,项目部制定施工现场火灾事故应急预案。

一、工程简介

略。

二、指导思想和法律依据

指导思想:施工期间的火灾应急防范工作是建筑安全管理工作的重要组成部分。工地一旦发生火灾事故不仅会给企业带来经济损失,而且极易造成人员伤亡。为预防施工工地

的火灾事故,要加强火灾应急救援管理工作。我们要以党的"三个代表"重要思想为指导,贯彻落实"隐患险于明火,防范胜于救灾,责任重于泰山"的精神,坚持"预防为主、防消结合"的消防方针,组织全体员工认真学习法律法规知识,学习火灾原理、灭火基础知识及救援知识。用讲政治的高度来认识防火救援工作的重要性,增强员工的消防意识。

法律依据:《安全生产法》第十七条规定:"生产经营单位的主要负责人具有组织制定并实施本单位的生产事故应急救援预案的职责。"第三十三条规定:"生产经营单位对重大危险源应当制定应急救援预案,并告知从业人员和相关人员在紧急情况下应当采取的应急措施。"

《建设工程安全生产管理条例》第四十八条规定:"施工单位应当制定本单位生产安全事故应急救援预案,建立应急救援组织或者配备应急救援人员,配备必要的应急救援器材、设备,并定期组织演练。"第四十九条规定:"施工单位应当根据建设工程施工的特点、范围,对施工现场易发生重大事故的部位、环节进行监控,制定施工现场生产安全事故应急救援预案。实行施工总承包的,由总承包单位统一组织编制建设工程生产安全事故应急救援预案,工程总承包单位和分包单位按照应急救援预案,各自建立应急救援组织或者配备应急救援人员,配备救援器材、设备,并定期组织演练。"

《中华人民共和国消防法》规定:"消防安全重点单位应当制定灭火和应急疏散预案,定期组织消防演练。"

三、火灾事故应急救援的基本任务

火灾事故应急救援的总目标是通过有效的应急救援行动,尽可能地降低事故的后果,包括人员伤亡、财产损失和环境破坏等。火灾事故应急救援的基本任务有以下几个方面:

1. 立即组织营救受害人员,组织撤离或者采取其他措施保护危害区域内的其他人员。抢救受害人员是应急救援的首要任务。在应急救援行动中,快速、有序、有效地实施现场急救与安全转送伤员是降低伤亡率、减少事故损失的关键。由于重大事故发生突然,扩散迅速,涉及范围广,危害大,应及时教育和组织职工采取各种措施进行自身防护,必要时迅速撤离危险区或可能受到危害的区域。在撤离过程中,应积极组织职工开展自救和互救工作。

2. 迅速控制事态,并对火灾事故造成的危害进行检测、监测,测定事故的危害区域、危害性质及危害程度。及时控制住造成火灾事故的危害源是应急救援工作的重要任务,只有及时地控制住危险源,防止事故的继续扩展,才能及时有效地进行救援。发生火灾事故,应尽快组织义务消防队与救援人员一起及时控制事故继续扩展。

3. 消除危害后果,做好现场恢复。针对事故和人体、土壤、空气等造成的现实和可能危害,迅速采取封闭、隔离、洗消、检测等措施,防止对人的继续危害和对环境的污染。及时清理废墟和恢复基本设施,将事故现场恢复至相对稳定的基本状态。

4. 查清事故原因,评估危害程度。事故发生后应及时调查事故发生的原因和事故性质,评估出事故的危害范围和危险程度,查明人员伤亡情况,做好事故调查。

四、成立应急小组,落实职能组职责。

成立××××工程项目部消防安全领导小组和义务消防队。

(一)组长及小组成员、职能组

组　长:项目经理。

副组长:项目副经理。

成　　员：项目技术主管、施工员、质量员、安全员、材料员、资料员等。

职能组：联络组、抢险组、疏散组、救护组、保卫组、调查组、后勤组、义务消防队等。

（二）领导小组职责

工地发生火灾事故时，负责指挥工地抢救工作，向各职能组下达抢救指令任务，协调各组之间的抢救工作，随时掌握各组最新动态并做出最新决策，第一时间向110、119、120、公司及当地消防部门、建设行政主管部门及有关部门报告求援。平时小组成员轮流值班，值班者必须在工地，手机24小时开通，发生火灾紧急事故时，在应急小组长未到达工地前，值班者即为临时代理组长，全权负责落实抢险。

职能组职责：

1．联络组：其任务是了解掌握事故情况，负责事故发生后在第一时间通知公司，及时通知当地建设行政主管部门、电力部门、劳动部门、当事人的亲人等。

2．抢险组：其任务是根据指挥组指令，及时负责扑救、抢险，并布置现场人员到医院陪护。当事态无法控制时，立刻通知联络组拨打政府主管部门电话求救。

3．疏散组：其任务为在发生事故时，负责人员的疏散、逃生。

4．救护组：其任务是负责受伤人员的救治和送医院急救。

5．保卫组：负责损失控制，物资抢救，对事故现场划定警戒区，阻止与工程无关人员进入现场，保护事故现场不遭破坏。

6．调查组：分析事故发生的原因、经过、结果及经济损失等，调查情况及时上报公司。如有上级、政府部门介入则配合调查。

7．后勤组：负责抢险物资、器材器具的供应及后勤保障。

8．义务消防队：发生火灾时，应按预案演练方法，积极参加扑救工作。

人员名单及分工应挂在项目部办公室墙上。

（三）应急小组地点和电话及有关单位部门联系方式

地点：×××××工地内。

电话：略。

应急小组长电话：略。

公司：略。

建设行政主管部门：略。

急救电话120　　　火警119　　　公安110

五、灭火器材配置和急救器具准备

1．救护物资种类、数量：救护物资有水泥、黄沙、石灰、麻袋、铁丝等。数量应充足。

2．救灾装备器材的种类：仓库内备有安全帽、安全带、切割机、气焊设备、小型电动工具、一般五金工具、雨衣、雨靴、手电筒等。统一存放在仓库，仓库保管员24小时值班。

3．消防器材：干粉灭火器和1211灭火器。国标消防栓，分布各楼层。设置现场疏散指示标志和应急照明灯。设置黄沙箱。周围消防栓应标明地点。

4．急救物品：配备急救药箱、口罩、担架及各类外伤救护用品。

5．其他必备的物资供应渠道：保持社会上物资供应渠道（电话联系），随时确保供应。

6．急救车辆：项目部自备小车，或报120急救车救助。

六、火灾事故应急响应步骤

1. 立即报警。当接到发生火灾信息时,应确定火灾的类型和大小,并立即报告防火指挥系统,防火指挥系统启动紧急预案。指挥小组要迅速报"119"火警电话,并及时报告上级领导,便于及时扑救处置火灾事故。

2. 组织扑救火灾。当施工现场发生火灾时,要及时报警,并要立即组织基地或施工现场义务消防队员和职工进行扑救火灾,义务消防队员选择相应器材进行扑救。扑救火灾时要按照"先控制,后灭火;救人重于救火;先重点,后一般"的灭火战术原则。派人切断电源,接通消防水泵电源,组织抢救伤亡人员,隔离火灾危险源和重点物资,充分利用项目中的消防设施器材进行灭火。

(1)灭火组:在火灾初期阶段使用灭火器、室内消火栓进行火灾扑救。

(2)疏散组:根据情况确定疏散、逃生通道,指挥撤离,并维持秩序和清点人数。

(3)救护组:根据伤员情况确定急救措施,并协助专业医务人员进行伤员救护。

(4)保卫组:做好现场保护工作,设立警示牌,防止二次火险。

3. 人员疏散是减少人员伤亡扩大的关键,也是最彻底的应急响应。在现场平面布置图上绘制疏散通道,一旦发生火灾等事故,人员可按图示疏散撤离到安全地带。

4. 协助公安消防队灭火。联络组拨打119、120求救,并派人到路口接应。当专业消防队到达火灾现场后,火灾应急小组成员要简要向消防队负责人说明火灾情况,并全力协助消防队员灭火,听从专业消防队指挥,齐心协力,共同灭火。

5. 现场保护。当火灾发生时和扑灭后,指挥小组要派人保护好现场,维护好现场秩序,等待事故原因和对责任人调查。同时应立即采取善后工作,及时清理,将火灾造成的垃圾分类处理并采取其他有效措施,使火灾事故对环境造成的污染降低到最低限度。

6. 火灾事故调查处置。按照公司事故、事件调查处理程序规定,火灾发生情况报告要及时按"四不放过"原则进行查处。事故后分析原因,编写调查报告,采取纠正和预防措施,负责对预案进行评价并改善预案。火灾发生情况报告应急准备与响应指挥小组要及时上报公司。

七、加强消防管理,落实防火措施

火灾案例实际告诉我们,火灾都是可以预防的。预防火灾的主要措施是:

1. 落实专人对消防器材的管理与维修,对消防水泵(高层、大型、重点工程必须专设消防水泵)24 小时专人值班管理,场地内消防通道保持畅通。

2. 施工现场禁止吸烟,建立吸烟休息室。动用明火作业必须办理动火证手续,做到不清理场地不烧,不经审批不烧,无人看护不烧。安全用电,禁止在宿舍内乱拉乱接电线,禁止烧电炉、电饭煲、煤气灶。

3. 建立健全消防管理制度,落实责任制,与各作业班组、分包单位签订"治安、消防责任合同书",把责任纵向到底、横向到边地分解到每个班组、个人,人人关注消防安全。

4. 规范木工车间、钢筋车间、材料仓库、危险品仓库、食堂等场所的搭设,落实防火责任人。

八、救灾、救护人员的培训和演练

1. 救助知识培训:定时组织员工培训有关安全、抗灾救助知识,有条件的邀请有关专家前来讲解,通过知识培训,做到迅速、及时地处理好火灾事故现场,把损失减少到最低限度。

2. 使用和器材维护技术培训:对各类器材的使用,组织员工培训、演练,教会员工人人会使用抢险器材。仓库保管员定时对配置的各类器材维修保养,加强管理。抢险器材平时不得挪作他用,对各类防灾器具应落实专人保管。

3.每半年对义务消防队员和相关人员进行一次防火知识、防火器材使用培训和演练(伤员急救常识、灭火器材使用常识、抢险救灾基本常识等)。

4.加强宣传教育,使全体施工人员了解防火、自救常识。

九、预案管理与评审改进

火灾事故后要分析原因,按"四不放过"的原则查处事故,编写调查报告,采取纠正和预防措施,负责对预案进行评审并改进预案。针对暴露出的缺陷,不断地更新、完善和改进火灾应急预案文件体系,加强火灾应急预案的管理。

×××工程项目部

(来源:中华园林网)

复习思考题:

1.园林施工现场管理的概念及意义是什么?

2.园林工程施工现场管理的内容有哪些?

3.园林工程施工现场环境保护措施有哪些?

4.施工现场卫生防护措施有哪些?

第十二章

园林工程竣工验收与养护期管理

1. 理解园林工程项目的竣工验收和养护期的管理。
2. 理解园林工程竣工验收和养护管理的作用。
3. 掌握工程竣工验收的概念、依据、标准程序。
4. 掌握园林工程竣工结算和决算的方法。
5. 掌握园林工程项目回访的方式和回访的内容。

1. 能正确区别工程竣工验收与中间交工验收。
2. 能够编写工程竣工验收依据、标准和程序。
3. 能够编写竣工结算和竣工决算。

12.1　园林工程项目竣工验收

　　工程的竣工验收是施工管理的最后一个程序。当工程竣工验收后,甲、乙双方办理结算手续,意味着终结合同关系。对于园林施工企业,工程竣工验收意味着完成了合同文件中规定的工程生产任务,并将园林产品交付给了建设单位;对于建设单位,工程竣工验收是将园林产品的使用权和管理权接收过来,意味着可以将园林工程项目目标物向游人开放,发挥其综合效益,这也是建设单位的最后一次把关。

12.1.1　竣工验收概述

1. 竣工验收的概念和意义

　　园林工程项目竣工验收是指当园林建设工程按设计和合同规定要求完成施工并可供开放使用时,承包施工单位要向建设单位办理移交手续,这种交接工作称为该工程项目的竣工验收。

园林工程项目的竣工验收是园林工程建设全过程的一个阶段,它是投资成果转为使用、对公众开放、服务于社会、产生效益的一个标志。通过项目的竣工验收对于促进建设项目尽快投入使用,发挥投资效益,对建设方与承包方全面总结建设过程的经验和教训都具有非常重要的意义。竣工验收一般在整个建设项目全部完成后,一次集中验收,同时也可以分期分批组织验收。竣工验收既是项目进行移交的必需手续,又是通过验收对建设项目成果的工程质量、经济效益进行全面考核评估的过程。

　　2. 竣工验收的依据

　　(1)上级主管部门批准的计划任务书、可行性研究报告、各种设计文件、施工图纸和设计说明书等。

　　(2)工程有关招投标文件和双方签订的工程项目各类合同。

　　(3)施工图设计和说明书、图纸会审和技术交底记录、施工过程中的工程变更签证和技术核定单、工程中间交工验收签证单等,以及有关工程施工记录(包括监理记录)及工程施工过程所使用的各类材料、构件、机具设备等的质量合格文件和验收文件。

　　(4)国家和行业颁布的现行各种园林工程(如土建、安装、道路、绿化等)施工和验收标准、规范、工程质量检验评定标准。

　　(5)符合交工条件的已完工程竣工图。

　　3. 竣工验收的标准

　　建设项目竣工验收,主要由建设项目业主负责组织现场检查、收集与整理各种文件资料。同时,工程设计单位、工程施工单位、工程监理单位、设备制造单位都要按合同要求提供项目实施过程中的原始记录、工作总结、竣工图和完整的资料,并对合同执行情况进行总结,提供相关设计图资料。园林工程竣工验收应符合下列要求:

　　(1)工程项目根据合同的规定和设计文件的要求已经全部施工完毕,达到规定的质量标准,能够满足绿地开放与使用要求。

　　(2)环境保护设施、劳动安全卫生设施、消防设施已按设计要求与主体工程同时建成并经有关部门验收合格可交付使用。施工现场已经全面竣工清理,符合验收要求。

　　(3)建设项目要求的勘察设计、施工、监理等单位签署确认的工程质量合格文件,工程使用的主要建筑材料、构配件和设备的进场证明及试验报告等工程竣工资料齐全,并且已经按照要求整理归档,可方便查阅。

　　园林工程建设项目涉及专业门类多,要求的竣工验收标准各异,很难形成统一的国家标准。因此园林工程项目竣工验收时,应从以下几方面考虑:

　　(1)某些工程可遵循现行建设工程质量验收体系规范,借鉴工程质量标准的主要内容进行验收,如建筑、土建、供电照明、给排水、雕塑等。

　　(2)一些工程可借鉴相关行业标准,精选补充现行标准,如园路、园桥、园林小品等。

　　(3)一些工程依据现行的工程施工及其验收规范,如园林绿化种植工程。

　　(4)区分强制性标准与推荐性标准。采用将工程分解成若干部分,再选用相关、相应或相近工种的标准进行。

　　以下是园林各类工程的验收标准:

　　(1)土建工程的验收标准。凡土建工程、游憩、服务设施及娱乐设施应按照设计图纸、技术说明书、验收规范及建筑工程质量检验评定标准验收,并应符合合同规定的工程内容及合格的工程质量标准。

（2）安装工程的验收标准。施工项目内容、技术质量要求及验收规范要达到设计的要求，完成规定的各道工序。各项设备、电气、仪表、通信等工程项目全部安装完毕，经过单机、联动无负荷试车，全部符合安装技术的质量要求，能够正常运转达到设计能力，如喷泉能够按要求进行工作。

（3）绿化工程的验收标准。施工项目内容、技术质量要求及验收规范应达到设计要求、验评标准规定及各工序质量要求，如树木和花草品种质量，种植穴、槽的地点规格大小，草坪地和花卉地的整地、施肥、栽植方式符合要求；乔、灌木的成活率应达到95%以上（强酸性土、强碱性土及干旱地区，各类树木成活率不应低于85%），珍贵树种和孤植树应保证成活，各种花卉、草坪生长茂盛，无杂草，种植成活率应达到95%；种植的植物材料的整形修剪符合设计要求，草坪铺设的质量，花坛的类型、纹样等要符合设计要求；绿地附属设施工程的质量验收应符合《建筑安装工程质量检验评定统一标准》（GB J301）的有关规定等。

（4）绿化工程竣工验收时间应符合的规定。新种植的乔木、灌木、攀缘植物应在一个年生长周期满后方可验收；地被植物应在当年成活后，盖度达到80%以上时进行验收；花坛种植的一、二年生花卉及观叶植物应在种植15天后进行验收；春季种植的宿根花卉、球根花卉应在当年发芽出土后进行验收，秋季种植的应在第二年春季发芽出土后验收。

12.1.2　竣工验收的程序

建设项目竣工验收主要程序一般分为两个阶段，一是单项或单位工程完工后的中间交工验收，一是全部工程完工后的全面竣工验收或称为工程整体验收。在项目实施过程中的"中间验收"是项目管理内容的组成部分，是竣工验收的基础，但不作为一个验收阶段。根据建设项目的大小和复杂程度，具体竣工程序可以适当调整，一般竣工验收的程序如图12-1所示。

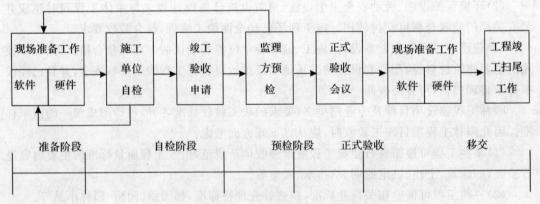

图12-1　园林工程竣工验收程序示意图

1. 单项工程验收

单项工程验收（也称初步验收或中间交工验收）指在全面竣工验收前，施工承包商按设计文件和合同要求完成其承建的单项工程项目后，向项目业主交工，接受项目业主验收。单项工程验收对重大项目来说，具有重大意义。特别是对某些能独立发挥作用，验收合格后即可投入使用、产生效益的单项工程，更应该完工一项验收一项，使建设项目尽早发挥效益。

单项工程交工验收的程序是：

(1)承包商申请

承包商在某个单项工程完工后，即可向建设项目业主提出交工验收申请，同时提供施工工序合格文件、设备安装和调试合格记录、工程总结等文件资料。这些文件资料都必须经过监理工程师现场签字确认。

(2)组织验收

建设项目业主在接到承包商申请后要及时组织监理工程师等有关人员，以设计文件和合同文本为依据，对承包商提供的交工验收资料进行审查复核，并组织现场联合检查。如果现场检查和试验中按合同规定均已合格通过，没有发现有影响正常生产运行的重大缺陷，并得到各方确认，则项目业主可以向承包商颁发交工验收合格证书。如果单项工程存在一些轻微缺陷，则应要求承包商在限定时间内（缺陷责任期内）解决后再颁发交工验收证书。如在上述检查和试验中发现有重大问题，项目业主认为还不具备交工验收条件时，要经参与各方共同讨论形成会议纪要并签字确认。纪要中应包括正式交工验收前，承包商尚需完成的工作清单，待承包商完成后，再由承包商重新提出交工验收申请。

2. 全面竣工验收

工程项目全面竣工验收，是在交工验收的基础上对建设项目进行的整体验收。建设项目业主是建设项目全面竣工验收的组织者和主要参与者，始终处于中心地位。其程序是：

(1)园林工程项目竣工验收准备工作

工程所有项目完工后，施工单位要对施工现场进行清理，对一些工程中的尾工，特别是一些零星分散、易被忽略的地方尽快完工，即做好收尾工作。在清理现场时，对那些临时设施要拆除，各种建筑物或砌筑工程的废料和废物、剩余物要运走，地面（包括各种绿化地带）、临时建立的设施等地段要打扫卫生，等等。与此同时，要做好以下准备工作：

①承接施工单位的准备工作

a. 工程档案资料汇总整理。工程档案是园林工程建设的永久性技术资料，是园林施工项目进行竣工验收的主要依据。它包括：上级主管部门对该工程的有关技术决定文件；竣工工程项目一览表，包括竣工工程的名称、位置、面积、特点等；地质勘察资料、永久性水准点位置坐标记录，建筑物、构筑物沉降观测记录；工程竣工图、工程施工记录、设计和施工变更记录、设计图纸会审记录等；材料、设备机具验收记录，新工艺、新材料、新技术、新设备的试验、验收和鉴定记录；工程质量事故发生情况和处理记录；竣工验收申请报告、工程竣工验收报告、工程竣工验收证明书、工程养护与保修证书等。

b. 竣工自验。检查建设用地内有无剩余的建筑材料、残留渣土、尚未竣工的工程等；检查场区内外邻接道路有无损伤或被污染，垃圾是否及时运走；管理设施工程、挡土墙作业、服务设施工程、游憩工程等对照设计图纸、工程照片检查施工有无异常，各种设施是否安全可靠；绿化工程，对照施工图纸检查树木、草坪等栽植是否按设计要求施工，植株数、覆盖面积有无出入，有无枯死现象，栽植植物和设施的结合是否美观，排灌水系统状况有无异常等。

c. 编制竣工图。竣工图是如实反映施工后园林建设工程情况的图纸，是工程竣工验收的主要文件。园林施工项目在竣工前，应及时组织有关人员进行测定和绘制，以保证过程档案的完备，满足维修、管理养护、改造或扩建的需要。竣工图编制的依据有施工中未变更的原施工图、设计变更通知书、工程联系单、施工变更洽商记录、施工放样资料、隐蔽工程记录和工程质量检查记录等原始资料。

d. 进行工程设施与设备的试运转和试验的准备工作。安排各种设施、设备的试运转和考核计划。各种游乐设施尤其是关系到人身安全的设施,如缆车等的安全运行应是试运行和试验的重点。编制各运转系统的操作规程;对各种设备电、气、仪表和设施做全面的检查和校验;进行电气工程的全负荷试验,如管网工程的试水、试压试验,喷泉工程试水试验等。

②监理工程师的准备工作

a. 编制竣工验收的工作计划。监理工程师提交的验收计划内容分竣工验收的准备、竣工验收、交接与收尾三个阶段的工作。每个阶段都应明确其时间、内容、标准的要求。该计划应事先征得建设单位、承接施工单位及设计单位等的一致同意。

b. 分类整理各种经济与技术资料。总监理工程师于项目正式交工验收前,指示所属的各专业监理工程师,按照原有的分工,对各自负责管理监督项目的技术资料进行一次认真的清理。

具体有:监理工程师向业主所做的所有工作请示、总结汇报等;监理工程师所收到的业主、设计等部门发来的通知、指令、会议纪要等文件;监理工程师向承包人发出的所有工作指令、通知、施工技术要求;监理工程师对承包人提出的要求所做的书面批复等;所有工地现场会议纪要;监理工作各项记录等。监理工程师还需对承包人方面所做的交工资料做审查和签认,包括所有的交工图、检测验收表格、变更设计文件等。

c. 拟定竣工验收条件、验收依据和验收必备技术资料。监理单位必须拟定竣工验收条件、验收依据和验收必备技术资料,将上述内容拟定好后分发给建设单位、承接施工单位、设计单位及现场的监理工程师。

竣工验收的条件:合同所规定的承包范围的各项工程内容均已完成;各分部、分项及单位工程均已由承接施工单位进行了自检自验(隐蔽的工程已通过验收),且都符合设计要求,符合国家施工及验收规范,符合工程质量验评标准、合同条款的规定等;电力、上下水、通信等管线均与外线接通、连通试运行,并有相应的记录;竣工图已按有关规定如实绘制,验收的资料已备齐,竣工技术档案已经按档案部门的要求进行整理。

竣工验收的依据:根据工程内容,列出验收依据,进行对照检查。

竣工验收必备的技术资料:需向验收委员会(或验收小组)提供的技术资料主要有竣工图,分项、分部和单位工程检验评定的技术资料,各种文件和监理记录表格。

(2)成立竣工验收委员会

监理工程师收到承包人递交的竣工申请,确认工程满足要求后应指派专人全面负责竣工检查工作,并报告业主成立由业主、承包商、设计单位、接管单位、主管部门、建设银行、环保单位、监理工程师、质量监督站及地方有关部门的代表等组成的验收委员会。

验收委员会的主要工作:听取建设项目业主对项目建设的全面工作报告,及有关单位的工作总结报告;审查竣工验收报告书;检查建筑安装工程现场;检查联动试车生产情况;全面评定施工工程质量,对整个工程做出全面验收鉴定;核定工程收尾项目,对遗留问题提出处理意见;核定移交工程清单,签署竣工验收鉴定证书,提出竣工验收工作的总结报告。

(3)竣工验收过程

①验收准备。工程项目全部建设完成,经过各单位工程验收,符合设计要求,经过工程质量核定达到合格标准。承包建设单位、监理工程师提交各种文件和技术资料,做好生产机

器试生产准备,起草竣工验收报告等工作。

②初步验收(预验收)。初步验收是在承接施工单位完成自检自验并认为符合正式验收条件,在申报工程验收之后和正式验收之前的这段时间内进行。由承包商、设计单位、监理工程师、质量监督人员等进行初步验收,重点检查各项工作是否达到了验收的要求,对各项文件、资料认真审查。经过初步验收,找出不足,进行整改,然后申请正式验收。

③正式竣工验收。正式竣工验收是由国家、地方政府、建设单位以及有关单位领导和专家参加的最终整体验收。大中型园林建设项目的正式竣工验收,一般由竣工验收委员会(或验收小组)的主任(组长)主持,具体的事务性工作可由总监理工程师来组织实施。

正式竣工验收的工作程序:

准备工作:向各验收委员会委员单位发出请柬,并书面通知设计、施工及质量监督等有关单位;拟定竣工验收的工作议程,报验收委员会主任审定;召开验收前会议;选定会议地点;准备好完整的竣工和验收报告及有关技术资料。

正式竣工验收程序:a. 验收委员会主任主持验收委员会会议,会议首先宣布验收委员会名单,介绍验收工作程序及时间安排,简要介绍工程概况,说明此次竣工验收工作的目的、要求及做法。b. 设计单位发言,汇报工程设计实施情况及对设计的自检情况。c. 施工单位发言,汇报施工情况以及自检自验的结果情况。d. 监理单位发言,由监理工程师汇报工程监理的工作情况,提交"工程监理报告"和预验收结果。e. 验收人员或验收检查小组对竣工验收技术资料及工程实物进行验收检查。在广泛听取意见、认真讨论的基础上,统一提出竣工验收的结论意见,如无异议,办理竣工验收证书和工程验收鉴定书。f. 验收委员会主任或副主任宣布验收委员会的验收意见,举行竣工验收证书和鉴定书的签字仪式。g. 建设单位致词,验收会议结束。

主管部门及有关单位收到竣工验收报告后,经认真审查符合验收条件时,要及时安排组织验收,并组成专家、部门代表参加的验收委员会,对"竣工验收报告"进行认真审查,然后提出"竣工验收鉴定书"。

监理工程师与承接施工单位要主动配合验收委员会(或验收小组)的工作,对一些问题提出的质疑应给予解答。监理工程师要参加上级主管部门主持的各项检查活动。在竣工验收中,监理工程师应负责向验收委员会作监理工作报告,提交书面的"工程监理报告",接受验收委员会对监理工作的检查和评定。为配合验收委员会的检查,监理工程师应提供一切原始检测资料和详细的工作报告,并配合各检查小组做现场实地工程质量检查。

3. 竣工验收报告书

竣工验收报告书一般包括以下内容:

(1)工程项目总说明。

(2)技术档案建立情况。

(3)各种工作情况。包括工程完成情况,工程质量情况,试生产情况,设备运行及生产指标情况,工程决算情况,环保、卫生、安全设施建设情况等。

(4)效益情况。包括试生产时经济效益与设计效益的比较,各项经济技术指标与国外同行业的比较,对环境效益、社会效益的评估,还贷能力、预期投资回报率等。

(5)各方的资产证明。

(6)存在和遗留问题。

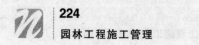

(7)有关附件。

竣工验收报告书的主要附件有:工程项目概况一览表、已完单位工程一览表、未完工程项目一览表、已完设备一览表、应完未完设备一览表、竣工项目财务决算综合表、概算调整与执行情况一览表、交付使用(生产)单位财产总表及交付使用(生产)一览表、单位工程质量汇总项目总体质量评价表。

4. 竣工验收鉴定书

"竣工验收鉴定书"的主要内容有:验收时间;验收工作概况;工程概况,包括工程名称、工程规模、工程地址、建设依据、设计单位、承包商、建设工期、实物完成情况、土地利用情况等;项目建设情况,包括建筑工程、安装工程、设备安装、环保、卫生、安全设施等;工艺及水平,生产准备及试生产情况;决算情况;质量的总体评价,包括设计质量、施工质量、室外工程、环境质量的评价;效益,包括社会效益、环境效益的评价;遗留问题及处理意见;验收委员会对项目(工程)验收结论,包括对验收报告逐项的检查认定、总体评价、是否同意验收等。

5. 竣工验收中有关工程质量的评价工作

竣工验收是一项综合性很强的工作,作为质量控制方面的工作有:做好每个单位工程的质量评价;整个工程项目的质量整体评价;工艺设备及安全的质量评价;督促承包商做好施工总结;协助业主审查工程项目竣工验收资料等。

12.1.3 竣工结算与决算

1. 竣工结算

园林工程竣工结算是指单项工程完成并达到验收标准,取得竣工验收合格证后,园林施工企业与建设单位(业主)之间办理的工程财务结算。

(1)竣工结算编制依据

①工程竣工报告及工程竣工验收单;

②招标投标文件和施工图概(预)算以及经建设行政主管部门审查的建设工程施工合同书;

③施工图及设计变更通知单、施工变更洽商记录及技术经济签证;

④本地区现行的工程预算定额、取费定额及调价规定;

⑤有关施工技术资料;

⑥工程质量保修书;

⑦其他有关技术资料。

(2)竣工结算方式

①决标或议标后的合同价加签证结算方式

a. 合同价。经过建设单位、园林施工企业、招投标主管部门对标底和投标报价进行综合评定后确定的中标价,以合同的形式固定下来。

b. 变更增减账。对合同中未包括的条款或出现的一些不可预见费用,经建设单位或监理工程师签证后,与原中标合同价一起结算。

②施工图概(预)算加签证结算方式

a. 施工图概(预)算。一般是小型园林建设工程,以经建设单位审定后的施工图概(预)

算作为工程竣工结算的依据。

b. 变更增减账。凡施工图概(预)算未包括的,在施工过程中进行增减的费用,经建设单位或监理工程师签证后,与审定的施工图预算一起在竣工结算中进行调整。

③预算包干结算方式

预算包干结算,也称施工图预算加系数包干结算。

$$结算工程造价＝经施工单位审定后的施工图预算造价×(1＋包干系数)$$

在签订合同条款时,预算外包干系数要明确包干内容及范围。包干费通常不包括下列费用:

a. 在原施工图外增加的建设面积;

b. 工程结构设计变更、标准提高、非施工原因工艺流程的改变等;

c. 隐蔽性工程的基础加固处理;

d. 非人为因素所造成的损失。

④平方米造价包干的结算方式

是双方根据一定的工程资料,事先协商好每平方米造价指标后,乘以建设面积。

$$结算工程造价＝建设面积×每平方米造价$$

此种方式适用于广场铺装、草坪铺设等。

(3)竣工结算的编制程序

工程竣工结算的编制,因承包方式的不同而有所差异,均应根据各省市建设工程造价(定额)管理部门、当地园林管理部门和施工合同管理部门的有关规定办理工程结算,项目监理机构应按下列程序进行竣工结算:

①承包单位按施工合同规定填报竣工结算报表。

②专业监理工程师审核承包单位报送的竣工结算报表。

③总监理工程师审定竣工结算报表,与建设单位、承包单位协商一致后,签发竣工结算文件和最终的工程款支付证书报建设单位。

工程竣工结算报告和结算资料,应按规定报企业主管部门审定,加盖专用章,在竣工验收报告认可后,在规定的期限内递交发包人或其委托的咨询单位审查。承发包双方应按约定的工程款及调价内容进行竣工结算。

工程竣工结算报告和结算资料递交后,项目经理应按照"项目管理目标责任书"规定,配合企业主管部门督促发包人及时办理竣工结算手续。企业预算部门应将结算资料送交财务部门,进行工程价款的最终结算和收款。发包人应在规定期限内支付工程竣工结算价款。工程竣工结算后,承包人应将工程竣工结算报告及完整的结算资料纳入工程竣工资料,及时归档保存。

2. 竣工决算

园林建设项目的工程竣工决算是在建设项目或单项工程完工后,由建设单位财务及有关部门,以竣工结算、前期工程费用等资料为基础进行编制的。它全面反映了建设项目或单项工程从筹建到竣工使用全过程中各项资金的使用情况和设计概(预)算执行的结果,是考核建设成本的重要依据,是竣工验收报告的重要组成部分。

园林建设工程竣工决算内容包括从筹建到竣工投产全过程的全部实际支出费用,即建筑安装工程费用、设备器具购置费用和其他费用等。竣工决算由竣工决算报表、竣工决算报告说明书、竣工工程平面图、工程造价比较分析四部分组成。

(1)竣工决算的编制依据

①工程合同及有关规定,如原始概算、预算,施工图预算,经审批的补充修正预算,预算外费用现场签证等。

②设计图纸交底或图纸会审的会议纪要,施工记录或施工签证单;设计变更通知单等相关记录,材料、设备等调整差价记录,其他施工中发生的费用记录;工程竣工报告和工程验收单等各种验收资料。

③竣工图。

(2)竣工决算的编制方式和方法

根据经审定的施工单位竣工结算等原始资料,对原概预算进行调整,重新核定各单项工程和单位工程造价。属于增加固定资产价值的其他投资,如建设单位管理费、试验费、土地征用及拆迁补偿费等,应分摊到收益工程,随同收益工程交付使用的同时,一并计入新增固定资产价值。

监理工程师要督促承接施工单位编制工程结算书,依据有关资料审查竣工结算并代建设单位编制竣工决算。

①竣工决算的编制方式

常见的方式有以施工图为基础编制、以平方米造价指标为基础编制、以包干造价为基础编制、以投标造价为基础编制等。

②竣工决算的编制方法

竣工决算以施工图预算为基础进行编制的形式为主,常见的还有以下几种编制方法:

a. 以原施工图预算增减变更合并法。该法中对原施工图预算数值可以不动,只要将应增减的项目算出数值,并与原施工图预算合并即可。

b. 分部分项工程重列法。该法是将原施工预算的各分部分项工程进行重新排列,按施工图预算形式编制出竣工决算。该法适合于工程实施中变更项目较多的单位工程。

c. 跨年工程竣工决算造价综合法。即将各年度的决算额加以合并,形成一个单位工程全面的竣工决算书。

在编制竣工决算表时注意要实事求是,和双方密切配合,原始资料齐全,对竣工项目要实地观察,竣工决算要审定和上报。

12.1.4 移交

完成竣工验收及质量评定工作结束,标志着园林建设工程项目的投资建设已经完成,并将投入使用。此时建设单位应努力完善各项准备条件,争取建成的园林建设成果早日发挥效益;承接施工单位应抓紧处理工程遗留的问题,尽快将工程交付给建设单位,为建设单位的经营使用准备提供方便;作为建设单位代表的监理工程师,则应督促双方尽快地完成收尾和移交工作。

1. 工程收尾

工程收尾是施工验收之前施工单位、监理单位的自检、预检过程,目的一方面是清理施工现场,另一方面是质量把关。通过收尾过程可以查找施工过程中的漏洞和不足之处,总结经验教训。

（1）竣工检查

①施工检查。施工检查是贯穿施工管理整个过程的管理活动，其形式包括：

a. 确认工程结束的检查。

b. 已完成部分的检查。指在工程竣工之前为支付部分工程款和确认已完工部分而进行的检查。

c. 中间检查。在工程竣工前，对竣工时难以确认的地方，为确认性能及其他状态而进行的检查。

d. 结算检查。指为工程结算而对已完工部分进行确认的检查。

②竣工检查的实施。竣工检查属于结算检查，其程序包括：

a. 竣工检查前的准备。

b. 竣工检查的实施。应注意以下几点：施工方应熟悉工程内容，特别要注重收集由于经济上、时间上的原因，难以对构筑物的不可见部分、不可能测定部分、难以对质量作破坏性检查部分的各种检查资料，以适应检查的需要。正确记录检查员指出的问题，施工方对监理员要就有关工程的问题提出正确的说明。对所有指出的问题，应该立即处理，处理结果确认后，应及时报告监理员。

（2）工程费的申请和设施的移交

施工方在工程结束时，应及时编制工程费用申请书，通过监理员提交给建设方。与此同时，工程主管人员应开始向设施管理人员移交有关工程的设施和文件。从结束到移交，整个期间仍然由工程施工主管人员行使管理职责，发现缺陷时，由施工方返工修补。施工方应该妥善管理设施，以便顺利地进行交接。

（3）保修期间的责任

一般工程施工项目都规定了保修期的长短，在保修期内，当构筑物和其他设施物出现缺陷和损坏或绿化苗木出现死亡时，施工方在责任范围内有义务进行修补。例如绿化种植工程结束后，会出现新栽植物枯损情况，在保修期内（又叫质量缺陷期），对于枯死或长势不良的树木、草坪等，施工方应该重新栽植同等或同等以上规格的树木、草坪植物。但是在异常气候等条件下，树木也会发生正常技术所不能消除的枯死现象，对此施工方一般不担负责任。

（4）工程费的结算

工程结束后，现场施工方对转包单位的货款、材料费等应及时加以结算，以便总计现场经费，向公司报告直接工程费的总额。此外，对于直接工程费使用以及与预算的差额，说明其原因的资料必须随结算书同时报告公司。

（5）园林建设工程成绩的评价

对园林建设工程成绩评价的项目很多，基本项目如下：①工程竣工质量；②文件整理状况；③工程管理情况；④材料的质量及其调配状况；⑤职工素质；⑥施工机械的选定和使用；⑦现场管理；⑧施工热情等。

园林工程建设成绩的评价通常先由建设方的监督员、监理员和检察员进行评分，然后提交园林工程建设管理部门，评价的结果是下一次选定承包单位的依据，所以应该贯穿园林工程管理的始终。

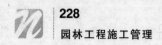

2. 交接

（1）工程移交

一个园林建设工程项目通过竣工验收后，实际中往往或多或少地存在一些漏项以及工程质量方面的问题。因此，监理工程师要与承接施工单位协商一个有关工程收尾的工作计划，以便确定正式办理移交。当移交清点工作结束之后，监理工程师签发工程竣工交接证书（格式和内容见图 12-2），工程交接书一式三份，建设单位、承接施工单位、监理单位各一份。工程交接结束后，承接施工单位应按照合同规定的时间抓紧拆除临建设施，撤离施工人员及机械，并清理干净现场。

（2）技术资料的移交

工程名称＿＿＿＿＿＿＿ 合同号＿＿＿＿＿＿＿ 监理单位＿＿＿＿＿＿

致＿＿＿＿＿建设单位： 　　兹证明＿＿＿＿＿号竣工报验单所报工程已按合同和监理工程师的指示完成，从＿＿＿＿＿＿开始，该工程进入保修阶段。 　　附注：（工程缺陷和未完工程）   　　　　　　　　　　　　　　　　　　　　　监理工程师：　　　　日期：   　　监理工程师意见：   　　　　　　　　　　　　　　　　　　　　　签名：　　　　日期：

图 12-2　竣工移交证书

园林建设工程的主要技术资料是工程档案的重要部分，在工程正式验收时应该提供完整的工程技术档案。整理工程技术档案是由建设单位、承接施工单位和监理工程师共同完成的。

通常做法是建设单位与监理工程师将保存的资料交给承接施工单位进行合并、整理，然后交监理工程师校对审阅，经确认符合要求后，由承接施工单位档案部门按要求装订成册，统一验收保存。整理档案时要注意备足份数。具体内容参见表 12-1。

表 12-1　工程移交档案资料

工程阶段	移交档案资料内容
项目准备及施工准备	1. 申请报告、批准文件 2. 有关建设项目的决议、批示及会议记录 3. 可行性研究、方案论证资料 4. 征用土地、拆迁、补偿等文件 5. 工程地质(含水文、气象)勘察报告 6. 概预算 7. 承包合同、协议书、招投标文件 8. 企业执照及规划、园林、消防、环保、劳动等部门审核文件
项目施工	1. 开工报告 2. 工程测量定位记录 3. 图纸会审、技术交底 4. 施工组织设计等材料 5. 基础处理、基础工程施工文件 6. 施工成本管理的有关资料 7. 建筑材料、构配件、设备质量保证单及进场试验记录,绿化苗木、花草质量检验单 8. 栽植的植物材料名录、栽植地点及数量清单 9. 各类植物材料已采取的养护措施及方法 10. 古树名木的栽植地点、数量、已采取的保护措施等 11. 假山等非标工程的养护措施及方法 12. 水、电、暖、气等管线及设备安装施工记录和检验记录 13. 工程变更通知单、技术核定单及材料代用单 14. 工程质量事故的调查报告及所采取措施的记录 15. 分项、单项工程(包含隐蔽工程)质量验收、评定记录 16. 项目工程质量检验评定及当地工程质量监督站核定的记录 17. 竣工验收申请报告 18. 其他(如施工日志,施工现场会议记录)等
竣工验收	1. 竣工项目的验收报告 2. 竣工决算及审核文件 3. 竣工验收的会议文件、会议决定 4. 竣工验收质量评价 5. 工程建设的总结报告 6. 工程建设中的照片、录像以及领导、名人的题词等 7. 竣工图(含土建、设备、水、电、暖、绿化种植等)

(3)其他移交工作

为确保工程在生产或使用中保持正常的运行,监理工程师还应督促做好以下各项工作的移交：①使用保养提示书。对园林施工中某些新设备、新设施和新的工程材料等的使用和性能，应写出"使用保养提示书"，以便使用部门准确掌握，正确操作。②各类使用说明书及有关装配图纸。③附属工具配件及备用材料。④厂商及总、分包承接施工单位明细表。在移交工作中，监理工程师应与承接施工单位一起将工程使用的材料、设备的供应、生产厂家及分包单位列出一个明细表，以便解决以后使用中出现的具体问题。⑤抄表。工程交接中，监理工程师还应协助建设单位与承接施工单位做好水表、电表及机电设备内存油料等数据的交接，以便双方财务往来结算。

12.2　园林工程项目的考核评价

12.2.1　考核评价概述

1. 考核评价的目的

当园林工程施工项目完成以后，企业组织项目考核评价委员会，对完成的施工项目进行考核评价。目的是规范项目管理行为，鉴定项目管理水平，确认项目管理成果。

项目考核评价的主体是派出项目经理的单位。项目考核评价的对象是项目经理部，其中要突出对项目经理管理工作的考核评价。

2. 考核评价的依据

考核评价的主要依据是施工项目经理与承包人签订的"项目管理责任书"。内容包括完成工程施工合同、经济效益、回收工程款、执行承包人各项管理制度、各种资料归档等情况，以及"项目管理责任书"中其他要求的完成情况。

项目考核评价可按年度进行，也可按工程进度计划分阶段进行，还可综合以上两种方式，在按工程部位分阶段进行考核中插入按自然时间分阶段进行。工程完工后，必须对项目管理进行全面的终结性考核。

12.2.2　考核评价的内容与程序

1. 考核评价的内容

园林工程项目终结性考核的内容有：确认阶段性考核的结果，确认项目管理的最终结果，确认该项目经理部是否具备"解体"的条件。经考核评价后，兑现"项目管理目标责任书"确定的奖励和处罚。

2. 考核评价的程序及相关要求

施工项目完成以后，企业组织考核评价委员会。项目考核评价委员会一般由企业主管领导和企业有关业务部门从事项目管理工作的人员组成，必要时也可聘请社团组织或大专院校的专家、学者参加。

（1）园林工程项目考核评价的程序

①制定考核评价方案，经企业法定代表人审批后施行；

②听取项目经理部汇报，查看项目经理部的有关资料，对项目管理层和劳务作业层进行

调查；

③考察已完工程；

④对项目管理的实际运作水平进行考核评价；

⑤提出考核评价报告；

⑥向被考核评价的项目经理部公布评价意见；

(2)项目经理部应向考核评价委员会提供的资料

①"项目管理实施规划"，各种计划、方案及其完成情况；

②项目运行期间所发生的全部来往文件、函件、签证、记录、鉴定、证明；

③各项技术经济指标的完成情况及分析资料；

④项目管理的总结报告，包括技术、质量、成本、安全、分配、物资、设备、合同履约及思想工作等各项管理的总结；

⑤使用的各种合同、管理制度、工资发放标准。

(3)项目考核评价委员会应向项目经理部提供的项目考核评价资料

①考核评价方案与程序；

②考核评价指标、计分办法及有关说明；

③考核评价依据；

④考核评价结果。

12.2.3 考核评价指标

考核评价用意在于既激励项目经理部，又激励项目经理。因此考核评价的指标既有定量的，又有定性的。

1. 考核评价的定量指标

包括下列内容：

(1)工程质量等级；

(2)工程成本降低率；

(3)工期及提前工期率；

(4)安全考核指标。

2. 考核评价的定性指标

包括下列内容：

(1)执行企业各项制度的情况；

(2)项目管理资料的收集、整理情况；

(3)思想工作方法与效果；

(4)发包人及用户的评价；

(5)项目管理中应用的新技术、新材料、新设备、新工艺；

(6)在项目管理中采用的现代化管理方法和手段；

(7)环境保护。

12.3　园林工程项目的回访养护

园林工程项目交付使用后，在一定期限（质量缺陷期或叫保修期）内，施工单位应该到建设单位回访，对该项目工程的相关内容进行养护管理和维修；同时发现问题，总结施工经验教训，以期进一步提高施工技术和管理水平。

12.3.1　回访

回访是指园林工程项目经过质量评定验收后，承建单位为了了解工程项目在使用过程（保修期内）中存在的问题而进行的后续服务工作。一般是在项目经理领导下，由生产、技术、质量及有关方面人员组成回访小组，必要时，邀请科研人员参加。回访工作应纳入承包人的工作计划、服务控制程序和质量体系文件。承包人一般应编制回访工作计划，工作计划包括下列内容：

(1)主管回访保修业务的部门；

(2)回访保修的执行单位；

(3)回访的对象（发包人或使用人）及其工程名称；

(4)回访时间安排和主要内容；

(5)回访工程的保修期限。

回访时，由建设单位组织恳谈会，听取各方面的使用意见，记录存在的问题，并查看现场，落实情况，写出回访记录或回访纪要。常见的回访方式有以下几种：

1. 技术性回访

主要了解园林施工中所采用的新材料、新技术、新工艺、新设备的技术性能和使用后的效果，及新栽植和引进的植物材料的成活率和生长状况，有无不适应状态等。

2. 季节性回访

多是在雨季回访建筑物的屋顶、墙面的防水情况，自然地面、铺装地面的积水和排水情况，绿化植物的生长情况；夏季与冬季回访植物材料的防高温、防旱、防寒措施搭建效果，植物生长状况，水景工程中的池壁驳岸工程有无冻裂现象等。

3. 保修期满前的回访

主要是保修期将结束，提醒建设单位注意各设施的维护、使用和管理，并对遗留问题进行处理。

4. 绿化工程日常管理养护的回访

在保修期内对植物材料的浇水、松土、修剪、施肥、打药、除虫、搭建风障、间苗、补植等日常养护工作情况进行回访，提醒应按施工规范经常性地进行绿化工程的养护。

执行单位在每次回访结束后应填写回访记录。若全部回访结束，则应编写"回访服务报告"。管理部门应依据回访记录对回访服务的实施效果进行验证。

12.3.2 保修和养护

在"工程质量保修书"中应该具体约定保修范围及内容、保修期限、保修责任、保修费用等。

1. 保修和养护的范围、时间

(1)保修和养护的范围。凡是园林施工单位的责任或者由于施工质量不良而造成的问题,都应该实行保修和养护。

(2)保修和养护的时间。自竣工验收完毕次日算起,绿化工程一般为1年。土建工程和水、电、卫生和通风等工程,一般保修期为1年,采暖工程为一个采暖期。保修期长短依据承包合同为准。

2. 保修和养护期的责任

园林建设工程一般比较复杂,维修和需要养护项目往往由多种原因造成。所以,经济责任必须根据修理项目的性质、内容和修理原因,由建设单位、施工单位和监理工程师共同协商处理。一般分为以下几种:

(1)确实由于施工单位施工责任或施工质量不良遗留的隐患,应由施工单位承担全部检修费用。

(2)由建设单位和施工单位双方责任造成的,双方应实事求是地共同商定各自承担的修理费用。

(3)由于设计造成的质量缺陷,应由设计方承担经济责任。当由承包人修理时,费用数额应按合同约定,不足部分应由发包人补偿。

(4)由于发包人供应的设备、材料、成品、半成品不合格造成的质量缺陷,及由发包人指定的分包人造成的质量缺陷,应由发包人自行承担经济责任。

(5)由于用户管理使用不当,造成建筑物、构筑物等功能不良或苗木损伤死亡时,应由建设单位承担全部修理费用。

(6)因地震、洪水、台风等自然灾害原因造成损坏而非施工原因造成的,承包人不承担经济责任。

(7)由于承包人未按照国家标准、规范和设计要求施工造成的质量缺陷,由承包人负责修理并承担经济责任。

(8)当使用人需要责任以外的修理维护服务时,承包人应提供相应的服务,并在双方协议中明确服务的内容和质量要求,费用由使用人支付。

12.3.3 竣工项目的保修与回访中的监理工作

在园林工程项目的保修与回访中,监理工程师始终参与其中。他们工作的内容主要是依据有关建设法规、合同条款,检查工程状况,鉴定质量责任,督促和监督养护保修工作。

1. 保修期内的监理工作

当园林建设项目投入使用后,监理工程师的责任是督促承包商完成项目的养护、保修工作,确认工程养护、保修质量。各类质量缺陷的处理方案一般由责任方提出,监理工程师审定执行。如责任方为建设单位时,则由监理工程师代拟,征求实施单位同意后执行。

园林工程使用状况检查开始时每旬或每月检查1次。如3个月后未发现异常情况,则可每 3 个月检查 1 次。如有异常情况出现时则缩短检查的时间间隔。当经受意外自然灾害如暴雨、干旱、台风、地震、严寒后,监理工程师应及时赶赴现场进行观察和检查。检查的重点是主要建筑物、构筑物的结构质量,水池、假山等工程是否有不安全因素出现,对已进行加固补强的部位更要进行重点检查。

检查的方法一般有访问调查法、目测观察法、仪器测量法 3 种,每次检查都要详细记录。

2. 养护、保修工作的结束

监理单位的养护、保修责任期为 1 年,在结束养护保修期时,监理单位应做好以下工作:

(1)将养护、保修期内发生质量缺陷的所有技术资料归类整理。

(2)将所有满期的合同及养护、保修书归还给建设单位。

(3)协助建设单位办理养护、维修费用的结算工作。

(4)召集建设单位、设计单位、承接施工单位联席会议,宣布养护、保修期结束,并给施工单位出具工程缺陷责任书和交工证书。

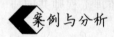 案例与分析

工程结算争议,应以审价为准

1999 年 7 月,原告某建筑工程公司与被告某投资股份有限公司签订了一份"建设工程施工合同",合同约定预算园林工程土建总造价为 1 216 万元;合同还约定了工程竣工结算方式:"各单位工程竣工后一个月内乙方(原告)提交工程竣工结算书,由甲方(被告)委托建设银行审核,以审核认可的工程造价结算工程款。"2001 年 2 月,经双方共同验收工程竣工,原告提交竣工结算书后,被告委托某银行支行进行审价,2001 年 3 月支行审核认定工程最终结算造价为 1 799 万元。施工过程中被告已支付工程款 1 297 万元,尚拖欠工程款 502 万元。原告经多次催促无果,于 2001 年 4 月向法院提起诉讼。

分析:

原告在诉讼中称,被告发包的工程为"三边工程",即边设计、边施工、边验收的工程,合同约定了工程造价及工期,但此类约定由于缺乏施工图纸的依据,只能作为暂估造价及工期,这种造价及工期的约定处于不确定的状态。双方合同既然已经约定,由甲方(被告)委托某银行支行审核,就应以审核的工程造价为结算的造价。根据这一条约定,该支行审核认可的工程结算造价具有法律效力,任何一方都不得擅自反悔。同时原告向法庭提交了审核单位审定的工程结算造价的凭证以及经被告盖章确认的顺延工期的证据。

被告认为,审价单位审定的结算数超过了双方原定的承包合同暂估的数额,要求重新审核,同时合同工期规定应于 2000 年 11 月 15 日完工,原告延误工期,应承担延期交付工程的违约责任。

法庭经过审理,查清了案件事实,分清了违约责任,基本上采纳了原告的意见和主张,确认了本案审价结论的法律效力,并以此否定了被告再行审价的要求。在此基础上,法院主持调解,被告以审价结论为依据自愿达成分期还款的协议,原告撤诉。

复习思考题：

1. 什么叫园林工程竣工项目验收？其验收的依据和标准是什么？

2. 简述园林工程项目竣工验收的程序。

3. 在园林工程项目验收前，工程项目相关各方应该准备的工作内容分别有哪些？

4. 根据资料，编写一个园林工程项目竣工验收报告书。

5. 园林工程项目考核评价的目的、依据、内容和程序是什么？

6. 什么叫工程竣工结算和决算？其编制的依据和方法有哪些？

7. 结合某一竣工园林工程，按照所给资料进行工程竣工结算和决算。

第十三章

园林建设工程监理施工

1. 了解园林建设工程监理的概念、特点及内容。
2. 了解园林建设工程项目监理机构的组织形式。
3. 了解园林工程项目准备阶段监理方的工作内容。
4. 掌握园林工程建设项目监理目标控制的类型、流程和措施。
5. 掌握园林工程建设项目进度控制、质量控制、投资控制的任务及措施。
6. 掌握园林工程建设信息管理的内容。

1. 能够用园林工程监理的观点分析、处理工程实践中出现的问题。
2. 能够合理安排项目监理机构的组织形式,进行人员配备和职责分工。
3. 能够编制园林工程质量控制、进度控制、投资控制计划书。
4. 能够利用所学知识进行园林工程项目信息管理。

13.1 园林建设工程监理概述

13.1.1 园林建设工程监理概念

园林建设工程监理是指社会化、专业化的建设工程监理单位接受工程项目业主的委托和授权,根据国家批准的工程项目建设文件,有关工程建设的法律、法规和建设工程监理合同,以及其他工程建设合同所进行的旨在实现项目投资目的的微观监督管理活动。图13-1表示了建设单位、承接单位、监理单位的关系。

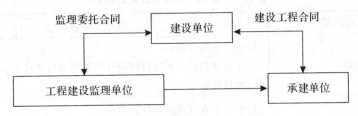

图 13-1　建设工程监理关系示意图

13.1.2　园林建设工程监理的基本性质

园林建设工程监理的基本性质表现为服务性、独立性、公正性和科学性。

1. 服务性

工程建设监理的服务性表现在：它既不同于承包商的直接生产活动，也不同于业主的直接投资活动。监理单位不需要投入大量资金、材料、设备、劳动力，一般也不必拥有雄厚的注册资金。监理单位既不向业主承包工程，也不参与承包单位的赢利分成。它只是在工程项目建设过程中，利用自己在工程建设方面的知识、技能和经验为客户提供高智能监督管理服务，以满足项目业主对项目管理的要求。

2. 公正性

公正性是指监理工程师在处理监理事务过程中，不受他方非正常因素的干扰，依据与工程相关的合同、法规、规范、设计文件等，基于事实，维护和保障业主的合法利益，但不能建立在损害或侵犯承包商合法权益的基础上，当业主与承包商产生争端时，监理工程师应公正地处理争端。

3. 独立性

监理的独立性首先是指监理公司应作为独立法人，与项目业主和承包商没有任何隶属关系。监理工程师和承包商之间的关系是由有关法律、法规赋予的，以业主和承包商之间签订的施工合同为纽带的监理和被监理的关系，他们之间没有也不允许有任何合作关系。只有真正成为独立的第三方，才能起到协调、约束作用，公正地处理问题。

4. 科学性

监理的科学性主要包括两个方面。其一，监理组织的科学性，要求监理单位应当有足够数量的、业务素质合格的监理工程师；有一套科学的管理制度；要掌握先进的监理理论、方法；要有现代化的监理手段。其二，监理运作的科学性，即监理人员按客观规律，以科学的依据、科学的监理程序、科学的监理方法和手段开展监理工程。其中，对监理人员高素质的要求是科学性最根本的体现。我国目前在监理工作中，通过监理工程师培训、考试、注册等措施提高监理人员的素质。

13.1.3　园林工程建设监理的内容

表 13-1 中简要列出了现阶段园林工程建设监理的内容。

表 13-1　园林工程建设监理的内容

建设监理阶段	监理工作内容
1. 建设项目建设阶段	(1)投资决策咨询； (2)进行建设项目的可行性研究和编制项目建议书； (3)项目评估
2. 建设项目实施准备阶段	(1)组织审查或评选设计方案； (2)协助建设单位选择勘察、设计单位,签订勘察、设计合同并监督合同； (3)审查设计概(预)算； (4)在施工准备阶段,协助建设单位编制招标文件,评审投标书,提出定标意见,并协助建设单位与中标单位签承包合同；核查施工设计图
3. 建设项目施工阶段	(1)协助建设单位与承建单位编写开工报告； (2)确认承建单位选择分包单位； (3)审查承建单位提出施工组织设计； (4)审查承建单位提出的材料、设备清单及所列的规格与质量； (5)督促、检查承建单位严格执行工程承包合同和工程技术标准、规范； (6)调节建设单位与承建单位间的争议； (7)检查已确定的施工技术措施和安全防护措施是否实施； (8)主持协商工程设计的变更(超过合同委托权限的变更需报建设单位决定)； (9)检查工程进度和施工质量,验收分项、分部工程,签署工程付款凭证
4. 建设项目竣工验收阶段	(1)督促整理合同文件和技术档案资料； (2)组织工程竣工预验收,提出竣工验收报告； (3)核查工程决算
5. 建设项目保修维护阶段	负责检查工程质量状况,鉴定质量责任,督促和监督保修工作

13.1.4　我国工程建设监理制度的产生与发展

实行建设监理制是我国工程建设管理体制的一次重大改革。与发达国家不同,我国的建设监理制度是在改革开放的过程中从西方借鉴、引入的。

园林工程的监理是在 1996 年才进入全面推行阶段,目前归属于林业及生态工程监理类别,还没有作为一个独立的工程监理类别存在。园林工程列入监理资质管理的范围还存在一些问题:一是有关的法律、法规不齐全,如园林工程标准主要依据的是 1999 年建设部发布的《城市绿化工程施工及验收标准》,其内容除绿化工程施工外,有少量绿化工程附属设施的内容,其他的园林工程如土方工程、给排水工程、水景工程、园路和广场工程、假山工程等涉及较少。目前,只能参考其他相关建设工程(如建筑、公路、给排水等)或行业标准。二是对园林工程监理的重要性及各种法律、法规、制度宣传力度不够。三是个别业主对监理单位的监理职责理解不够。四是监理人员素质较低，履行职责不到位等，需要及时解决存在的问题，以促使园林监理工作顺利开展。

13.2 园林建设工程监理机构与组织管理

13.2.1 项目监理机构概念

项目监理机构是指监理单位派驻工程项目负责履行委托监理合同的组织机构。监理单位与建设单位签订委托合同后，在实施建设监理之前，应建立项目监理机构。项目监理机构的组织形式和规模，应根据委托监理合同规定的服务内容、服务期限，工程类别、规模、技术复杂程度，工程环境等因素确定。

13.2.2 项目监理机构的组织形式

项目监理机构的组织形式是指项目监理机构具体采用的管理组织结构，应根据建设工程的特点、建设工程组织管理模式、业主委托的监理任务以及监理单位自身情况而定。在进行建设工程监理工作中，常用的项目监理机构的组织形式有以下几种：

1. 直线制监理组织

直线制监理组织是最简单的一种监理组织，其特点是组织中的各种职位按垂直系统直线排列，适用于监理项目能划分为若干个相对独立子项的大、中型建设项目（图 13-2）。总监理工程师负责整个项目的规划、组织和指导，并着重整个项目范围内各方面的协调工作，具体领导现场专业或专项监理组的工作。

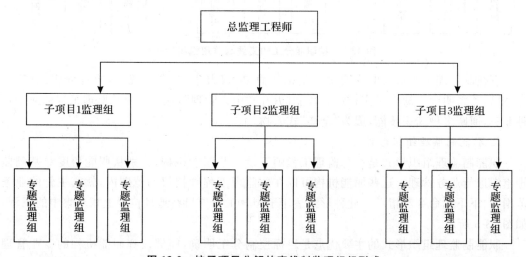

图 13-2 按子项目分解的直线制监理组织形式

如果建设单位委托监理单位对园林工程实施全过程监理，监理组织形式还可按园林工程不同的建设阶段分解设立直线制监理组织形式，如图 13-3 所示。

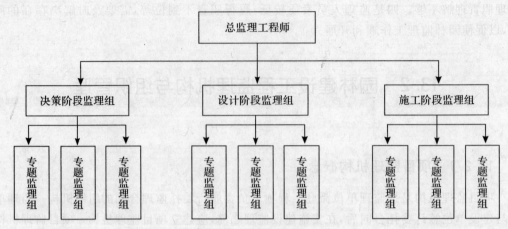

图 13-3　按建设阶段分解的直线制监理组织形式

对于小型园林工程,监理单位可以采用按职能分工的直线制监理组织形式,如图 13-4所示。

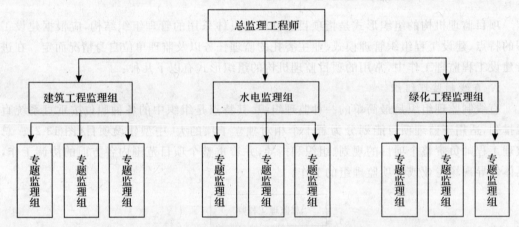

图 13-4　按职能分工的直线制监理组织形式

直线制监理组织形式的主要优点是机构简单,权力集中,命令统一,职责分明,决策迅速,隶属关系明确。缺点是实行没有智能机构的"个人管理",这就要求总监理工程师通晓各种业务,通晓多种知识技能,成为"全能"式人物。

2. 职能制监理组织形式

职能制监理组织形式是在总监理工程师下设一些职能机构,分别从职能角度对基础监理组织进行业务管理。这些职能机构可以在总监理工程师授权的范围内,就其主管的业务范围,向下下达命令和指示。此种形式适用于园林工程项目在地理位置上相对集中的工程,如图 13-5 所示。

职能制监理组织形式的主要优点是目标控制分工明确,能够发挥职能机构的专业管理作用,专家参加管理,能够提高管理效率,减轻总监理工程师负担。其缺点是多头领导,易造成职责不清。

3. 直线职能制监理组织

直线职能制监理组织形式是吸收了直线监理组织形式和职能制管理组织形式的优点而

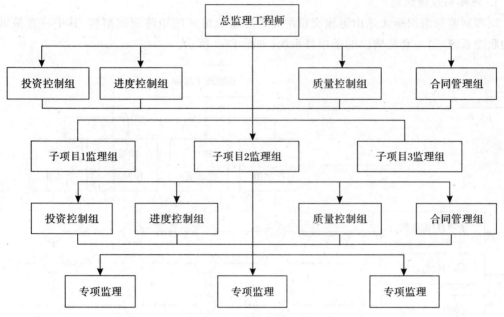

图 13-5 职能制监理组织形式

构成的一种组织形式,如图 13-6 所示。

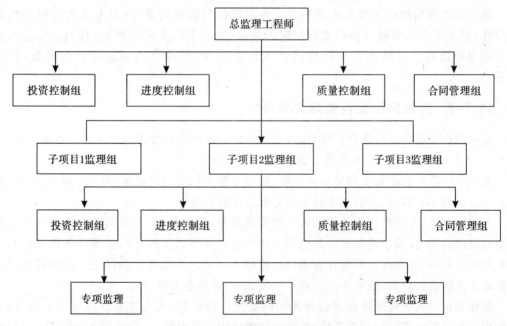

图 13-6 直线职能制监理组织形式

　　直线职能制监理组织形式的主要优点是集中领导,职责清楚,有利于提高工作效率;缺点是职能部门易与指挥部门产生矛盾,信息传递路线长,不利于在监理工作中监理信息的沟通交流。

4. 矩阵制监理组织

矩阵制监理组织形式是由纵横交错两套管理系统组成的矩阵组织结构,其中一套是纵向的职能系统,另一套是横向的子项目系统,如图 13-7 所示。

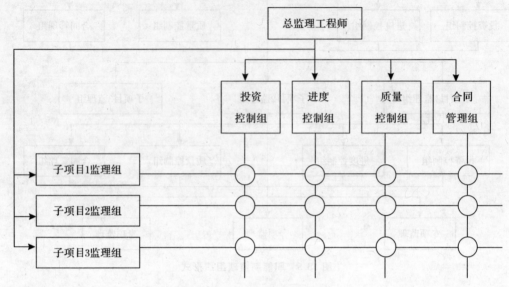

图 13-7　矩阵制监理组织形式

矩阵制监理组织的主要优点是加强了各职能部门的横向联系,具有较大的机动性和适应性;把上下左右集权与分权实行最优的结合;有利于解决复杂难题;有利于监理人员业务能力的培养。其缺点是纵横向协调工作能量大,处理不当会造成扯皮现象,产生矛盾。

13.2.3　园林建设工程监理实施程序

园林建设工程委托监理合同签订后,监理单位应根据合同要求组织工程监理的实施。

1. 确定总监理工程师,成立项目监理机构

监理单位应根据园林工程项目的规模、性质及业主对监理的要求,委派称职的监理工程师担任总监理工程师,代表监理单位全面负责该项目的监理工作。

一般情况下,监理单位在承接园林工程监理任务、参加投标、拟定监理大纲以及业主签订委托监理合同时,即应选派称职的监理工程师主持该项目工作。在监理任务确定并签订委托监理合同后,该主持人即可作为项目总监理工程师。总监理工程师是一个园林建设工程监理工作的总负责人,他对内向监理单位负责,对外向业主负责。

监理机构的人员构成是监理投标书中的重要内容项目,是业主在评标过程中认可的。总监理工程师在组建项目监理机构时,项目监理机构的组织形式,应根据委托监理合同规定的服务内容、服务期限,工程类别、规模、技术复杂程度,工程环境等因素确定。

2. 编制园林建设工程监理规划

工程建设监理规划是开展监理活动的纲领性文件。监理规划应在签订委托监理合同及收到设计文件后开始编制,由总监理工程师主持,专业监理工程师参加编制,完成后必须经监理单位技术负责人审核批准,并在召开第一次工地会议前报送建设单位。

3. 制定各专业监理实施细则

在监理规划的指导下,不仅要具体指导投资控制、进度控制、质量控制等工作的进行,还应该结合园林建设工程实际情况,制定出相应的监理实施细则。监理实施细则应在该工程施工开始前,由专业监理工程师负责编制完成,并必须经总监理工程师审核批准。

4. 规范化地开展监理工作

监理工作的规范化体现在:

(1)工作的时序性。是指建设工程监理的各项工作都应按一定的逻辑顺序展开,从而使监理工作能有效地达到目标而不至于造成工作状态的无序和混乱。

(2)职责分工的严密性。园林建设工程监理工作是不同专业、不同层次的专家群体共同完成的,他们之间严密的职责分工是协调进行工作的前提和实现监理目标的重要保证。

(3)工作目标的确定性。在职责分工的基础上,每一项监理工作的具体目标都应是确定的,完成的时间也应有时限规定,从而能通过报表资料对监理工作及效果进行检查和考核。

5. 参与验收,签署园林建设工程监理意见

园林建设工程完成以后,总监理工程师应在正式验交前组织专业监理工程师依据有关法律、法规、工程建设强制性标准、设计文件及施工合同,对承包单位报送的竣工资料进行审查,并对工程质量进行竣工预验收。在预验收中对存在的问题应及时要求承包单位整改。整改完毕,由总监理工程师签署竣工报验单,并在此基础上提出工程质量评估报告。工程质量评估报告应经总监理工程师和监理单位技术负责人审核签字。

项目监理机构应参加由建设单位组织的竣工验收,并提出相关的监理资料。对验收中指出的整改问题,项目监理机构应要求承包单位进行整改。工程质量符合要求,由总监理工程师会同参加验收的各方签署竣工报告。

6. 向业主提交园林建设工程监理档案资料

园林建设工程监理工作完成后,监理单位向业主提交的监理档案资料应在委托合同文件中约定。如在合同文件中没有明确规定,监理单位一般应提交设计变更、工程变更资料、监理指令性文件、各种签证资料等档案资料。

7. 监理工作总结

监理工作完成后,项目监理机构应及时进行监理工作总结。监理工作总结应包括以下几个方面:

(1)向建设单位提交的监理工作总结。其内容主要包括:工程概况;监理组织机构、监理人员和投入的监理设施;委托监理合同的履约情况概述;施工过程中出现的问题及其处理情况;监理任务或监理目标完成情况的评价;由建设单位提供的供监理活动使用的办公房、车辆、实验设施等的清单;表明监理工作终结的说明等。

(2)向监理单位提交的监理工作总结。其内容主要包括:

第一,监理工作的经验,可以采用某种经济措施、组织措施的经验,以及委托监理合同执行方面的经验或如何处理好与业主、承包单位关系的经验等。

第二,监理工作中存在的问题及其处理情况和改进建议也应及时加以总结,以指导今后的监理工作,不断提高园林建设工程监理的水平。

13.3 园林建设工程监理目标控制

13.3.1 建设工程监理目标控制的基本概念

在管理学中,控制通常是指管理人员按计划标准来衡量所取得的成果,纠正所发生的偏差,以保证计划目标得以实现的管理活动。

建设工程监理的核心是工作规划、控制和协调。规划是指对建设项目监理的规划。协调是指协调建设单位和承包单位及其他方面之间的关系。控制就是指目标动态控制,它是达到监理目标的重要手段。建设工程最好的控制效果是在最短的时间内建成投资少、质量好的工程。

13.3.2 建设工程目标控制的前提工作

一是制定目标规划和计划。要进行目标控制首先必须进行合理的规划并制定相应的计划。目标规划和计划越明确、越具体、越全面,目标控制的效果越好。

二是组织。目标控制要由若干人完成,而若干人的任务、职责是靠组织来协调的。因此目标控制要建立组织机构;确定目标控制部门、人员的职责分工。目标控制的组织机构和任务分工越明确、越完善,目标控制的效果越好。

13.3.3 建设工程监理目标控制的流程

项目监理机构在施工过程中目标控制工作流程包含五个环节:投入、转换、反馈、对比、纠正(如图 13-8)。

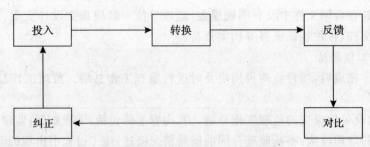

图 13-8 控制流程的基本环节

投入:是对投入的人员(管理人员、技术人员、施工人员)、机械(施工机械和工程设备)、材料(原材料、构配件)、方法(施工方法、施工工艺)、环境(自然环境、施工环境、人为环境)进行严格控制,确保投入质量,为实现建设工程目标打下坚实基础。

转换:是工程实体形成的过程,转换过程是劳动力(管理人员、技术人员、施工人员)运用劳动资料(施工机具)将劳动对象(建筑材料、工程设备)转变为预定的产品,最终输出完整的建设工程。因此监理机构要对每个过程、每个环节进行全过程控制,对产出品的检验批、分项工程、分部工程、单位工程、单项工程进行全方位控制。在转换工程中由于外部环境、内部系统的多因素干扰往往出现实际目标偏离计划目标的现象,因此对转换过程的目标控制是监理机构最长期、最系统、最重要的控制工作。

反馈:监理人员一定要重视信息反馈工作,要全面、及时、准确了解计划的执行情况及其结果。因计划实施过程中实际情况的变化是绝对的,不变是相对的,每个变化都会对目标和计划的实现带来一定的影响,只有及时收集反馈信息,对其进行深入研究分析,才能对目标控制做到心中有数。

对比:是通过反馈的信息将目标的实际值与计划值进行比较,从而确定是否发生偏离,是否采取纠偏措施。

纠正:一旦对目标实现造成风险,监理人员要认真分析造成风险的原因,制定相应的纠偏措施,措施付诸实施时要跟踪监督。

目标控制流程是一个定期进行、有限循环过程。在整个循环过程中要不断进行动态控制,如果偏离了目标和计划,就要采取纠正措施,或改变投入,或修改计划,使工程能在新的计划状态下进行,直至工程建成交付使用。

13.3.4 目标控制的类型

目标控制的类型分为主动控制和被动控制两大类。主动控制是一种事前控制。它必须在计划实施之前就采取控制措施,以降低目标偏离的可能性或其后果的严重程度,起到防患于未然的作用。被动控制是一种事中控制和事后控制。它是在计划实施过程中对已出现的偏差采取控制措施。它虽然不能降低目标偏离的可能性,但可以降低目标偏离的严重程度,并将偏离差控制在尽可能小的范围内。

在建设工程实施过程中,采取主动控制效果虽然比被动控制好,但是仅仅采取主动控制措施是不现实的。因为建设工程施工过程中有相当多的风险因素是不可预见甚至是无法防范的,如政治、社会、自然等因素。因此,在工程建设过程中,监理机构在目标控制过程中要把主动控制与被动控制紧密结合起来,两者缺一不可(图13-9)。

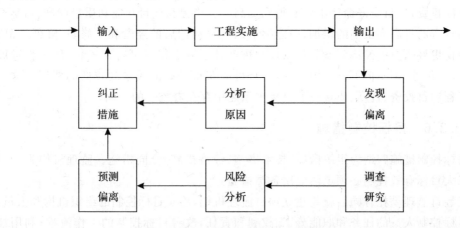

图13-9 主动控制与被动控制相结合图

要做到主动控制与被动控制相结合,关键要处理好两方面问题:一是要扩大信息来源,即不仅要从本工程获得实施情况的信息,而且要从外部环境获得有关信息,包括已建同类工程的有关信息,这样才能对风险因素进行定量分析,使纠偏措施有针对性;二是把好输入这个环节即要输入两类纠偏措施,不仅有纠正已发生的偏差措施,而且有预防和纠正可能发生的偏差措施,这样才能取得较好的控制效果。

13.3.5　建设项目监理三大目标控制

建设项目的投资控制、进度控制和质量控制是建设工程监理的三大控制目标。

1. 建设项目监理三大目标控制的含义

(1)投资控制的含义。建设项目监理投资控制是指在实现整个项目总目标过程中,对投资实行管理,保证建设项目在满足质量和进度要求的前提下,实际投资不超过计划投资。

(2)进度控制的含义。建设项目监理进度控制是指在实现建设项目总目标过程中,监理工程师进行监督、协调工作,使建设工程的实际进度符合计划进度的要求,使项目按照计划要求的时间建设而开展的管理活动。

(3)质量控制的含义。建设工程监理质量控制是指在力求实现建设工程项目总目标过程中,为满足项目总体质量要求所开展的有关的监督管理活动。

2. 建设工程项目三大目标的关系

建设工程监理的中心工作是对工程项目的投资、进度、质量三大目标实施控制。工程项目的投资、进度、质量三大目标是一个相互关联的整体,监理工程师控制的是由三大目标组成的项目目标系统。投资、进度、质量三大目标之间是一种对立统一的关系。

例如,通常情况下,如果建设单位对工程质量要求较高,那么就要投入较多的资金和较长的建设时间。如果要抢时间、争速度地完成工程项目,把工期目标定得很高,那么在保证工程质量不受到影响的前提下,投资就要相应地提高;或者是在投资不变的情况下,适当降低对工程质量的要求。如果要降低投资,节约费用,那势必要考虑降低项目的功能要求和质量标准。所有这些表现都反映了工程项目三大目标关系存在矛盾和对立的一面。

又例如,在质量与功能要求不变的条件下,适当增加投资的数量,就为采取加快工程进度的措施提供了经济条件,就可以加快项目建设速度,缩短工期,使项目提前完工投入使用,尽早收回投资,项目全寿命经济效益得到提高。适当提高项目功能和质量标准,虽然会造成一次性投资的提高和工期的增加,但能够节约项目动用后的经营和维修费,降低产品成本,从而获得更好的投资经济效益。如果项目进度计划制定得既可行又优化,使工程进展具有连续性、均衡性,则不但可以缩短工期,而且可能获得较好的质量和较低的费用。这一切说明了工程项目投资、进度、质量三大目标关系之中存在着统一的一面。

13.3.6　目标控制措施

目标控制措施归纳为组织措施、技术措施、经济措施、合同措施。监理机构为了对建设工程三大目标有效控制必须灵活应用各类措施。

在签订监理委托合同后就要建立项目监理机构,落实目标控制的组织机构和人员,明确各级目标控制人员的任务和职能分工、权利和责任,改善目标控制的工作流程;利用技术措施解决施工过程中的技术问题,纠正目标偏离,对不同的技术方案进行技术、经济分析;利用经济措施审核工程量及相应的付款和结算报告,分析已完工程投资的合理性,预测未完工程的投资风险。合同措施对监理机构尤为重要,监理人员一定要熟悉建设工程各类合同,弄清参建各方的权利、义务、职责,以及合同条款中的质量要求、进度要求、投资要求,以便在施工过程中对其进行合理控制。在索赔问题上一定要对照合同条款分清责任,做出正确的索赔审批。

　　进度、质量、投资三大目标是建设工程的生命所在,监理机构必须将这三大目标控制有机结合起来,正确理解它们的对立统一关系,切忌将投资、进度、质量三大目标割裂开来,分别孤立地分析和论证,更不能片面强调某一目标而忽略其对其他两个目标的不利影响,必须将投资、进度、质量三大目标作为一个系统统筹考虑,反复协调和平衡,力求实现整个目标系统最优。

13.4　园林建设工程准备阶段的监理

　　园林建设项目实施准备阶段的各项工作是非常重要的,它将直接关系到建设的工程项目是否能达到优质、低耗和如期完成。有的园林建设工程项目工期延长,投资超支,质量欠佳,很大一部分原因是准备阶段的工作没有做好。在这个阶段,由于一些建设单位是新组建起来的,组织机构不健全,人员配备不足,业务不熟悉,加上急于要把园林建设工程推入实施阶段,因此往往使实施准备阶段的工作不充分而造成先天不足。

　　园林建设项目实施准备阶段的监理工作内容如下:

13.4.1　建议

为建设单位对园林建设项目实施的决策提供专业方面的建议。主要有:

(1)协助建设单位取得建设批准手续;

(2)协助建设单位了解有关规则要求及法律限制;

(3)协助建设单位对拟建项目预见与环境之间的影响;

(4)提供与建设项目有关的市场行情信息;

(5)协助与指导建设单位做好施工方面的准备工作;

(6)协助建设单位与制约项目建设的外部机构的联络。

13.4.2　勘察监理

园林建设工程勘察监理主要任务是确定勘察任务,选择勘察队伍,督促勘察单位按期、按质、按量完成勘察任务,提供满足工程建设要求的勘察成果。其工作内容主要是:

(1)编审勘察任务书;

(2)确定委托勘察的工作和委托方式;

(3)选择勘察单位,商签合同;

(4)为勘察单位提供基础资料;

(5)监督管理勘察过程中的质量、进度及费用;

(6)审定勘察成果报告,验收勘察成果。

13.4.3　设计监理

园林建设工程设计监理是工程建设监理中很重要的一部分,其工作内容主要是:

(1)制定设计监理工作计划。当接受建设单位委托设计监理后,就要首先了解建设单位的投资意图,然后按了解的意图开展设计监理工作。

(2)编制设计大纲(或设计纲要)。

(3)与建设单位商讨确定对设计单位的委托方式。

(4)选择设计单位。

(5)参与设计单位对设计方案的优选。

(6)检查、督促设计进行中有关设计合同的实施,对设计进度、设计质量、设计造价进行控制。

(7)设计费用的支付签署。

(8)设计方案与政府有关规定的协调统一。

(9)设计文件的验收。

13.4.4　材料、设备等采购监理

(1)审查材料、设备等采购清单;

(2)对质量、价格等进行比选,确定生产与供应单位并与其谈判;

(3)对进场的材料、设备进行质量检验;

(4)对确定采购的材料、设备进行合同管理,不符合合同规定要求的提出合理索赔。

13.4.5　现场准备

主要是拟定计划,协调与外部的关系,督促实施,检查效果。

13.4.6　施工委托

(1)商定施工任务委托的方式;

(2)草拟工程招标文件,组织招标工作;

(3)参与合同谈判与签订。

13.5　园林建设工程施工阶段的监理

园林建设工程施工阶段监理活动与工民建及其他建设工程监理活动一样,主要是协助业主在预定的投资、进度、质量目标内建成项目,所以施工阶段监理的关键在于质量、进度和投资控制。

13.5.1　园林工程建设施工阶段质量监理

1.施工阶段质量监理的依据

(1)共同性依据

共同性依据是指那些适用于施工阶段质量控制,有普遍指导意义和必须遵守的基本文件。包括工程承包合同文件,设计文件,国家和政府有关主管部门颁布的关于质量管理方面

的法律、法规性文件。

（2）专门性技术法规及标准

主要是针对不同行业、不同的质量控制对象而制定的技术法规性文件，这类文件包括有关的标准、规范、规程和规定。

它们通常可以分为以下几类：

①工程项目质量检验评定标准。这类标准如《建筑工程质量检验评定标准》、《城市绿化工程施工及验收规范》等。

②有关工程材料、半成品和构配件质量控制方面的专门技术规定。

③控制施工工序质量等方面的技术法规。这类技术法规有关于园林工程作业方面的操作规程，如园林绿化工程中草坪栽植、大树移植和土壤处理、植物种子检验等规范，园林土建工程中土方工程、筑山工程、理水工程等规范。

④凡采用新工艺、新技术、新方法的工程，事先应进行试验，应有权威部门的技术鉴定书及有关的质量数据、指标等，并在此基础上制定有关的质量标准和施工工艺规程。

2．施工过程中的质量控制内容

（1）对承包商质量控制工作的监控

对承包商的质量控制系统（如质量保证体系等）进行监督，使其在质量管理中发挥良好的作用；监督与协助承包商完善工序质量控制，将影响工序质量的因素都纳入质量管理范围；要求承包商对重要和复杂的部位或工序作为重点，设立质量控制点，加强监控。

（2）在施工过程中进行质量跟踪监控

①跟踪监控。在施工过程中监理工程师要进行跟踪监控，监督承包商的各项工程活动，注意承包商在施工准备阶段对影响工程质量的各方面因素所作的安排，及在施工过程中是否发生了不利于保证工程质量的变化。

②严格工序间的交接检查。对主要工序作业和隐蔽作业，要按有关规范要求由监理工程师在规定的时间内检查，确认其质量合格后，才能进行下道工序。

③建立施工质量跟踪档案。施工质量跟踪档案记录承包商在进行工程施工过程中的各种质量控制实施活动，也包括监理工程师对这些质量控制活动的意见以及承包商对这些意见的答复。它们记录了工程施工阶段质量控制活动的全过程。

（3）对设计变更的控制

在工程施工过程中，无论是业主、承包商还是设计单位提出的工程变更或图纸修改，都应通过监理工程师审查并组织有关方面研究，确认其必要性后，由监理工程师发布变更指令方能生效予以实施。

（4）施工过程中的检查验收

对工序产品和重要的工程、部位及专业进行检查、验收。

（5）处理已发生的质量问题或质量事故

在施工过程中发生质量事故后，需收集事故处理的资料，如与事故有关的施工图、与施工有关的资料（如材料测试报告和施工记录）、事故调查分析报告（事故情况、事故性质、事故原因、事故评估、事故涉及人员与主要责任者的情况），及设计、施工和使用单位对事故的意见和要求等。

（6）下达停工指令来控制施工质量

在出现下列情况时,监理工程师有权行使质量控制权,下达停工令,及时进行质量控制。

①施工中出现质量异常情况,经提出后,施工单位未采取有效措施,或措施不力未能扭转这种情况者。

②隐蔽作业未经依法查验合格,而擅自封闭者。

③已发现质量问题事故迟迟未按监理工程师要求进行处理,或者是已发生质量缺陷或事故迟迟未按监理工程师要求进行处理,或者是已经发生质量缺陷,如不停工质量缺陷或事故将继续发展的情况下。

④未经监理工程师审查同意,而擅自变更设计或修改图纸进行施工者。

⑤未经技术资质审查的人员或不合格人员进入现场施工。

⑥使用的原材料、构配件不合格或未经检查确认,或擅自采用未经审查认可的代用材料者。

⑦擅自使用未经监理单位审核认可的分包商进场施工。

3. 监理工程师对质量的处理

任何园林建设工程在施工中,都或多或少存在程度不同的质量问题,因此监理工程师一旦发现有质量问题时就要立即进行处理。

(1)处理的程序

首先对发现的质量问题以质量单形式通知承建单位,要求承建单位停止对有质量问题的部位或与其有关联的部位的下道工序施工。承建单位在接到质量通知单后,应向监理工程师提出"质量问题报告",说明质量问题的性质及其严重程度、造成的原因,提出处理的具体方案。监理工程师在接到承建单位的报告后,即进行调查和研究,并向承建单位提出"不合格工程项目通知",做出处理决定。

(2)质量问题处理方式

监理工程师对出现的质量问题,视情况分别作以下决定:

①返工重做。凡是工程质量未达到合同条款规定的标准,质量问题亦较严重或无法通过修补使工程质量达到合同规定的标准,监理工程师应该做出返工重做的处理决定。

②修补处理。工程质量某些部分未达到合同条款规定的标准,但质量问题并不严重,通过修补后可以达到规定的标准,监理工程师可以做出修补处理的决定。

(3)处理质量问题方法

监理工程师对质量问题处理的决定是一项较复杂的工作,因为它不仅涉及工程质量问题,而且还涉及工期和工程费用的问题。因此,监理工程师应持慎重的态度对质量问题的处理做出决定。为此,在做出决定之前一般采用以下方法,使处理决定更为合理。

①试验验证。即对存在质量问题的项目,通过合同规定的常规试验以外的试验方法做进一步的验证以确定质量问题的严重程度,并依据试验结果,进行分析后做出处理决定。

②定期观察。有些质量问题并不是短期内就可以通过观测得出结论的,而是需要较长时间的观测。在这种情况下,可征得建设单位与承建单位的同意,修改合同,延长质量责任期。

③专家论证。有些质量问题涉及技术领域较广或是采用了新材料、新技术、新工艺等,有时往往根据合同规定的规范难以做出决策。在这种情况下可邀请有关专家进行论证,监理工程师通过专家论证的意见和合同条件,做出最后的处理决定。

(4)园林工程监理工程师对工程质量监理的手段

①履行合同。监理单位与监理人员依据签订的合同进行管理以保证工程质量。

②旁站监理。就是监理人员在承建单位施工期间全部或大部分时间在现场,对承建单位的各项工程活动进行跟踪监理。监理过程中一旦发现问题,便可及时指令承建单位予以纠正。

③见证监理。监理人员在现场监督某项工序全过程完成情况的监督活动。

④巡视监理。监理人员对正在施工的部位或工序在现场进行的定期或不定期的监督活动。

⑤平行检查。由监理机构监理人员利用一定的检查或检测手段,在施工单位自检的基础上,按照一定的比例独立进行检查或检测的活动。

⑥测量。测量贯穿工程监理的全过程。开工前、施工过程中以及已完的工程均要采用测量手段进行施工控制。因此,在监理人员中应配有测量人员,随时随地地通过测量控制工程质量,并对承建单位送上的测量放线报验单进行查验并予结论。

⑦试验。对一些工程项目的质量评价往往以试验的数据为依据。采用经验的方法、目测或观感的方法来对工程质量进行评价是不允许的。

⑧严格执行监理的程序。在工程质量监理过程中,严格执行监理程序。例如按合同规定,开工申请单未经监理工程师批准的项目就不能施工,未经承建单位自检的质量验收报告,监理工程师可拒绝对工程的计量和验收。

⑨指令性文件。按国际惯例,承建单位应严格履行监理工程师对任何事项发出的指示。监理工程师的指示一般采用书面形式,因此也称为"指令性文件"。在对工程质量监理中,监理工程师应充分利用指令性文件对承建单位施工的工程进行质量控制。

⑩拒绝支付。监理工程师对工程质量的控制不像质量监督员采用行政手段,而是采用经济手段。监理工程师对工程质量控制的最主要手段,就是以计量支付确认。为保证承建单位工程款项的支付,要经监理工程师确认并开具证明。

以上10种手段,是监理工程师在工程质量监理中经常采用的,有时是单独采用,有时同时采用其中的几种。在施工现场中,应用最多的是巡视监理、平行检查和旁站监理。

13.5.2　园林工程建设施工阶段进度监理

在施工阶段进度控制的总任务是在满足工程项目建设总进度计划要求的基础上,编制或审核施工进度计划,并对其执行情况加以动态控制,以保证工程项目按期交付使用,使工程项目的预期效益得到发挥。

1. 施工阶段进度控制目标的确定

(1)确定施工进度控制目标的依据

①工程项目总进度目标的要求;

②国家颁布的工期定额;

③类似本工程项目的施工经验和工期;

④工程项目的难易程度和工程条件落实情况。

(2)在确定施工进度控制目标时要研究的主要因素

①工程项目总进度计划对项目施工工期的要求;

②工程项目建设的需要及其使用目的对实现项目总进度的要求;

③工程项目在组织、协调、技术诸方面的特殊性;

④工程项目资金的保证;

⑤承建商投入的人力条件和施工力量；

⑥材料、构件、设备等物资供应条件和可能性；

⑦气候、运输条件等。

2. 监理工程师在施工阶段进度控制中的内容

(1)编制施工阶段进度控制工作实施细则

监理工程师根据总监理工程师拟定的监理大纲、工程项目监理规划,对每个工程项目编制进度控制实施细则,作为实施进度控制的具体指导文件。这些文件的主要内容有:施工进度目标分解图;进度控制工作内容、深度、流程和时间安排,及监理人员的具体分工;进度控制的方法与措施,及实施进度目标的风险分析等。

(2)审核或协助编制施工组织设计

在大型工程项目(即单项工程多、工期长、分段发包、分批施工)没有一个负责全部工程的总承包商时,监理工程师就要负责编制施工组织总设计及施工总进度计划。施工总进度计划应明确分期分批的项目组成,各批工程项目的开工、竣工顺序及设计安排,全场性准备工程特别是首批准备工程的内容与进度安排等。若工程项目有总承包商时,监理工程师只负责对承包商编制的施工组织总设计及总进度计划进行审核。对单位工程施工组织设计及其进度计划,监理工程师只负责审核而不管编制。

施工进度计划的审核内容主要如下:

①进度安排是否符合工程项目总进度计划中总目标和分解目标的要求,是否符合施工合同中开工、竣工日期的规定。

②施工总进度计划中的项目是否有遗漏,分期是否满足分批投产的要求,各工序顺序是否合理,能否保证资源的供应,施工现场是否满足开工条件。

③按年、季、月编制工程综合计划是否齐全。

(3)发布开工令

在检查承包商各项施工准备工作、确认业主的配合条件已齐备后,发布开工令。发布开工令的时机,应尽可能及时,因为从发布开工令之日起计算,加上合同工期后,即为竣工日期。开工令发布拖延,等于竣工日期拖延,甚至引起承包商的索赔。

(4)协助承包商实施进度计划

监理工程师要随时了解施工进度计划实施中存在的问题并协助解决,特别是解决承包商无力解决的内外关系协调问题。在进度计划实施过程进行跟踪检查,检查承包商报送的进度报表和分析资料,同时还要派进度监理人员到实地检查,对所报送的已完成项目时间及工程量进行核实,杜绝虚报现象。

(5)组织协调工作

监理工程师主持每月、每周的定期不同级别的进度协调会。高级协调会上通报工程项目建设的重大变更事项,协商之后处理解决各个承包商之间、业主与承包商之间的重大配合协调问题。在每周管理层协调会上,通报各自进度情况、存在问题及下周安排,解决施工中相互协调问题,包括各承包商之间进度协调问题、工作面交接问题、阶段成品保护责任问题、场地与公用设施利用中的矛盾问题,某一方面断电、断水、断路、开挖引起其他方面工作不便的协调问题以及资源保证、外部协作条件配合问题等。

在平行、交叉施工中,承包商多,工序交接频繁,矛盾多而进度目标紧迫,施工紧张,现场协调会甚至需每天召开。可考虑在每天 15:00 左右召开,通报和检查当天进度,确定薄弱环节,部署当晚赶工以便为次日正常施工创造条件。对于某些未曾预料的突发变故问题,还可由监理工程师发布紧急协调指令,督促有关单位采取应急措施以维护施工的正常秩序。

(6)签发进度款付款凭证

对承包商申报的已完成分项工程量进行核实,在质量监理工程师通过检查验收后,签发进度款付款凭证。

(7)审批进度拖延

当实际进度发生拖延,监理工程师有权要求承建商采取措施追赶。

(8)向业主提供进度报告

随时整理进度资料,做好工程记录,定期向业主提供工程进度报告。

(9)督促承包商整理技术资料

要根据工程进展情况,督促承包商及时整理有关资料。

(10)审批竣工申请报告,组织竣工验收

审批承包商在工程竣工后自行预检验基础上提交的初验申请报告,组织业主和设计单位进行初验,初验通过后填写初验报告及竣工验收申请书,并协助业主组织工程的竣工验收,编写竣工验收报告书。

(11)处理争议和索赔

处理工程结算中的争议和索赔问题。

(12)收集工程进度资料

工程进度资料的收集、归类、编目和建档,作为其他项目进度控制的参考。

(13)工程移交

督促承包商办理工程移交手续,颁发工程移交证书。在工程移交后的保修期内,还要督促承包商及时返修,处理验收后出现质量问题的原因、责任等争议问题。在保修期结束且再无争议时,进度控制的任务才算完成。

3. 监理工程师在施工阶段进度控制中的职责和权限

(1)监理工程师在施工阶段进度控制中的职责

在控制工程施工进度中,监理工程师的职责概括来说就是督促、协调和服务,具体包括以下内容:

①控制工程总进度,审批承建单位提交的施工进度计划;

②监督承建单位执行进度计划,根据各阶段的主要控制目标做好进度控制,并根据承建单位完成进度的实际情况,签署月进度支付凭证;

③向承建单位及时提供施工图、规范标准以及有关技术资料;

④督促与协调承建单位做好材料、施工机具与设备等物资的供应工作;

⑤定期向建设单位提交工程进度报告,组织召开工程进度的协调会议,解决进度控制中的重大问题,签发会议纪要;

⑥在执行合同中,做好工程施工进度计划实施中的记录,并保管与整理各种报告、批示、指令及其他有关资料;

⑦组织阶段验收与竣工验收。

(2)监理工程师在施工阶段进度控制中的权限

为了明确监理工程师在施工管理中的地位,保障对项目实施的全面监理,监理工程师被赋予很大的权限。

①开工令发布权。

②施工组织设计审定权。

③修改设计建议及设计变更签字权。

第一,由于施工条件或施工环境有较大的变化或设计方案、施工图存在着不合理之处,经技术论证后认为有必要修改设计,监理工程师有权建议设计单位修改设计。

第二,所有设计变更与施工图必须要监理工程师批准签字认可后,方能交给承建单位实施。

④劳动力、材料、机械设备使用监督权。根据季、月度进度计划的安排,监理工程师深入现场,监督检查劳动力配置、施工机械的类型与数量。

⑤工程付款签证权。未经监理工程师签署付款凭证,建设单位将拒付承建单位的施工进度、备料、购置设备、工程结算等工程建设款项。

⑥下达停工令和复工令权。

第一,由于建设单位原因或施工条件发生较大变化而必须要停止施工时,监理工程师有权发布"暂停指令"等,符合合同要求时也有权下达"复工指令"。

第二,如承建单位不按合同要求的规范、标准及审批的施工方案施工,或质量不符合标准,监理工程师有权签发"整改通知单",整改不力的可报请总监理工程师后签发"停工指令",直至整改验收合格后才准许复工。承建单位如认为停工的因素已消除,可向监理工程师申请复工。

第三,对于严重违约的承建单位,监理工程师有权向建设单位建议清退。

⑦合同条款解释权。建设单位与承建单位签订的承包合同条款,监理工程师虽不承担风险,但负责有效地管理合同。在合同执行中有权对合同条款进行解释,并采取相应措施提高承建单位现场管理人员的合同意识,按合同条件及有关文件管理工程项目的建设,确保进度目标的实现。

⑧索赔费用的核定权。由于不是因承建单位责任所造成的工期延误及费用的增加,承建单位有权向建设单位提出索赔,监理工程师应核定索赔的依据及索赔费用的金额,并在合同管理中尽量减少索赔事件的发生。

⑨有进行协调工作的权力。协调工作主要包括:

第一,协调各承建单位之间的关系;

第二,协调建设单位与承建单位之间的关系;

第三,协调监理单位与承建单位间的关系,定期召开协调会议,检查进度计划的执行情况。

⑩工程验收签字权。当分项、分部工程或监理工程师认为有必要检查的重要工序完成后,应经监理工程师组织验收(在验收之前,施工企业必须自己先检查验收)并签发验收证后工程方能继续施工。

13.5.3 园林工程建设施工阶段投资监理

1. 我国建设监理单位在控制目标投资方面的主要内容

园林建设工程投资控制是我国工程监理的一项主要任务,投资控制贯穿于园林工程建

设的各个阶段,也贯穿于监理工作的各个环节。施工阶段,我国建设监理单位在控制目标投资方面的主要内容有:

(1)审查承建单位提出的施工组织设计、施工技术方案和施工进度计划,提出改进意见,督促、检查承建单位严格执行工程承包合同。

(2)从造价、项目的功能要求、质量和工期方面审查工程变更的方案,并在工程变更实施前与建设单位、承包单位协商确定工程变更的价款。

(3)检查工程进度与施工质量,验收分项、分部工程,按施工合同约定的工程量计算规则和支付条款进行工程量计算和支付工程款,签署工程付款凭证。

(4)收集、整理有关的施工和监理资料,为处理费用索赔提供证据。

(5)按施工合同的有关规定进行竣工结算,审查工程结算,提出竣工验收报告等。

2. 监理工程师对投资控制的权限

为保证监理工程师有效地控制投资,必须对监理工程师进行授权,且在合同文件中做出明确规定,并正式通知承建单位。对监理工程师的授权主要包括以下内容:

(1)审定批准承建单位制定的工程进度计划,督促承建单位按批准的进度计划完成工程。

(2)接收并检验承建单位报送的材料样品,根据检验结果批准或拒绝在该工程中使用这些材料。

(3)对工程质量按技术规范和合同规定进行检查,对不符合质量标准的工程提出处理意见,对隐蔽工程下一道工序的施工,必须在监理工程师检查认可后,方可进行施工。

(4)核对承建单位完成分项、分部工程的数量,或与承建单位共同测定这些数量,审定承建单位的进度付款申请表,签发付款证明。

(5)审查承建单位追加工程付款的申请书,签发经济签证并交建设单位审批。

(6)审查或转交给设计单位的补充施工详图,严格控制设计变更,并及时分析设计对控制投资的影响。

(7)做好工程施工记录,保存各种文件图纸,特别是注有实际施工变更情况的图纸,注意积累素材,为正确处理可能发生的索赔提供依据。

(8)对工程施工过程中的投资支出做好分析与预测,经常或定期向建设单位提交项目投资控制及其存在问题的报告。

(9)提倡主动监理,尽量避免工程已经完工后再检验,而要把本来可以预料的问题告诉承建单位,协助承建单位进行成本管理,避免不必要的返工而造成的成本上升。

13.6　园林建设工程监理信息与档案管理

13.6.1　园林工程建设监理信息管理

园林工程监理的主要工作是工程建设过程控制,控制的基础是信息,信息管理是园林工程建设的一项重要内容。及时掌握准确、完整、有用的信息,可以使监理工程师卓有成效地完成工程监理任务。

1. 监理信息的分类

信息是以数据形式(包括文字、语言、数值、图表、图像、计算机多媒体等形式)表达的客观事实,是一种已被加工或处理成特定形式的数据。在园林工程建设监理过程中,涉及的信息很多,常见的有以下类型。

(1)按照园林工程监理控制目标分类

①投资控制信息。指与投资控制有关的信息,如各类投资估算指标、类似工程造价、物价指数、预算定额、建设投资项目投资估算、合同价、工程进度款项预付、竣工预算与决算、原材料价格、机械台班费、人工费和运杂费、投资控制的风险分析等。

②质量控制信息。指与质量控制有关的信息,例如国家有关的质量政策和质量标准、项目建设标准、质量目标的分解结果、质量控制工作流程、质量控制工作进度、质量控制的风险分析、工程实体与材料设备质量检验信息、质量抽样检查结果等。

③进度控制信息。指与进度有关的信息,例如工期定额、项目总进度计划、进度目标分解结果、进度控制工作流程与计划进度对比信息及进度统计分析等。

(2)按照园林工程建设监理信息来源分类

①工程建设内部信息。取自建设项目本身,如工程概况、可行性研究报告、设计文件、施工方案、合同文件、信息资料的编码系统、会议制度;监理组织机构、监理工作制度、监理委托合同、监理规划、监理大纲和监理实施细则、项目的投资目标、项目的质量目标和进度目标等。

②工程建设外部消息。来自建设项目外部环境的信息,如国家有关的政治和经济方面政策及法规、国内外市场上原材料及设备价格、物价指数、类似工程的造价和进度,投标单位的实力、信誉,相关单位的有关情况等。

(3)按照园林工程建设监理信息的稳定程度分类

①固定信息。是指那些具有相对稳定性的信息,或者在一段时间内可以在各项监理工作中重复使用而不发生质的变化的信息。它是建设工程监理工作的重要依据。这类信息包括:定额标准信息,如预算定额、施工定额、原材料消耗定额、投资估算指标、生产作业计划标准、监理工作制度等;计划合同信息、子计划指标体系、合同文件等;查询信息,指国家标准、行业标准、部门标准、设计规范、施工规范、监理工程师的人事卡片等。

②流动信息。是指那些不断变化的信息。它随着工程项目的进展而不断更新,反映工程项目建设实际状态。该类信息时间性较强,如作业统计信息中的项目实施阶段的质量、投资及进度统计信息。

(4)按照园林工程建设监理活动层次分类

①总监理工程师所需信息。如有关建设工程的程序和制度、监理目标和范围、监理组织机构的设置状况、承包商提交的施工组织设计和施工技术方案、委托监理合同、施工承包合同等。

②各专业监理工程师所需信息。如工程建设的计划信息、实际信息(包括投资、质量、进度)、实际与计划的对比分析结果等。监理工程师通过掌握这些信息可以及时了解工程建设是否超过或落后于预期目标,并指导采取必要措施,以实现预定目标。

③监理员所需信息。主要是工程现场实际信息,如工程建设的日进展情况、实验数据、

现场记录等。这类信息较具体、详细,精确度较高,使用频率也较高。

(5)按照园林工程建设监理阶段分类

①项目建设前期的信息。包括可行性研究报告提供的信息、设计任务书提供的信息、勘察与测量的信息、初步设计文件的信息、监理委托合同、施工招标方面的信息等。

②施工阶段的信息。如施工承包合同、施工组织设计、施工技术方案和施工进度计划、工程技术标准、工程建设实际进展报告、工程进度款支付申请、施工图纸及技术资料、工序验收交工证书、单位和单项工程质量检查验收报告、国家和地方的监理法规等。这些信息有的来自业主,有的来自承包商及有关政府部门。

③竣工阶段的信息。如竣工工程项目一览表、地质勘察资料、永久性水准点位置坐标记录、工程竣工图、工程施工记录、设计和施工变更记录、设计图纸会审记录、工程质量事故发生情况和处理记录、竣工验收申请报告、工程竣工验收报告、工程竣工验收证明书、工程养护与保修证书等。这些信息一部分是在整个施工过程中长期积累形成的,一部分是在竣工验收期间根据积累的资料整理分析而形成的。

13.6.2　监理信息管理的内容

1. 园林工程建设监理信息的收集

(1)工程建设前期信息收集

如果监理工程师未参加工程建设的前期工作,在受业主的委托对工程建设设计阶段实施监理时,作为设计阶段监理的主要依据,应向业主和有关单位收集以下资料:

①批准的“项目建议书”、“可行性研究报告”及“设计任务书”;

②批准的建设选址报告、城市规划部门的批文、土地使用要求、环保要求;

③工程地质和水文地质勘察报告、区域图、地形测量图、地质气象和地震等自然条件资料;

④矿藏资源报告;

⑤规定的设计标准;

⑥国家或地方的监理法规或规定;

⑦国家或地方有关的技术经济指标和定额等。

(2)工程建设设计阶段信息的收集

建设项目的初步设计文件包含大量的信息,如建设项目的规模、总体规划布置,主要建筑物的位置、结构形式和设计尺寸,各种建筑物的材料用量、主要设备清单、主要技术经济指标、建设工期、总概算等,还有业主与市政、公用、供电、电信、铁路、交通、消防等部门的协议文件或配合方案。

技术设计是根据初步设计和更详细的调查研究资料进行的,用以进一步解决初步设计中的重大技术问题,如工艺流程、建筑结构、设备选型及数量确定等。技术设计文件与初步设计文件相比,提供了更确切的数据资料,如对建筑物的结构形式和尺寸等进行修正并编制修正后的总概算。

施工图设计文件则完整地表现建筑物外形、内部空间分割、结构体系、构造状况,以及建筑群的组成和周围环境的配合,具有详细的构造尺寸。它通过图纸反映出大量的信息,如施工总平面图、建筑物的施工平面图和剖面图、设备安装详图、各种专门工程的施工图、各种设备和材料的明细表等。此外,还有根据施工图设计所做的施工图预算等。

（3）施工招标阶段信息的收集

在工程建设招标阶段,业主或其委托的监理单位要编制招标文件,在招标过程中及在决标以后,招、投标文件及其他一些文件将形成一套对工程建设起制约作用的合同文件,这些合同文件是建设工程监理的法规文件,是监理工程师必须要熟悉和掌握的。

这些文件主要包括:投标邀请书、投标须知、合同双方签署的合同协议书、履约保函、合同条款、投标书及其附件、标价的工程量清单及其附件、技术规范、招标图纸、发包单位在招标期发出的所有补充通知、投标单位在投标期内补充的所有书面文件、投标单位在投标时随投标书一起递送的资料与附图、发包单位发出的中标通知书、合同双方在洽谈时共同签字的补充文件等。除上述各种资料外,上级有关部门关于建设项目的批文和有关批示、有关征用土地、拆迁赔偿等协议文件都是十分重要的监理信息。

（4）工程施工阶段信息资料的收集

①收集业主方的信息。业主作为工程建设的组织者,在施工过程中要按照合同文件规定提供相应的文件,并要不时发表对工程建设各方面的意见和看法,下达某些指令。因此,监理工程师应及时收集业主提供的信息。

当业主负责某些设备、材料的供应时,监理工程师需收集业主所提供的材料的品种、数量、规格、价格、提货地点、提货方式等信息。例如,有一些项目合同约定业主负责供应钢材、木材、水泥、砂石等主要原料,业主就应及时将这些材料在各个阶段提供的数量、材质证明、检验（试验）资料、运输距离等情况告知有关方面,监理工程师也应及时收集这些信息资料。另外,业主对施工过程中有关进度、质量、投资、合同等方面的看法和意见,监理工程师也应及时收集,同时还应及时收集业主的上级主管部门对工程建设的各种意见和看法。

②收集承包商提供的信息。在项目的施工过程中,随着工程的进展,承包商一方也会产生大量的信息,除承包商本身必须收集和掌握这些信息外,监理工程师在现场管理中也必须收集和掌握。这些信息主要包括开工报告、施工组织设计、各种计划、施工技术方案、材料报验单、月支付申请表、分包申请、工料价格调整申请表、索赔申请表、竣工报验单、复工申请、各种工程项目、自验报告、质量问题报告、有关问题的意见等。承包商应向监理单位报送这些资料,监理工程师也应全面系统地收集和掌握这些信息资料。

③建设工程监理的现场记录。现场监理人员必须每天利用特殊的方式或以日志的形式记录工地上所发生的事情,记录由专业监理工程师整理成书面资料上报监理工程师办公室。现场记录通常记录以下内容:

第一,现场监理人员对所监理工程范围内的机械、劳力的配备和使用情况作详细记录。如承包人现场人员和设备的配备是否同计划所列的一致;工程质量和进度是否因人员或设备不足而受到影响,受到影响的程度如何;是否缺乏专业施工人员或专业施工设备,承包商有无替代方案;承包商施工机械完好率和使用率是否令人满意;维修车间及设施如何,是否存储有足够的备件等。

第二,记录气候及水文状况;记录每天的最高、最低气温,降雨或降雪量,风力、河流水位;记录有预报的雨、雪、台风及洪水到来之前对永久性或临时性工程所采取的保护措施;记录气候、水文的变化影响施工及造成的细节,如停工时间、救灾的措施和财产的损失等。

第三,记录承包商每天的工作范围,完成工程数量,以及开始和完成工作的时间;记录出现的技术问题,采取了怎样的措施进行处理,效果如何,能否达到技术规范的要求等。

第四,对工程施工中每步工序完成后情况做简单描述,如工序是否已被认可,对缺陷的补救措施或变更情况等详细记录。监理人员在现场对隐蔽工程应特别注意。

第五,记录现场材料供应和储备情况。记录每一批材料的到达时间、来源、数量、质量、存储方式和材料的抽样检查情况等。

第六,对于一些必须在现场进行的试验,现场监理人员进行记录并分类保存。

④工地会议记录。工地会议是监理工作的一种重要方法,监理工程师很重视工地会议,并建立一套完善的会议制度,以便于会议信息的收集。会议制度包括会议的名称、主持人、参加人、举行会议的时间及地点等,每次会议都应有专人记录,会后应有正式会议纪要,由与会者签字确认,这些纪要将成为今后解决问题的重要依据。会议纪要应包括以下内容:会议地点及时间;出席者姓名、职务及他们所代表的单位;会议中发言者的姓名及主要内容;形成的决议;决议由何人及何时执行;未解决的问题及其原因等。工地会议一般每月召开一次,会议由监理人员、业主代表及承包商参加。会议主要内容包括:确认上次会议纪要、当月进度总结、进度预测、技术事宜、变更事宜、财务事宜、管理事宜、索赔和延期、下次工地会议及其他事宜。工地会议确定的事宜视为合同文件。

案例与分析

监理单位承担了某工程的施工阶段监理任务,该工程由甲施工单位总承包。甲施工单位选择了经建设单位同意并经监理单位进行资质审查合格的乙施工单位作为分包。施工过程中发生了以下事件。

事件1:专业监理工程师在熟悉图纸时发现,基础工程部分设计内容不符合国家有关工程质量标准和规范。总监理工程师随即致函设计单位要求改正并提出更改建议方案。设计单位研究后,口头同意了总监理工程师的更改方案,总监理工程师随即将更改的内容写成监理指令通知甲施工单位执行。

问题1:请指出总监理工程师上述行为的不妥之处并说明理由。总监理工程师应如何正确处理?

事件2:施工过程中,专业监理工程师发现乙施工单位的分包工程部分存在质量隐患,为此,总监理工程师同时向甲、乙两施工单位发出了整改通知。甲施工单位回函称乙施工单位施工的工程是经建设单位同意进行分包的,所以本单位不承担该部分工程的质量责任。

问题2:甲施工单位的答复是否妥当?为什么?总监理工程师签发的整改通知是否妥当?为什么?

事件3:专业监理工程师在巡视时发现,甲施工单位在施工中使用未经报验的建筑材料,若继续施工,该部位将被隐蔽。因此,立即向甲施工单位下达了暂停施工的指令(因甲施工单位的工作对乙施工单位有影响,乙施工单位也被迫停工)。同时,指示甲施工单位将该材料进行检验,并报告了总监理工程师。总监理工程师对该工序停工予以确认,并在合同约定的时间内报告了建设单位。检验报告出来后,证实材料合格,可以使用,总监理工程师随即指令施工单位恢复了正常施工。

问题3:专业监理工程师是否有权签发本次暂停令?为什么?下达工程暂停令的程序有无不妥之处?请说明理由。

事件4：乙施工单位就上述停工自身遭受的损失向甲施工单位提出补偿要求，而甲施工单位称此次停工是执行监理工程师的指令，乙施工单位应向建设单位提出索赔。

问题4：甲施工单位的说法是否正确？为什么？乙施工单位的损失应由谁承担？

事件5：对上述施工单位的索赔，建设单位称本次停工是监理工程师失职造成的，且事先未征得建设单位同意。因此，建设单位不承担任何责任，由于停工造成施工单位的损失应由监理单位承担。

问题5：建设单位的说法是否正确？为什么？

分析：

问题1：总监理工程师不应直接致函设计单位。因为监理人员无权进行设计变更。（监理与设计是远层关系，无任何合同关系，应通过甲方来联系。）

正确处理：发现问题应向建设单位报告，由建设单位向设计单位提出变更要求。

问题2：甲施工单位回函所称不妥。因为分包单位的任何违约行为导致工程损害或给建设单位造成的损失，总承包单位承担连带责任。

总监理工程师签发的整改通知不妥。因为整改通知应签发给甲施工单位，因乙施工单位与建设单位没有合同关系。

问题3：专业监理工程师无权签发"工程暂停令"。因为这是总监理工程师的权力。

下达工程暂停令的程序有不妥之处。理由是专业监理工程师应报告总监理工程师，由总监理工程师签发工程暂停令。（总监理工程师在签发工程暂停令前，应与建设单位协商后实施。）

问题4：甲施工单位的说法不正确。因为乙施工单位与建设单位没有合同关系，乙施工单位的损失应由甲施工单位承担。（乙施工单位的停工损失是由甲施工单位未按规定的程序进行报验，造成停工引发乙施工单位相继停工。）

问题5：建设单位的说法不正确。因为监理工程师是在合同授权内履行职责，施工单位所受的损失不应由监理单位承担。

复习思考题：

1. 现阶段我国园林工程建设监理的内容是什么？
2. 园林工程建设项目准备阶段的监理工作内容有哪些？
3. 工程建设的三大监理目标是什么？三者有什么关系？
4. 园林工程监理对质量监理的方法和手段是什么？
5. 园林工程投资监理的主要任务是什么？
6. 园林工程建设监理信息管理的主要内容有哪些？

参考文献

1. 董三孝.园林工程概预算与施工组织管理.北京:中国林业出版社,2003

2. 吴立威.园林工程招投标与预决算.北京:高等教育出版社,2005

3. 史商于,陈茂明.工程招投标与合同管理.北京:科学出版社,2004

4. 劳动社会保障部教材办公室组织编写.园林设计与园林施工管理.北京:中国劳动社会保障出版社,2005

5. 刘卫斌.园林工程.北京:中国科学技术出版社,2003

6. 李永红.园林工程项目管理.北京:高等教育出版社,2006

7. 董三孝,韩东锋.园林工程建设招标投标与合同管理.北京:化学工业出版社,2007

8. 梁伊任.园林建设工程.北京:中国城市出版社,2000

9. 钱云淦.园林工程监理.北京:中国林业出版社,2007

10. 俞宗卫.监理工程师实用指南.北京:中国建材工业出版社,2004

11. 王作仁.园林工程监理实务.北京:机械工业出版社,2008

12. 中国化学工程(集团)总公司.工程项目管理实用手册.北京:化学工业出版社,1999

13. 管振祥,滕文秀,冯焕富,等.工程项目管理与安全.北京:中国建材工业出版社,2001

14. 钱拴提.园林专业综合实训指导.沈阳:白山出版社,2003

15. 严薇.土木工程项目管理与施工组织设计.北京:人民交通出版社,2003

16. 周羽.建筑工程项目管理手册.长沙:湖南科学技术出版社,2004

17. 张月娴,田以堂.建设项目业主管理手册.北京:中国水利水电出版社,1998

18. 董三孝.园林工程施工与管理.北京:中国林业出版社,2004

19. 董平.工程项目管理实训指导.北京:科学出版社,2003

20. 陈光健,徐荣初,叶佛容.建设项目现代管理.北京:机械工业出版社,2004

21. 韩东锋.园林工程建设监理.北京:化学工业出版社,2005

22. 徐伟,金福安,陈东杰.建设工程监理规范手册.北京:中国建筑工业出版社,2002

23. 刘伊生.建设工程招投标与合同管理.北京:北方交通大学出版社,2002

24. 熊广忠.公路工程施工质量监理手册.北京:中国水利水电出版社,2003

25. 孙镇平.建设工程合同案例评析.北京:知识产权出版社,2002

26. 詹姆斯·P.刘易斯.项目经理案头手册.北京:机械工业出版社,2004

27. 吴涛,丛培经.中国工程项目管理知识体系.北京:中国建筑工业出版社,2004

28. 李忠富.建筑施工组织与管理.北京:机械工业出版社,2004

29. 马士华,林鸣.工程项目管理实务.北京:电子工业出版社,2003

30. 中国建设监理协会编写.全国监理工程师执业资格考试辅导资料.北京:知识产权出版社,2004

31. 田建林,陈永贵.园林工程管理.北京:中国建材工业出版社,2010

图书在版编目(CIP)数据

园林工程施工管理/吴智彪主编.—厦门:厦门大学出版社,2012.7
福建省高职高专农林牧渔大类"十二五"规划教材
ISBN 978-7-5615-3755-8

Ⅰ.①园… Ⅱ.①吴… Ⅲ.①园林-工程施工-施工管理-高等职业教育-教材 Ⅳ.①TU986.3

中国版本图书馆 CIP 数据核字(2012)第 161121 号

厦门大学出版社出版发行

(地址:厦门市软件园二期望海路 39 号 邮编:361008)

http://www.xmupress.com

xmup @ xmupress.com

三明市华光印务有限公司印刷

2012 年 7 月第 1 版 2012 年 7 月第 1 次印刷

开本:787×1092 1/16 印张:17.25

字数:419 千字 印数:1～2000 册

定价:29.00 元

如有印装质量问题请与承印厂调换